高职高专"十三五"规划教材

单片机项目教程

（第 2 版）

周　坚　编著

北京航空航天大学出版社

内 容 简 介

本书以 80C51 系列单片机为主,详细介绍单片机的工作原理、编程方法和实际应用等知识,内容包括单片机结构和典型接口器件等。

本书融进了作者多年教学、科研实践所获取的经验及实例,是在单片机课程教学改革的基础上编写而成的,采用"项目引领、任务驱动"的教学模式来编排,视各个课题为一个项目,每个项目又由多个任务组成,通过完成各个任务而掌握本课题的所有知识。全书以读者的认知规律为主线,充分体现了以人为本的指导思想。

本书可作为职业技术学院、中高等职业学校、专业技术学校、单片机培训机构等的教学用书,也是电子爱好者自学单片机的很好教材。

图书在版编目(CIP)数据

单片机项目教程 / 周坚编著. -- 2 版. -- 北京：
北京航空航天大学出版社,2019.8
ISBN 978 - 7 - 5124 - 3054 - 9

Ⅰ. ①单… Ⅱ. ①周… Ⅲ. ①单片微型计算机-高等
职业教育-教材 Ⅳ. ①TP368.1

中国版本图书馆 CIP 数据核字(2019)第 164074 号

单片机项目教程(第 2 版)
周 坚 编著
责任编辑 王 瑛 胡玉娟
*
北京航空航天大学出版社出版发行

北京市海淀区学院路 37 号(邮编 100191)　http://www.buaapress.com.cn
发行部电话:(010)82317024　传真:(010)82328026
读者信箱:emsbook@buaacm.com.cn　邮购电话:(010)82316936
涿州市新华印刷有限公司印装　各地书店经销
*
开本:710×1 000　1/16　印张:18.25　字数:389 千字
2019 年 11 月第 2 版　2019 年 11 月第 1 次印刷　印数:3 000 册
ISBN 978 - 7 - 5124 - 3054 - 9　定价:49.00 元

第2版前言

《单片机项目教程》第1版出版以后,得到了读者的支持与肯定,也有一些读者陆续向作者提出修订的要求。

随着技术的不断进步,第1版中采用的一些技术已有更新和发展;第1版发行后,读者反馈了大量的建议和意见;同时作者在教学实践过程中也积累了更多的教学经验,所采用的"任务教学法"逐步完善。为更好地服务于读者,作者对《单片机项目教程》一书进行了修订。第2版延续了第1版的写作风格,保留了轻松易懂的特点,并在以下几个方面做了修改:

(1)重新设计了实验电路板。随着技术的飞速发展,第1版中采用的实验电路板技术已落后。第2版对原电路板进行了改进,设计了一块底板和CPU板分离的实验电路板,在保持与第1版兼容的同时,增加了更多的功能,尤其能充分利用现有的各类功能模块,使其能紧跟技术的发展。本电路板由CPU板和实验母板组合而成,实验母板提供了按钮、显示、驱动等各个系统,其中输入部分由8位独立按键、16位矩阵键盘、PS2键盘接口、旋转编码器等部分组成;显示部分由8位LED以及8位数码管、1602字符型液晶、12864点阵型液晶、OLED等部分组成;串行接口器件部分包括AT24C02、93C46、DS1302、74HC595等;驱动部分包括继电器、电机驱动及转速采样接口等;模拟量部分由PT100测温电路、PWM平滑滤波等部分组成;实验母板还提供了丰富的接口部分,可与市场上常见的各种功能模块(如WiFi、蓝牙、超声波测距、一线制接口器件、红外遥控接口)直接连接,充分利用现有的嵌入式学习环境。实验母板通过2条40芯插座与CPU板相连,CPU板上可以是51、PIC、STM32等各类嵌入式系统的CPU。作者提供了AT89C51、STC15系列等多种51兼容CPU板。

(2)对各章内容与文字均进行了细致的修改,以使读者更容易理解。

(3)跟随新出现的技术,对书中各个部分进行修改,如针对新版Keil软件增加的功能加以说明等。

(4)根据重新设计后的实验电路板重新编写了实验仿真板,保证实验仿真板与硬件实验电路板的一致性。

书中内容的安排与第 1 版基本相同,但又略有调整,具体如下:

课题 1 是认识单片机,介绍了单片机的发展、计算机数据表示、计算机中常用的基本术语和存储器的工作原理及分类等知识。

课题 2 是 80C51 单片机学习环境的建立,分为硬件环境建立和软件环境建立两部分。通过介绍自制实验电路板、让实验电路板具有仿真功能、认识和使用成品实验电路板的方法来建立硬件实验环境;还介绍了 Keil 软件的安装与使用、实验仿真板的特点及使用。

课题 3 是单片机 I/O 接口,通过使用 I/O 口控制 LED、用单片机让 LED 闪烁发光、用按键控制 LED、用单片机制作风火轮玩具等任务来学习与单片机 I/O 接口相关的知识。

课题 4 是 80C51 单片机的中断系统,通过紧急停车控制器和通过外部信号来改变风火轮的转速两个任务来学习与中断相关的知识。

课题 5 是定时器/计数器的应用,通过包装流水线中的计数器和用单片机唱歌两个任务来学习 80C51 单片机中的定时/计数器功能、工作原理、编程方法等知识。

课题 6 是 80C51 单片机的串行接口与串行通信,通过使用串行接口扩展并行接口和单片机与 PC 通信两个任务来学习 80C51 中串行接口的结构、工作原理、工作方式,并学会相应的编程方法。

课题 7 介绍了 80C51 的指令系统和汇编语言程序设计,由于这一部分的内容相对较为枯燥、抽象,因此学习较乏味,通常这是单片机学习中的一个难点。为此,本书将这部分知识安排在课题 6 之后。读者在学习本课题内容时,注意结合课题 2~6 的有关知识。

课题 8 是显示接口技术,包括使用 LED 数码管显示数字、使用字符型液晶显示器显示字符、使用点阵型液晶屏显示汉字和图形三个任务,分别学习使用单个 LED 数码管显示数据,用静态方式点亮多个 LED 数码管、用动态方式点亮多个 LED 数码管及字符型液晶显示器的使用等知识与编程技术。

课题 9 是键盘接口,通过键控风火轮、可预置数的倒计时时钟及智能仪器键盘三个制作任务,学习几种常用键盘的连接方式和编程方法。

课题 10 是模拟量接口,通过数字电压表的制作,学习模拟量与数字量的区别、A/D 转换器的工作原理、TLC0831 芯片的编程方法;通过全数字信号发生器的制作,学习 D/A 转换器的工作原理、TLC5615 芯片的编程方法。

课题 11 是常用串行接口(I^2C 与 SPI 接口),通过 AT24C01A 编程器的制作,学习 I^2C 接口及编程技术;通过 X5045 编程器的制作,学习 SPI 接口、X5045 芯片的应用技术。

读者在掌握了以上知识后,就可以开始做一些实际的项目开发工作,并在开发中继续学习。

本书特点

作者为本书的写作开发了实验仿真板,设计了实验电路板,并且通过个人网站为读者提供作者设计的实验仿真板、实验电路板的原理图和印刷线路板图及书中所有的例子等。读者不仅能获得一本文字教材,更能得到一个完整的学习环境。

本书安排的例子大部分是由作者编写的,有些是参考一些资料改写的,全部程序都由作者调试并通过。对于例子的使用说明也尽量详细,力争让读者"看则能用,用则能成",保证读者在动手过程中常常体会到成功的乐趣,而不是经常遇到挫折。

除了本书之外,作者有成熟的教学方法可以交流,并可提供与之配套的实验器材、教学课件,从而构成单片机教学的完整解决方案。

在提供文字教材的同时又通过网络为广大读者提供服务,欢迎读者与作者探讨。

本书由"常州市职教电子技术周坚名教师工作室"组织编写。课题 1~4 由周坚编写,课题 5~9 分别由江苏省溧阳中等专业学校的强艳、周晨栋、李花、朱俊梅等老师编写,课题 10 和课题 11 由企业工程师华颖编写,全书由周坚统稿。

陈素娣、周瑾、周勇、徐培等参与了多媒体制作、插图绘制、文字输入及排版等工作,在此表示衷心的感谢。

周 坚

2019 年 5 月

目 录

课题 **1**

认识单片机

计算机是应数值计算要求而诞生的,在相当长的时期内,计算机技术都是以满足越来越多的计算量为目标来发展的。但是当单片机出现后,计算机就从海量数值计算进入到智能化控制领域。从此,计算机就开始了沿着通用计算领域和嵌入式领域两条不同的道路发展。

1.1 单片机的发展

单片机自问世以来,以其极高的性能价格比,越来越受到人们的重视和关注。目前,单片机被广泛地应用于智能仪表、机电设备、过程控制、数据处理、自动检测和家用电器等方面。

1.1.1 单片机名称的由来

无论规模大小、性能高低,计算机的硬件系统都是由运算器、存储器、输入设备、输出设备以及控制器等单元组成。在通用计算机中,这些单元被分成若干块独立的芯片,通过电路连接构成一台完整的计算机。而单片机技术则将这些单元全部集成到一块集成电路中,即一块芯片就构成了一个完整的计算机系统。这就成为当时这一类芯片的典型特征,因此,就用 Single Chip Microcomputer 来称呼这一类芯片,中文译为"单片机",这在当时是一个准确的表达。但随着单片机技术的不断发展,"单片机"一词已无法确切地表达其内涵,国际上逐渐采用 MCU(MicroController Unit,微控制单元)来称呼这一类计算机,并成为这一类计算机公认的、最终统一的名词。但国内由于多年来一直使用"单片机"的称呼,已约定俗成,所以目前仍有大量场合使用"单片机"这一名词。

1.1.2 单片机技术的发展历史

20 世纪 70 年代,美国仙童公司首先推出了第一款单片机 F-8,随后 Intel 公司推出了 MCS-48 单片机系列,其他一些公司如 Motorola、Zilog 等也先后推出了自己的单片机,取得了一定的成果,这是单片机的起步与探索阶段。总体来说,这一阶段的单片机性能较弱,属于低、中档产品。

随着集成技术的提高以及 CMOS 技术的发展,单片机的性能也随之改善,高性能的 8 位单片机相继问世。1980 年 Intel 公司推出了 8 位高档 MCS - 51 系列单片机,性能得到很大的提高,应用领域大为扩展。这是单片机的完善阶段。

1983 年 Intel 公司推出了 16 位 MCS - 96 系列单片机,加入了更多的外围接口,如模/数转换器(ADC)、看门狗(WDT)、脉宽调制器(PWM)等,其他一些公司也相继推出了各自的高性能单片机系统。随后许多用在高端单片机上的技术被下移到 8 位单片机上,这些单片机内部一般都有非常丰富的外围接口,强化了智能控制器的特征,这是 8 位单片机与 16 位单片机的推出阶段。

后来,Intel、Motorola 等公司又先后推出了性能更为优异的 32 位单片机,单片机的应用达到了一个更新的层次。

随着技术的进步,早期的 8 位中、低档单片机逐渐被淘汰,但 8 位单片机并没有消失,尤其是以 80C51 为内核的单片机,不仅没有消失,还呈现快速发展的趋势。

目前单片机的发展有这样一些特点:

① CMOS 化 由于 CHMOS 技术的进步,大大地促进了单片机的 CMOS 化。CMOS 芯片除了低功耗特性之外,还具有功耗的可控性,使单片机可以工作在功耗精细管理状态。

② 低电压、低功耗化 单片机允许使用的电压范围越来越宽,一般在 3～6 V 范围内工作,低电压供电的单片机电源下限已可达 1～2 V,1 V 以下供电的单片机也已问世。单片机的工作电流已从 mA 级降到 μA 级,甚至 1 μA 以下;低功耗化的效应不仅是功耗低,而且带来了产品的高可靠性、高抗干扰能力以及产品的便携化。

③ 大容量化 随着单片机控制范围的增加,控制功能的日渐复杂,高级语言的广泛应用,对单片机的存储器容量提出了更高的要求。目前,单片机内 ROM 最大可达 256 KB 以上,RAM 可达 4 KB 以上。

④ 高性能化 通过进一步改进 CPU 的性能,加快指令运算速度和提高系统控制的可靠性。采用精简指令集(RISC)结构和流水线技术,可以大幅度提高运行速度。现指令速度高者已达 100 MIPS(Million Instruction Per Seconds,即兆指令每秒)。

⑤ 小容量、低价格化 以 4 位、8 位机为中心的小容量、低价格化是单片机的另一发展方向。这类单片机的用途是把以往用数字逻辑集成电路组成的控制电路单片化,可广泛用于家电产品。

⑥ 串行扩展技术 在很长一段时间里,通用型单片机通过三总线结构扩展外围器件成为单片机应用的主流结构。随着低价位 OTP 及各种类型片内程序存储器技术的发展,加之外围接口不断进入片内,推动了单片机"单片"应用结构的发展。特别是 I^2C、SPI 等串行总线的引入,可以使单片机的引脚设计得更少,单片机系统结构更加简化及规范化。

⑦ ISP 技术 ISP(In-System Programming,在系统可编程),是指可以通过特

定的编程工具对已安装在电路板上的器件编程写入最终用户代码,而不需要从电路板上取下器件。利用 ISP 技术不需要编程器就可以进行单片机的实验和开发,单片机芯片可以直接焊接到电路板上,调试结束即成为成品,免去了调试时由于频繁地插入、取出对芯片和电路板带来的不便。

⑧ IAP 技术 IAP(In-Application Programming)是指在用户的应用程序中对单片机的程序存储器进行擦除和编程等操作,IAP 技术的应用的一个典型例子是可以较为容易地实现硬件的远程升级。

在单片机家族中,80C51 系列是其中的佼佼者。Intel 公司将 80C51 单片机的内核以专利互换或出售的方式转让给其他许多公司,如 Philips、Atmel、NEC 等,因此,目前有很多公司在生产以 80C51 为内核的单片机,这些单片机在保持与 80C51 单片机兼容的基础上,改善了 80C51 单片机的许多特性。这样,80C51 就成为有众多制造厂商支持的、在 CMOS 工艺基础上发展出上百品种的大家族,现统称为 80C51 系列。

这一系列单片机包括了很多种,其中 STC89C51 就是近年来流行的单片机,它由宏晶公司开发生产,最大的特点是内部有可以多次重复编程的 Flash ROM,而且 STC89C51 单片机内部的 Flash ROM 可以通过单片机芯片自身的串口进行在系统编程,使用方便。

1.2 计算机数据表示

计算机用于处理各种信息,首先需要将信息表示成为具体的数据形式。选择什么样的数制来表示数,对机器的结构、性能和效率有很大的影响。二进制是计算机中数制的基础。

所谓二进制形式,是指每位数码只取两个值,要么是"0",要么是"1",数码最大值只能是 1,超过 1 就应向高位进位。为什么要采用二进制形式呢? 这是因为二进制最简单,它仅有两个数字符号,这就特别适合于用电子元器件来实现。制造有两个稳定状态的元器件比制造具有多个稳定状态的元器件容易得多。

计算机内部采用二进制表示各种数据,对于单片机而言,其主要的数据类型分为数值数据和逻辑数据两种,下面分别介绍数制概念和各种数据的机内表示、运算等知识。

按进位的原则进行计数,称为进位计数制,简称"数制"。数制有多种,在计算机中常使用的有十进制、二进制和十六进制。

1.2.1 常用的进位计数制

1. 十进制数

按"逢十进一"的原则进行计数,称为十进制数。十进制的基为"10",即其所使用的数码为 0~9,共 10 个数字。十进制各位的权是以 10 为底的幂,每个数所处的位置不同,它的值是不同的,每一位数是其右边相邻那位数的10倍。

对于任意一个十进制数,都可以写成如下的式子:

$$D_3D_2D_1D_0 = D_3 \times 10^3 + D_2 \times 10^2 + D_1 \times 10^1 + D_0 \times 10^0$$

上述式子各位的权分别是个、十、百、千,即以10为底的0次幂、1次幂、2次幂和3次幂,通常简称为0权位、1权位、2权位、3权位等,上式称为按权展开式。

【例1-1】 $3\ 525 = 3 \times 10^3 + 5 \times 10^2 + 2 \times 10^1 + 5 \times 10^0$

2. 二进制数

按"逢二进一"的原则进行计数,称为二进制数。二进制的基为"2",即其使用的数码为0、1,共2个数字。二进制各位的权是以2为底的幂,任意一个4位二进制数按权展开式如下:

$$B_3B_2B_1B_0 = B_3 \times 2^3 + B_2 \times 2^2 + B_1 \times 2^1 + B_0 \times 2^0$$

由此可知,4位二进制数中各位的权是:

2^3	2^2	2^1	2^0
8	4	2	1

【例1-2】 $(1011)_2 = 1 \times 2^3 + 0 \times 2^2 + 1 \times 2^1 + 1 \times 2^0 = (11)_{10}$

3. 十六进制数

按"逢十六进一"的原则进行计数,称为十六进制数。十六进制的基为"16",即其使用的数码共有16个:0、1、2、3、4、5、6、7、8、9、A、B、C、D、E、F。其中A、B、C、D、E、F所代表的数的大小相当于十进制的10、11、12、13、14和15。十六进制的权是以16为底的幂,任意一个四位的十六进制数的按权展开式为

$$H_3H_2H_1H_0 = H_3 \times 16^3 + H_2 \times 16^2 + H_1 \times 16^1 + H_0 \times 16^0$$

【例1-3】 $(17F)_{16} = 1 \times 16^2 + 7 \times 16^1 + 15 \times 16^0 = (383)_{10}$

由于十六进制数易于书写和记忆,且与二进制之间的转换十分方便,因而人们在书写计算机语言时多用十六进制。

4. 二–十进制编码

计算机中使用的是二进制数,但人们习惯于使用十进制数,为此需要建立一个二进制数与十进制数联系的桥梁,这就是二–十进制。

在二–十进制中,十进制的10个基数符0~9用二进制码表示,而计数方法仍采用十进制,即"逢十进一"。为了表示这10种状态,必须要用4位二进制数(3位只能表示0~7,不够用)。4位二进制共有16种状态,可以取其中的任意10种状态来组成数符0~9,显然,最自然的方法就是取前10种状态,这就是BCD码,也称之为8421码,因为这种码的四个位置的1分别代表了8、4、2和1。

学习BCD码,一定要注意区分它与二进制的区别,表1-1列出几个数作为比较。

表 1-1 二进制数、十进制数、十六进制数、BCD 码的对应关系

十进制数	十六进制数	二进制数	BCD 码	十进制数	十六进制数	二进制数	BCD 码
0	0	00000000	00000000	10	A	00001010	00010000
1	1	00000001	00000001	11	B	00001011	00010001
2	2	00000010	00000010	12	C	00001100	00010010
3	3	00000011	00000011	15	F	00001111	00010101
4	4	00000100	00000100	100	64	1100100	100000000

从表 1-1 中不难看出,对于小于 10 的数来说,BCD 码和二进制码没有什么区别,但对于大于 10 的数,BCD 码和二进制码就不一样了。

1.2.2 二进制的算术运算

二进制算术运算的规则非常简单,这里介绍常用的加法和乘法规则。

1. 加法规则

$$0 + 0 = 0$$
$$0 + 1 = 1$$
$$1 + 0 = 1$$
$$1 + 1 = 10$$

2. 乘法规则

$$0 \times 0 = 0$$
$$0 \times 1 = 0$$
$$1 \times 0 = 0$$
$$1 \times 1 = 1$$

【例 1-4】 求 11011+1101 的值。

$$
\begin{array}{r}
11011 \\
+\quad 1101 \\
\hline
101000
\end{array}
$$

【例 1-5】 求 11011×101 的值。

$$
\begin{array}{r}
11011 \\
\times\quad 101 \\
\hline
11011 \\
00000\quad \\
11011\quad\quad \\
\hline
10000111
\end{array}
$$

1.2.3　数制间的转换

将一个数由一种数制转换成另一种数制称为数制间的转换。

1. 十进制数转换为二进制数

十进制转换为二进制采用"除二取余法",即把待转换的十进制数不断地用 2 除,一直到商是 0 为止,然后将所得的余数由下而上排列即可。

【例 1 - 6】　把十进制数 13 转换为二进制数。

$$
\begin{array}{r}
2\,\underline{|\,13} \cdots\cdots\cdots\cdots 1 \quad \text{低位}\\
2\,\underline{|\,6\ } \cdots\cdots\cdots\cdots 0 \\
2\,\underline{|\,3\ } \cdots\cdots\cdots\cdots 1 \\
2\,\underline{|\,1\ } \cdots\cdots\cdots\cdots 1 \quad \text{高位}\\
0
\end{array}
$$

结果: $(13)_{10} = (1101)_2$。

2. 二进制数转换为十进制数

二进制数转换为十进制数采用"位权法",即把各非十进制数按权展开,然后求和。

【例 1 - 7】　把 $(1110110)_2$ 转换为十进制。

$(1110110)_2 = 1 \times 2^6 + 1 \times 2^5 + 1 \times 2^4 + 0 \times 2^3 + 1 \times 2^2 + 1 \times 2^1 + 0 \times 2^0 = (118)_{10}$

3. 二进制数转换为十六进制数

十六进制也是一种常用的数制,将二进制数转换为十六进制数的规则是"从右向左,每四位二进制数化为一位十六进制数,不足部分用零补齐"。

【例 1 - 8】　将 $(1110000110110001111)_2$ 转换为十六进制数。

把 $(1110000110110001111)_2$ 写成下面的形式:

0111　0000　1101　1000　1111

因此 $(1110000110110001111)_2 = (70D8F)_{16}$。

4. 十六进制数转换为二进制数

十六进制数转换为二进制数的方法正好和上面的方法相反,即一位十六进制数转换为四位二进制数。

【例 1 - 9】　将 $(145A)_{16}$ 转换为二进制数。

将每位十六进制数写成 4 位二进制数,就是:0001 0100 0101 1010。

即 $(145A)_{16} = (1010001011010)_2$。

1.2.4 数的表示方法及常用计数制的对应关系

1. 数的表达方法

为了便于书写,特别是方便编程时书写,规定在数字后面加一个字母以示区别,二进制数后加 B,十六进制数后加 H,十进制数后面加 D,并规定 D 可以省略。这样 102 是指十进制数 102,102H 是指十六进制数 102,即十进制数 258;同样,1101 是十进制数 1101,而 1101B 则是指二进制数 1101,即十进制数 13。

2. 常用数制对应关系

表 1-2 列出了常用数值 0～15 的各种数制间的对应关系,这在以后的学习中经常用到,要求熟练掌握。

表 1-2 常用数制的对应关系

十进制数	二进制数	十六进制数	十进制数	二进制数	十六进制数
0	0000B	0H	8	1000B	8H
1	0001B	1H	9	1001B	9H
2	0010B	2H	10	1010B	0AH
3	0011B	3H	11	1011B	0BH
4	0100B	4H	12	1100B	0CH
5	0101B	5H	13	1101B	0DH
6	0110B	6H	14	1110B	0EH
7	0111B	7H	15	1111B	0FH

1.2.5 逻辑数据的表示

为了使计算机具有逻辑判断能力,就需要有逻辑数据,并能对它们进行逻辑运算,从而得出一个逻辑式的判断结果。每个逻辑变量或逻辑运算的结果,产生逻辑值,该逻辑值仅取"真"或"假"两个值。判断成立即为"真",判断不成立即为"假"。在计算机内常用 0 和 1 表示这两个逻辑值,0 表示假,1 表示真。

最基本的逻辑运算有"与""或""非"三种。这三种运算分别描述如下:

1. 逻辑"与"

逻辑"与"也称之为逻辑乘,最基本的"与"运算有两个输入量和一个输出量。它的运算规则和等效的描述电路如图 1-1 所示。

逻辑"与"可以用两个串联的开

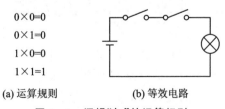

$$0 \times 0 = 0$$
$$0 \times 1 = 0$$
$$1 \times 0 = 0$$
$$1 \times 1 = 1$$

(a) 运算规则　　　　(b) 等效电路

图 1-1 逻辑"与"的运算规则

关来等效。用语言描述就是:"只有当两个输入量都是 1 时,输出才为 1",或者说"有 0 为 0,全 1 出 1"。

2. 逻辑"或"

逻辑"或"也叫逻辑加,最基本的逻辑"或"有两个输入量和一个输出量。它的运算规则和等效的描述电路如图 1-2 所示。

逻辑"或"可用两个并联的开关来等效。用语言描述就是:"只有当两输入量都是 0 时,输出才为 0",或者说"有 1 为 1,全 0 出 0"。

3. 逻辑"非"

逻辑"非"即取反,它的运算规则和等效的描述电路如图 1-3 所示。

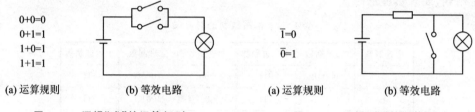

$$0+0=0$$
$$0+1=1$$
$$1+0=1$$
$$1+1=1$$

$\overline{1}=0$

$\overline{0}=1$

(a) 运算规则   (b) 等效电路   (a) 运算规则   (b) 等效电路

图 1-2   逻辑"或"的运算规则   图 1-3   逻辑"非"的运算规则

逻辑"非"可以用灯并联开关来等效,用语言描述就是:1 的反是 0,0 的反是 1。

在一个逻辑表达式中出现多种逻辑运算时,可用括号指定运算的次序。无括号时,按逻辑"非"、逻辑"与"、逻辑"或"的顺序执行。

巩固与提高

1. 用十六进制数表示下列二进制数。
10100101B,11010111B,11000011B,10000111B

2. 将下列十进制数转换为二进制数。
28D,34D,19D,33D

3. 将下列十六进制数转换为二进制数。
35H,12H,8AH,F3H

4. 单片机内部采用什么数制工作? 为什么?

1.3   计算机中常用的基本术语

在介绍概念之前,先看一个例子。

用于照明的灯有两种状态,即"亮"和"不亮",如果规定灯亮为"1",不亮为"0",那么两盏灯的亮和灭的状态可列于表 1-3 中。

表 1-3　两盏灯的亮灭及数值表示

状　态	○	○	○	●	●	○	●	●
表　达	0	0	0	1	1	0	1	1

注:"○"表示灯不亮;"●"表示灯亮。

从表中可以看到,两盏灯一共能够呈现四种状态,即"00"、"01"、"10"和"11",而二进制数 00、01、10、11 相当于十进制数的 0、1、2、3。因此,灯的状态可以用数学方法来描述,反之,数值也可以用电子元件的不同状态的组合来表示。

1. 位

一盏灯的亮和灭,可以分别代表两种状态:0 和 1。实际上这就是一个二进制位,一盏灯就是一"位"。当然这只是一种帮助记忆的说法,位(bit)的定义是:计算机中所能表示的最小数据单位。

2. 字　节

一盏灯可以表示 0 和 1 两种状态,两盏灯可以表达 00、01、10、11 四种状态,也就是可以表示 0、1、2 和 3,计算机中通常把 8 位放在一起同时计数,可以表达 0~255 一共 256 种状态。相邻 8 位二进制码称为一个字节(byte),用 B 表示。

字节(B)是一个比较小的单位,常用的还有 KB 和 MB 等,它们的关系是:

$$1\ KB=1\ 024\ B$$
$$1\ MB=1\ 024\ KB=1\ 024\times1\ 024\ B$$

3. 字和字长

字是计算机内部进行数据处理的基本单位。它由若干位二进制码组成,通常与计算机内部的寄存器、运算器、数据总线的宽度一致,每个字所包含的位数称为字长。若干个字节定义为一个字,不同类型的微型计算机有不同的字长,如 80C51 系列单片机是 8 位机,就是指它的字长是 8 位,其内部的运算器等都是 8 位的,每次参加运算的二进制位只有 8 位。而以 8086 为主芯片的 PC 机是 16 位的,即指每次参加运算的二进制位有 16 位。

字长是计算机的一个重要的性能指标,一般而言,字长越长,计算机的性能越好,下面通过例子加以说明。

8 位字长,其表达的数的范围是 0~255,这意味着参加运算的各个数据不能超过 255,并且运算的结果和中间结果也不能超过 255,否则就会出错。但是在解决实际问题时,往往有超过 255 的要求,比如单片机用于测量温度,假设测温范围是 0~1 000 ℃,这就超过了 255 所能表达的范围了,为了要表示这样的数,需要用两个字节组合起来表示温度。这样,在进行运算时就需要花更长的时间,比如做一次乘法,如果乘数和被乘数都用一个字节表示,只要一步(一行程序)就可以完成,而使用两个数组合起来,做一次乘法可能需要五步(五行程序)或更多步才能完成。同样的问题如果采用 16 位的计算机来解决,它的数的表达范围可以是 0～65 535,只要一次运算就可以解决问题,所需要的时间就少了。

1.4　存储器

存储器是任何计算机系统中都要用的,通过对存储器的工作原理的了解,可以学习计算机系统的一些最基本和最重要的概念。

1.4.1　存储器的工作原理

在计算机中存储器用来存放数据。存储器中有大量的存储单元,每个存储单元都可以有"0"和"1"两种状态,即存储器是以"0"和"1"的组合来表示数据的,而不是放入如同十进制 1、2、3、4 这种形式的数据。

图 1-4 是一个有 4 个存储单元的存储器的示意图,该存储器一共有 4 个存储单元,每个存储单元内有 8 个小单元格(对应一个字节即 8 个位)。有 D0～D7 共 8 根引线进入存储器的内部,经过一组开关,这组开关由一个称为"控制器"的部件控制。控制器有一些引脚被送到存储器芯片的外部,可以由 CPU 对它进行控制。示意图的右侧还有一个称为"译码器"的部分,它有两根输入线 A0、A1 由外部引入,译码器的另一侧有 4 根输出线,分别连接到每一个存储单元。

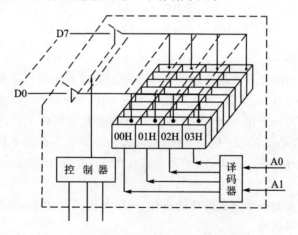

图 1-4　存储器单元示意图

为说明问题,把其中的一个单元画成一个独立的图,如图 1-5 所示,如果黑色单元代表"1",白色单元代表"0",则该存储单元的状态是 01001010,即 4AH。从图 1-4 可以看出,这个存储器一共有 4 个存储单元,每个存储单元的 8 根线是并联的,在对存储单元进行写操作时,会将待写入的"0""1"送入并联的所有 4 个存储单元中,换言之,一个存储器不管有多少个存储单元,都只能放同一个数,这显然不是我们所希望的,因此,要在结构上稍作变化。图 1-6 是带有控制线的存储单元示意图,在每个单元上有根控制线,CPU 准备把数据放进哪个单元,就送一个"导通"信号到这个单元的控制线,这个控制线把开关合上,这样该存储单元中的数据就可以与外界进行交换了。而其他单元控制线没有"导通"信号,开关打开着,不会受到影响,这样,只要控制不同单元的控制线,就可以向各单元写入不同的数据或从各单元中读出不同的数据。这个控制线应当由一个系统中的主机(CPU 或单片机)进行控制,因为 CPU(或单片机)是整个计算机系统的"大脑",只有它才能确定什么时候该把数据放在某一个单元中,什么时候该从哪一个单元中获取数据。为了使得数据的存储不发生混淆,要给每个存储单元分配一个唯一的固定编号,这个编号就称为存储单元的地址。

为了控制各个单元而把每个单元的控制线都引到集成电路的外面是不可行的。上述存储器仅有 4 个存储单元,而实际的存储器,其存储单元有很多。比如,27C512存储器芯片有 65 536 个单元,需要 65 536 根控制线,不可能将每根控制线都引到集成电路的外面来。因此,在存储器内部带有译码器,译码器的输出端即通向各存储单元的控制线,译码器的输入端通过集成电路外部引脚接入,被称为地址线。由于 65 536 根控制线在任一时刻只有一根起作用,即 65 536 根线只有 65 536 种状态,而每一根地址线都可以有 0 和 1 两种状态,n 根线就有 2^n 种状态。因为 $2^{16} = 65\ 536$,因此,只需要 16 根地址线就能确定 27C512 的每一个地址单元。

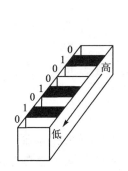

图 1-5   1 个存储单元的示意图

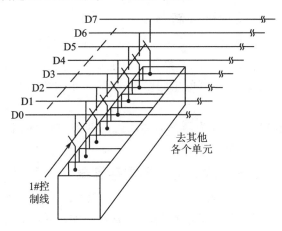

图 1-6   带有控制线的存储单元示意图

1.4.2   半导体存储器的分类

半导体存储器按功能可以分为只读、随机存取存储器和可现场修改的非易失存储器 3 大类。

1. 只读存储器

只读存储器 ROM,其中的内容在操作运行过程中只能被 CPU 读出,而不能写入或更新。它类似于印好的书,只能读书里面的内容,不可以随意更改书里面的内容。只读存储器的特点是断电后存储器中的数据不会丢失,这类存储器适用于存放各种固定的系统程序、应用程序和表格等,所以人们又常称 ROM 为程序存储器。

只读存储器又可以分为以下这些品种:

① 掩膜 ROM。由器件生产厂家在设计集成电路时一次固化,此后便不能被改变,它相当于印好的书。这种 ROM 成本低廉,适用于大批量生产。

② 可编程存储器 PROM。购买来的 PROM 是空白的,由使用者通过特定的方法将自己所需的信息写入其中。但只能写一次,以后再也不能改变,要是写错了,这块芯片就报废了。

③ 紫外线可擦除的 PROM(EPROM)。这类芯片的上面有一块透明的石英玻璃,透过玻璃可以看到芯片。经过紫外线照射后能将其中的内容擦除,然后再重写,紫外线就像"消字灵",可以把写在纸上字消掉。

④ 电可擦除的 PROM(EEPROM)。这类芯片的功能和 EPROM 类似,写进去的内容可以擦掉重写,而且不需要紫外线照射,只要用电学方法就可以擦除,所以它的使用要比 EPROM 方便一些。EEPROM 芯片虽然能用电的方法擦除其内容,但它仍然是一种 ROM,具有 ROM 的典型特征,断电后芯片中的内容不会丢失。

不管是 EPROM 还是 EEPROM,其可擦除的次数都是有限的。

2. 随机存取存储器

随机存取存储器又称为 RAM,其中的内容可以在工作时随机读出和存入,即允许 CPU 对其进行读、写操作。由于随机存储器的内容可以随时改写,所以它适用于存放一些变量、运算的中间结果、现场采集的数据等。但是 RAM 中的内容在断电后会消失。

RAM 可以分为静态的和动态的两种,单片机中一般使用静态 RAM,其容量较小,但使用比较方便。

3. 可现场改写的非易失存储器

随着半导体存储技术的发展,各种新的可现场改写信息的非易失存储器逐渐被广泛应用,且发展速度很快。主要有快擦写 Flash 存储器、新型非易失静态存储器 NVSRAM 和铁电存储器 FRAM。这些存储器的共同特点是:从原理上看,它们属于 ROM 型存储器,但是从功能上看,它们又可以随时改写信息,因而作用相当于 RAM。所以,ROM、RAM 的定义和划分已逐渐开始融合。由于这一类存储器技术发展非常迅速,存储器的性能也在不断发生变化,难以全面、客观介绍各种存储器,这里仅对单片机领域中广泛使用的快擦写 Flash 存储器作一个简介。

Flash 存储器是在 EPROM 和 EEPROM 的制造基础上产生的一种非易失存储器。其集成度高、制造成本低,既具有 SRAM 读/写的灵活性和较快的访问速度,又具有 ROM 在断电后不丢失信息的特点,所以发展迅速。Flash 存储器的擦写次数是有限的,一般在万次以上,多者可在 100 万次以上。目前,有很多单片机内部带有

Flash 存储器，Flash 存储器也被用于构成固态盘，用于替代传统的磁盘。

巩固与提高

1. 为什么需要用 ROM 和 RAM 来组成微机系统的存储器？
2. 什么是单片微型计算机？它与一般的微型计算机有哪些不同？
3. 存储器有哪几种类型？存放程序一般用哪种存储器？

课题 2

80C51 单片机学习环境的建立

在学习单片机之前,首先要做好一些软、硬件准备工作,有一个学习环境才能有比较大的收获。

学习单片机离不开实践操作,因此准备一套硬件实验器材非常有必要。但作为一本教材而言,如果使用某一种特定的实验器材又难以兼顾一般性。为此,本书做了多种安排。第一种方案是使用万能板自行制作,由于大部分课题涉及的电路都较为简单,如驱动 LED、串行接口芯片的连接等,因此使用万能板制作并不困难;第二种方案是作者提供 PCB 文件,读者自行制作印刷线路板,并利用此线路板安装制作实验电路板;第三种方案是使用作者提供的成品实验电路板。

任务 1   使用 STC89C52 单片机制作实验电路板

这个任务通过一块万能板来制作一个简单的单片机实验电路板,其中使用的主芯片为 STC89C52。这是一块 80C51 系列兼容芯片,并具有能使串行口直接下载代码的特点,因而不需要专门的编程器,这使得使用本实验电路板来做实验的成本很低。

2.1.1   电路原理图

图 2-1 所示电路板是一个实用的单片机实验电路板,在这个板上安装了 8 个发光二极管,接入了 4 只按钮,加装了 RS232 接口。利用这个 RS232 接口,STC89C52 芯片可以与计算机通信,将代码写入芯片中。

利用这个电路可以学习诸多单片机的知识,并预留有一定的扩展空间,将来还可以在这块电路板上扩展更多的芯片和其他器件。

元件选择:U1 使用 40 个引脚双列直插封装的 STC89C52RC 芯片;U2 使用 MAX232 芯片;D1~D8 使用 ϕ3 mm 白发红高亮发光二极管;K1~K4 选用小型轻触按钮;PZ1 为 9 引脚封装的排电阻,阻值为 10 kΩ;Y1 选用频率为 11.059 2 MHz 的小卧式晶振;J1 为 DB9(母)装板用插座;电解电容 E1 为 10 μF/16 V 电解;R1~R9 为 1 kΩ 电阻;C6 和 C7 为 27 pF 磁片电容;其余电容均为 0.1 μF;S1 和 S2 为 8 位拨码开关;JP1 是一个 2 引脚的跳线端子。

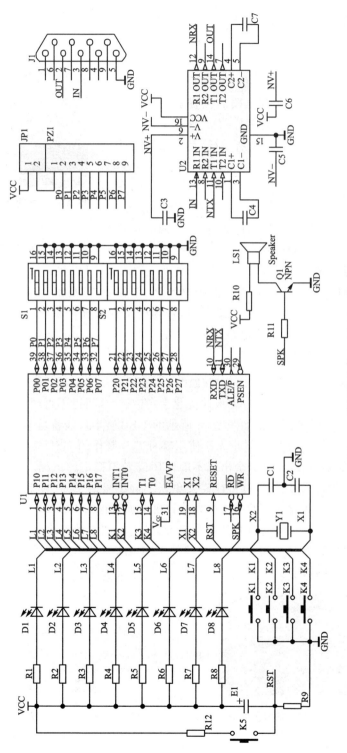

图 2-1　单片机实验电路板原理图

2.1.2 电路板的制作与代码的写入

1. 电路板的制作

先安排电路板上各元件的位置,然后根据元件的高度由低到高分别安装,集成电路的位置安装集成电路插座。需要特别说明的是,D1～D8 不要安装成一列,而是安装成一圈,如图 2-2 所示,这是为以后的课题做好准备。

图 2-2 成圆环状安装的发光二极管

所有元件安装完成以后,先不要插上集成电路,在通电之前检测 VCC 和 GND 之间是否有短路的情况。如果没有短路,可以接上 5 V 的电源,注意电源的正负极不要搞错,然后测量 U1 的 40 引脚对地是否为 5 V 电压,9 引脚对地是否为 0 V 电压,U2 的 16 引脚对地是否为 5 V 电压。如果一切正常,可以将万用表调至 50 mA 电流挡,黑表棒接地,用红表棒逐一接 P1.0～P1.7 各引脚,观察 LED 是否被点亮? 如果 8 个 LED 分别点亮,可以进入下一步,否则应检查并排除故障;一切正确后,断开电源,将 U1 和 U2 插入集成电路插座。

2. 串口工具准备

对带有 DB9 型串行接口的计算机(如图 2-3 所示),仅需要一根 9 芯串口线(如图 2-4 所示)将计算机与实验电路板连接起来;有些计算机已不再配有串行接口,那就要复杂一些。通常使用一根如图 2-5 所示的 USB 转串口线就足够了。用来进行 USB 转串口的芯片型号很多,但是无论使用哪种芯片制作的 USB 转串口线,都是一个“虚拟”出来的串口,因此可能会出现不能使用或者不稳定的情况。这种情况比较复杂,与计算机所有系统有关,有可能需要更换不同型号的 USB 转串口线或者重装系统等方法来解决,此时理想的方法是为计算机增加真正的串行接口。对于台式机,可以添加一块如图 2-6 所示的 PCI 转串口卡;对于笔记本计算机,可以根据自己笔记本配置的接口,添置一个如图 2-7 所示的 EXPRESS 转串口卡或者如图 2-8 所示的 PCMICA 转串口卡。

DB9接口

图 2-3 计算机上的 DB9 接口

图 2-4 串口线

图 2-5　USB 转串口线

图 2-6　PCI 接口的串口卡

图 2-7　EXPRESS 转串口卡

图 2-8　PCMICA 转串口卡

3. 代码的写入

将代码写入单片机芯片,也称为芯片烧写、芯片编程、下载程序等,通常必须用到编程器(或称烧写器)。但是随着技术的发展,单片机写入的方式也变得多样化了。本制作中所用到的 STC89C52 单片机具有自编程能力,只需要电路板能与 PC 机进行串行通信即可。

芯片烧写需要用到一个专用软件,该软件可以免费下载。下载的地址为 http://www.stcmcu.com,打开该网址,找到关于 STC 单片机 ISP 下载编程软件的下载链接。下载、安装完毕运行程序,出现如图 2-9 所示界面。

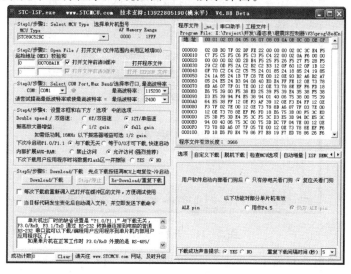

图 2-9　打开 STC 单片机 ISP 下载软件

单击"OpenFile/打开文件"按钮，开启一个打开文件对话框，如图 2－10 所示。按图中所示，该软件可以打开以 hex 或者 bin 为扩展名的文件，这两种都是单片机源程序经过编译软件编译后生成的目标文件。

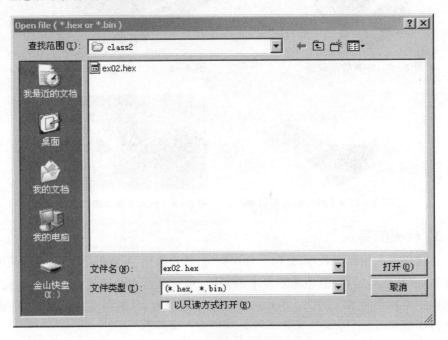

图 2－10　找到待写入芯片的文件

打开文件后，还可以进行一些设置，如所用波特率、是否倍速工作、振荡电路中的放大器是否半功率增益工作等，这些设置暂时都可取默认值。确认此时电路板尚未通电，然后单击"Download/下载"按钮，下载软件就开始准备与单片机通信，如图 2－11 所示。

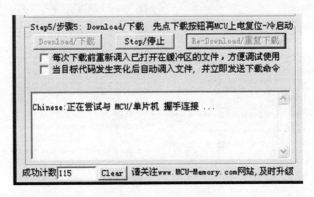

图 2－11　开始下载代码

暂时还不给电路板通电，稍过一会，出现如图 2－12 所示界面，提示软件与单片机通信失败，并给出了可能的各种原因，要求使用者自行检查。此时软件仍在不断尝试与单片机硬件通信,因此,不必对软件进行操作。

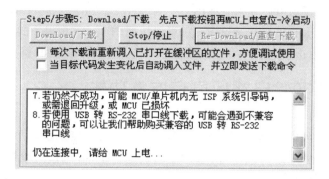

图 2-12　下载失败出现的提示

此时给电路板通电,如果电路板制作正确,就会有如图 2-13 所示的界面出现。

说明:由于 ex02.hex 文件太短,编程时间很短,很多提示信息看不到,因此图 2-13 是在下载一段较长代码时截取的。

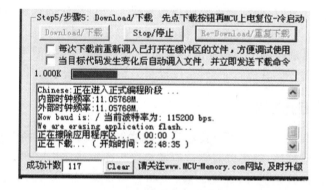

图 2-13　开始下载程序

下载完成后,结果如图 2-14 所示,显示代码已被正确下载。

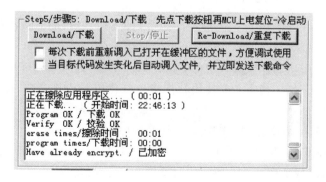

图 2-14　正确下载程序后的提示

此时硬件电路板上 P1.0 所接 LED 应该被点亮。

如果给电路板通电后并未有如图 2-13 及图 2-14 所示的现象出现,而仍是停留在图 2-12 所示的界面时,不必着急,可以按照图 2-12 中提示的各种可能性进行检查,直到正确为止。STC 单片机的下载很可靠,只要硬件正确,就一定能成功。

任务2 让实验电路板具有仿真功能

上述电路板可以采用"软件仿真＋写片验证"的方案来学习单片机,也就是在 Keil 软件中进行程序的调试,当认为程序调试基本正常以后,为验证是否确实能够工作,将程序代码写入单片机芯片中观察。在一些工作中,这种方案并不完善。例如,当程序出错时,使用者只能凭观察到的现象猜测可能的出错原因,到 keil 软件中修改源程序,然后再写片验证,效率较低;又如,当硬件电路有数据输入时,无法通过计算机来监测输入值。这种方法适宜于初学者做验证性实验,也适宜于熟练的开发者进行程序开发工作,但不适宜于初学者的探索性学习及开发工作。

单片机程序开发时,通常都需要使用仿真机来进行程序的调试。商品化的仿真机价格较高,本任务利用 Keil 提供的 Monitor-51 监控程序来实现一个简易的仿真机。该仿真机比目前市场上商品化的仿真机性能要略低一些,但完全能满足学习和一般开发工作的需要。其成本非常低,仅仅是一块芯片的价格。

2.2.1 仿真的概念

仿真是一种调试方案,它可以让单片机以单步或者过程单步的方式来执行程序,每执行一行或一段程序,就可以观察该行或该段程序执行完毕后产生的效果,并与写这些程序时的预期效果比较,如果一致,说明程序正确,如果不同,说明程序出现问题。因此,仿真是学习和开发单片机的重要方法。

2.2.2 仿真芯片制作

制作仿真芯片需要用到一块特定的芯片,即 SST 公司的 SST89E554RC 芯片,关于该芯片的详细资料,可以到 SST 公司的网站 http://www.sst.com 查看。

取下任务 2 中所制作实验板中的 STC89C52 芯片,插入 SST89E554RC 芯片,即完成了硬件制作工作。接下来要使用软件将一些代码写入该芯片,这里所使用的软件是 SST EASYISP。

运行 SST EasyIAP 软件,出现如图 2-15 所示的界面。

选择 DetectChip/RS232→Dectect Target MCU for firmware1.1 F and RS232 config 菜单项,出现如图 2-16 所示的对话框。

这个对话框用来选择所选用的芯片及存储器工作模式。由于这里使用的是 SST89E554RC 芯片,因此,选择该芯片。在 Memory Mode 一栏中有两个选择项:一

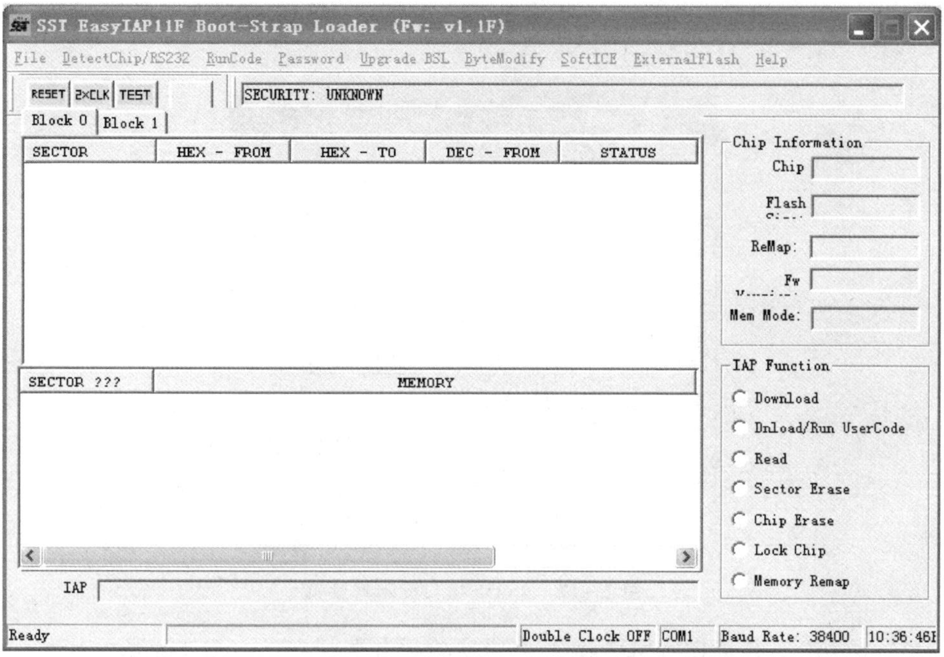

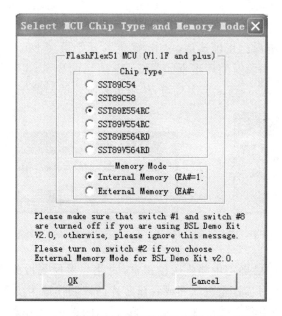

图 2-15　运行 SST EasyIAP 软件

图 2-16　选择芯片及存储器工作模式的对话框

项是使用芯片内部的存储器,这要求芯片的 EA 引脚接高电平;另一项是选择外扩的存储器,这要求芯片的 EA 接低电平。任务 1 中 EA 引脚被接于高电平,因此,这里选择 Internal Memroy(EA♯=1)。单击 OK 按钮,进入下一步,显示 RS232 接口配置对话框,如图 2-17 所示。

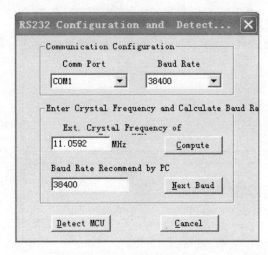

图 2-17　RS232 接口配置对话框

Comm Port 是选择所用串行口,如果实验板并非接在 COM1 口,那么应改为所用相应的 COM 口。如果所用的晶振并非 11.059 2 MHz,那么应更改 Ext. Crystal Frequency of 项中晶振频率值,并单击 Compute 计算所用的波特率。设置完毕,单击 Detect MCU 开始检测 MCU 中是否可用。此时将出现如图 2-18 所示的对话框。

保证实验板的电源已正确连接,单击"确定",开始检测 MCU。正常时立即就有结果出现,如果等待一段时间后出现如图 2-19 所示的提示,说明硬件存在问题。通常可以将电源断开,过 3~5 s 再次接通,然后重复刚才的检测工作。

图 2-18　检测 MCU

图 2-19　检测失败

由于在任务 2 中已确定电路板工作正常,因此如果反复检测仍出现图 2-19 的提示,要重点怀疑所用芯片是否损坏或者该芯片已被制作成为仿真芯片。

排除故障,直到检测芯片出现如图 2-20 所示的提示,说明检测正确。

图 2-20 的提示信息中显示芯片未加锁,型号为 SST89E554RC,Flash ROM 为 32+8 KB 等一些提示信息。选择 SoftICE→Download SoftICE 菜单项,出现如图 2-21 所示的对话框,要求输入密码。不必输入任何密码,直接单击 OK 按钮即可

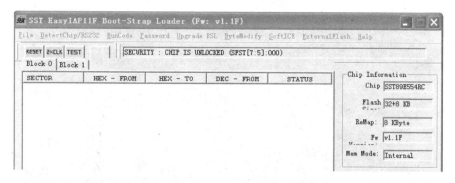

图 2 - 20　检测正确

开始下载。下载期间不能断电及出现意外复位等情况,否则该芯片将无法再用这种方法下载代码。

做好后的仿真芯片即具有了仿真功能,但在本任务中,暂不对仿真功能进行测试,所以可以将做好后的芯片取出,并贴上一个不干胶标签,以便与未制作仿真功能的芯片区分开。

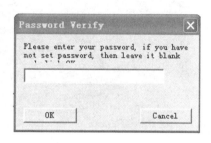

图 2 - 21　密码校验

任务 3　认识和使用成品电路板

任务 1 和任务 2 完成了一块简易实验板的制作,这块实验板可用于本书的部分课题,还可以根据其余课题所提供的电路图自行焊接其他部分以扩展其功能,但当需要扩展数码管、液晶显示屏等连线较多的部分时,因为飞线很多,所以制作不易;作为实验用的电路板很难真正用到实际工作中。为此,作者提供了两个实用电路,其中一个是较完善的多功能实验板,另一个是能够直接应用到工业控制等场合的工业控制器。

2.3.1　多功能实验电路板

实验板由底板和 CPU 板两部分组成,底板的外形如图 2 - 22 所示。CPU 板可以根据自己的需要使用万能板自行焊接或者根据底板插座定义自行设计制作。

1. 功能简介

实验板上安装了 8 位数码管、8 个发光二极管、8 个独立按钮开关、16 个矩阵接法的按钮开关、1 个 PS2 接口插座、1 个音响电路、1 个 555 振荡电路、1 个 EC11 旋转编码器、AT24C02 芯片、93C46 芯片、RS232 串行接口;DS1302 实时钟芯片,带有外接电源插座,可外接电池以断电保持;1 个 20 引脚的复合型插座,可以插入 16 引

图 2 - 22　多功能单片机实验板

脚的字符型 LCM 模块,20 引脚的点阵型 LCM 模块,6 引脚的 OLED 模块;以及 1 个 34 芯并行接口的 2.8 寸彩屏显示器。彩屏显示器下方有一个 595 芯片制作的交通灯模块;提供的双 4 芯插座可以直接接入 NRF2401 无线遥控模块和 EC28J60 网络模块;提供了 4 个单排孔插座,可以插入市场上常见的各类功能模块,如无线 WiFi、蓝牙、超声波测距、一线制测温芯片、湿度测试芯片、数字光强计、红外遥控接收头及三轴磁场测试模块接口等,几乎囊括了市场上各种常见的功能模块板,充分利用了当前的嵌入式系统的学习生态,极大地拓展了本实验系统的应用范畴。

使用这块实验板可以进行流水灯、人机界面程序设计、音响、中断、计数器等基本编程练习,还可以学习 I²C 接口芯片使用、SPI 接口芯片使用、字符型液晶接口技术、与 PC 机进行串行通信等较为流行的技术。下面对实验板作一个详细说明。

2. 电路原理图

(1) 电源提供

电路板上有两路供电电路,如图 2 - 23 所示。第 1 路是通过 J6 输入 8~16 V 交/直流电源,经 BR1 整流、E1 滤波后,经 MP1 稳压成为 5 V 电源,通过自恢复保险丝 F1 后提供给电路板使用。另一路是通过 USB 插座 J3 直接从计算机中取电,经过 D5 隔离,自恢复保险丝 F2 后提供给电路板使用。大部分情况下,只需要一根 USB 连接线就可以完成板上的各个练习项目,但如果遇到所用计算机的供电能力较弱或其他特殊情况,也可以通过外接电源供电。

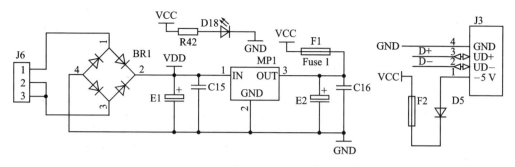

图 2-23　电路板的电源电路

（2）发光二极管

图 2-24 是电路板上的 8 个发光二极管电路原理图及其 PCB 布置图。8 个发光二极管的阳极通过限流排阻 PZ1 连接到电源端，阴极可以连接到单片机的 P1 口，选择插座 P15 可以选择这些发光二极管是否接入电路。这些发光二极管在 PCB 板上被排列成圆形，除了做一般意义上的流水灯等练习项目以外，还可以做风火轮等各种有趣的练习项目。

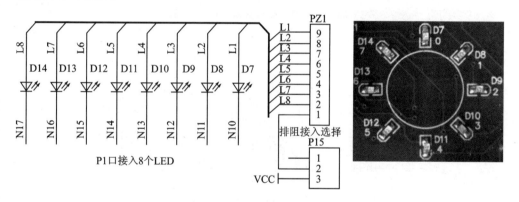

图 2-24　发光二极管电路原理图及 PCB 布置图

（3）数码管

电路板上设计了 8 位数码管，使用了 2 个 4 位动态数码管。为了保护单片机芯片及提供更好的通用性，电路板上使用了 2 片 74HC245 芯片作为驱动之用，如图 2-25 所示。其中一片 74HC245 芯片的 E 引脚被接入选择端子 P11，如果 E 端被接入VCC，那么芯片被禁止，这样数码管就不能显示了。在做 LCM 模块实验时，可以避免各功能模块之间的相互干扰。

（4）串行接口

串行通信功能是目前单片机应用中经常要用到的功能，80C51 单片机的串行接口电路具有全双工异步通信功能，但是单片机输出的信号是 TTL 电平，为获得电平匹配，实验板上安装了 HIN232 芯片，如图 2-26 所示。利用该芯片进行电平转换，

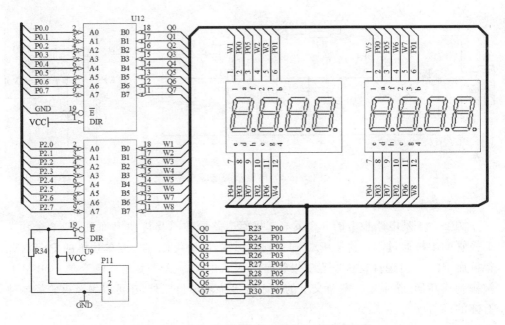

图 2-25 单片机实验板显示器接口电路原理图

芯片内部有电荷泵,只要单一的 5 V 电源供电即可自行产生 RS232 所需的高电压,使用方便。

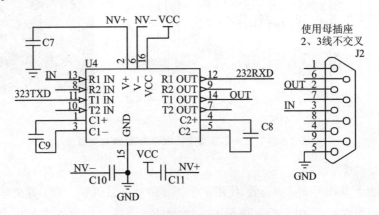

图 2-26 RS232 电平变换电路

实验电路板上同时还安装了 MAX485 芯片,可以进行 485 通信实验,如图 2-27 所示。485 串口通信可以选择 2 组不同的端子接入,AT89C52、STC89C52 等芯片上只有一组串行接口,可以用选择端子 P21 选择将 485 串行通信接入串行口的 TXD 和 RXD 端,这时 RS232 接口就不能接入。而一些型号的 80C51 单片机是有 2 组或者 2 组以上的串行接口,使用 P21 选择端子,可以将 485 通信接口接入单片机的第 2 串口,即 P1.3 端和 P1.2 端。这时 RS232 和 RS485 通信可以同时进行。

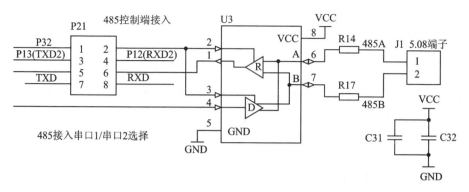

图 2 - 27　485 接口电路

（5）各类键盘输入

本电路板上有 3 部分电路与键盘有关,如图 2 - 28 所示。第 1 部分是 8 个独立按键,通过选择插座 P13 决定是否将其接入 P3 口;第 2 部分是 16 个矩阵式键盘,通过选择插座 P12 决定是否接入 P3 口;第 3 部分是 PS2 键盘接口,通过选择插座 P16 决定是否接入 P3.6 和 P3.7 引脚。这是一个"有源"键盘接口,可以接入各种 PS2 接口的标准键盘。

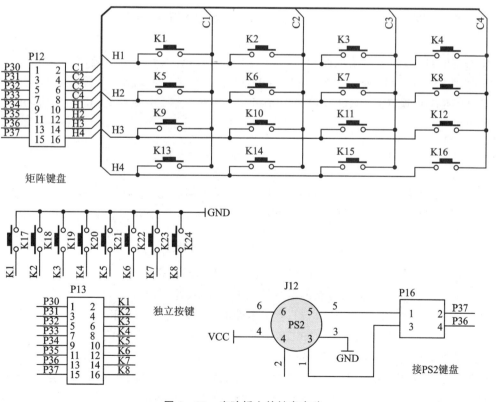

图 2 - 28　实验板上的键盘电路

(6) 计数信号源

本实验板上设计了多路脉冲信号,第1路是通过555集成电路及相关阻容元件构成典型的多谐振荡电路,输出矩形波。这个信号可以通过 JP1 选择是否接入单片机的 T0 端;第2路是电路中安装了 EC11 旋转编码器,转动 EC11 编码器手柄,就可以产生计数信号;第3路是电路中设计了 LM393 整形电路,可以将不规则的波形整形为矩形波,这是为测速电机准备的,但同样可以接入其他信号,如正弦波等用来做测频等实验;第4路是通过外接 CS3020 等霍尔集成电路、光电传感器等来进行相应的计数实验。

EC11 是一种编码器,广泛用于各类音响、控制电路中。EC11 的外形及其内部电路示意图如图 2-29 所示。

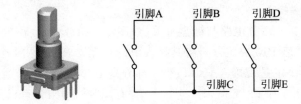

图 2-29   EC11 编码器外形及电路连接示意图

EC11 共有5个引脚,其中 AC、BC 分别组成2个开关,旋转开关时,两组开关依次接通、断开,旋转方向不同时,两组开关接通和断开的顺序不同。顺时针旋转 EC11 编码器时,电路的输出波形如图 2-30(a)所示;逆时针旋转编码器时,电路的输出波形如图 2-30(b)所示。适当编程,EC11 可用于音量控制、温度升降等各种场合。EC11 还有引脚 D 和 E,可以组成一个开关,按下手柄,开关接通,松开手柄,开关断开。

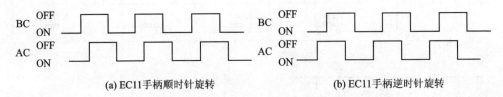

(a) EC11手柄顺时针旋转   (b) EC11手柄逆时针旋转

图 2-30   EC11 工作波形图

图 2-31 是电路板上 555 振荡电路及 EC11 编码器相关电路。通过选择插座 P8 可以决定是否将 555 振荡电路的信号接入 P3.4(T0 计数端);EC11 的两个输出端是否接入 P3.3 和 P3.5(T1 计数端);整形电路的输出端是否接入 P3.3 和 P3.5;EC11 的一路独立开关是否接入 P4.5 引脚。

(7) 音响电路和继电器控制电路

电路板上的三极管驱动一个无源蜂鸣器,构成一个简单的音响电路,Q2 与驱动电路构成一个继电器控制电路,如图 2-32 所示。音响电路可以由选择插座 P10 决

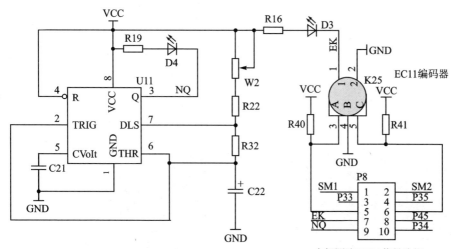

信号发生电路(555振荡电路+EC11编码器)　　电机测速/EC11信号选择
编码器开关/555振荡电路信号接入允许

图 2-31　电路板上的信号产生电路

定是否接入 P3.5 端;继电器控制电路可以由插座 P32 决定是否接入 P1.7 端。

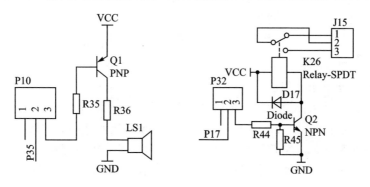

图 2-32　音响电路和继电器控制电路

（8）串行接口芯片

传统的接口芯片与单片机连接时往往采用并口方式,如经典的 8255 等芯片,但并行接口方式需要较多的连接线,而目前各类与单片机接口的芯片越来越多地使用串行接口,这种连接方式仅需要很少数量的连接线就可以了,使用方便。图 2-33 是电路板上提供的 3 种典型串行接口芯片的电路图。

① AT24CXXX 芯片接口　24 系列是 EEPROM 中应用广泛的一类,该系列芯片仅有 8 个引脚,采用二线制 I²C 接口。本电路板设计了安装了 AT24C02 芯片,可以做该芯片的读写实验。

② 93C46 接口芯片　93C46 三线制 SPI 接口方式芯片,这也是目前应用比较广泛的芯片。通过学习这块芯片与单片机接口的方法,还可以了解和掌握三线制 SPI

总线接口的工作原理及一般编程方法。

③ DS1302接口芯片　DS1302芯片是美国DALLAS公司推出的具有涓细电流充电能力的低功耗实时时钟电路。它可以对年、月、日、周、时、分、秒进行计时，且具有闰年补偿等多种功能。本电路板上焊有DS1302芯片及后备电池座，可用于制作时钟等实验。

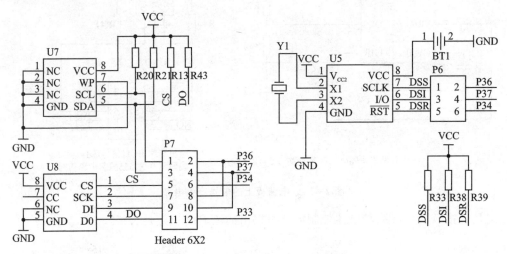

图2-33　3种典型串行接口原理图

（9）显示模块接口

液晶显示器由于体积小、重量轻、功耗低等优点，日渐成为各种便携式电子产品的理想显示器。从液晶显示器显示内容来分，可分为段型、字符型和点阵型三种。字符型液晶显示器以价廉、显示内容丰富、美观、无须定制和使用方便等特点成为LED显示器的理想替代品。字符型液晶显示器专门用于显示数字、字母、图形符号并可显示少量自定义符号。这类显示器均把LCD控制器、点阵驱动器、字符存储器等做在一块电路板上，再与液晶屏一起组成一个显示模块，这类显示器安装与使用都较简单。字符型液晶一般均采用HD44780及兼容芯片作为控制器，因此，其接口方式基本是标准的。

点阵型液晶显示屏的品种更多，而接口种类也要多一些，本电路板选择的是一款经典的128×64点阵型液晶显示屏接口。

OLED(有机电激光显示)日渐成为当前流行的显示模块，广泛应用于各类电子产品中，本电路板提供了对OLED显示模块的支持。

图2-34是这3种常见显示模块的外形图，从左至右分别是1602字符液晶显示模块、12864点阵液晶显示模块、12864 OLED显示模块。

图2-35所示是本电路板上的显示模块插座。经过独特的设计，一条20引脚的插座可以兼容至少3种不同型号的显示器：16引脚的字符型液晶模块、20引脚的点

图2-34 3种常见的显示模块（1602字符液晶模块、12864点阵液晶模块、12864 OLED模块）

阵型液晶模块和6引脚的OLED显示模块。此外，市场上还有很多彩屏模块使用了与1602相同的标准接口，这条插座也同时兼容这些模块。为了提供良好的兼容性，插座可以通过选择插座P24选择5 V或者3 V供电。

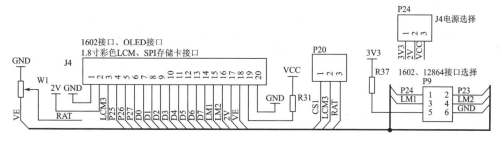

图2-35 液晶和OLED显示器接口插座

电路板上还有一个并口彩屏接口，可以接入带有触摸屏功能的2.8寸彩屏。

（10）交通灯电路

电路板上使用了一片74HC595芯片作为串并转换芯片，利用这一芯片控制8个LED，排列成交通灯的形状，如图2-36所示，便于进行交通灯相关实验。

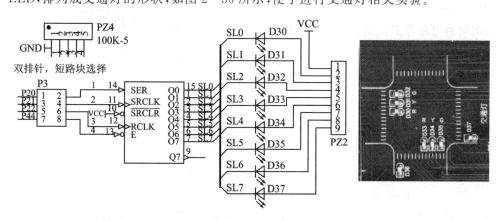

图2-36 74HC595控制的LED及其组成的交通灯电路

（11）电机驱动电路

电路板上设计了L298电机驱动模块，如图2-37所示。这一模块可以用来驱动两路独立的直流电机，实现直流电机的PWM调速等实验；也可用来驱动2相4线步进电机，用来进行步进电机驱动的实验。

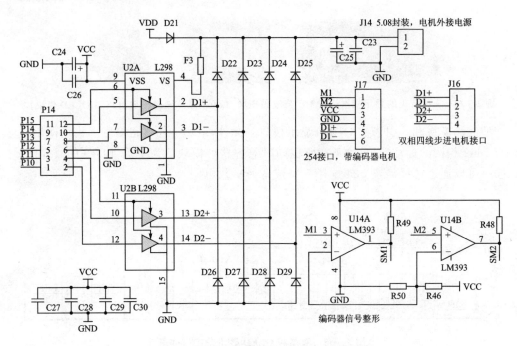

图2-37 电机驱动及电机测速信号处理电路

电路中同时设计了LM393制作的波形整形电路,这是用来与带有光电测速板的测速电机配套的,用来测量电机转速,这种电机如图2-38所示。这种简易测速电机的测速电路板中仅仅只有一个简单的光耦电路,输出的波形不标准,通过整形电路,可以获得较好的矩形波。

图2-38 带有编码盘的直流电机

此外,利用这一整形电路还可以将各类信号直接从J17输入,包括正弦交流电等都可以,在矩形波不是特别窄的情况下,LM393可以工作到数百kHz,用来做频率计等练习。

(12) PT100测温电路

电路板上专门设计了针对PT100温度传感器的测温电路,如图2-39所示。使用一片Rail-Rail运放LMV358,可以获得最大的动态范围。温度的变化使得PT100的阻值发生变化,通过电路转化为U1B的7引脚电压的变化,这个电压值通过芯片上的A/D转换通道就可以测量出来,通过相应的数据处理程序即可获得相应的温度值。设计一个温度计,学习者可以获得一般性实验不会接触到的知识,如传感器标定,程序归一化处理等,是进阶学习的好素材。配合继电器来驱动大功率电阻,或者用电机驱动模块来驱动大功率电阻,PT100用来测温,学习PID等控制工程方面的知识。

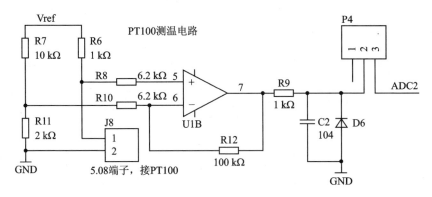

图 2 - 39　PT100 测温电路

（13）基准源及 A/D 转换电路

电路板上设计了 2.5 V 的基准源,如图 2 - 40 所示。这个基准源可以通过 J10 外接端子向外接地,也可以通过 P2 选择插座接入 ADC3 通道。W3 是电路板上安装的 1 只 3296 精密电位器,可以通过 P1 选择是否接入 ADC0。接入 ADC0 后,W3 可以用来做 A/D 转换输入、控制程序的给定、电机控制实验中的调速电位器等各种用途。

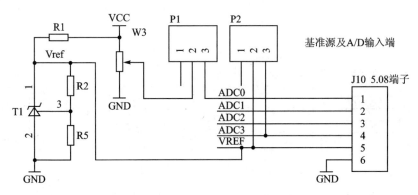

图 2 - 40　基准源及 A/D 转换插座电路

（14）PWM 转换电路

如图 2 - 41 所示,电路板设计了 PWM 转换电路,P19 选择是否接入来自 CPU 的 PWM 信号,接入的 PWM 信号经过一阶滤波后输出,利用这一功能,可以测试单片机的 PWM 模块,学习 PWM 模块的使用方法。

（15）各种接口插座

图 2 - 42 所示是电路板上的 4 个单排孔插座,J11 和 J19 是 6 孔插座,J20 是 4 孔插座,J23 是 5 孔插座。图中 1 V 的标号是电源,它由 P23 选择是 5 V 供电还是 3.3 V 供电。

J11 主要针对市场上销售的蓝牙模块设计的,同时当只使用其中部分引脚时,它

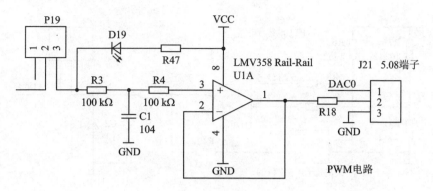

图 2-41 PWM 转换电路

的引脚排列顺序又有多种变化,可以适应各种不同的功能模块的引脚排列。

J19 插座是专门针对市场上广泛销售的 DS18B20、DTH20 湿度传感器等一线制器件、数字压力传感器模块、舵机接口等设计的,同时它还有一路 A/D 转换接口,因此可与市场上销售的带模拟量输出的模块连接。

J20 是通用 4 线制接口,主要为超声波测距模块而设计,同时它也是一种通用的 4 线制接口。

J23 是 5 线制通用接口,市售的光强计、光敏传感器模块等可以直接插入该插座。

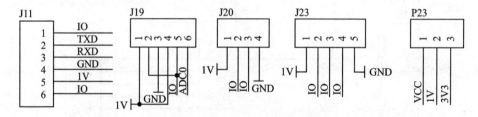

图 2-42 电路板上的各类单排孔插座

J13 是一个双排 12 孔的插座,该插座孔在两端分别交叉放置了 3.3V 电源和 GND,如图 2-43 所示。这是分析市场上 3 种常用模块:NRF24L01 无线遥控模块、EJN280 网络模块及无线 WiFi 模块后设计的插座,它们都可以直接插入插座使用。

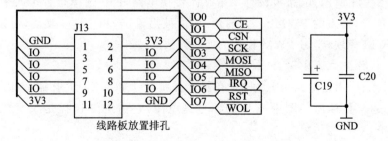

图 2-43 电路板上的双排孔插座

（16）CPU 模块

CPU 模块上放置了 40 芯锁紧座、10 引脚 ISP 插座、4 引脚串口插座、晶振插座、复位按钮、P0 口上拉电阻（可选择是否接入）等元件，如图 2-44 所示，模块可以直接插入底板中。

CPU 板上带有编程插座，如图 2-45 所示，可以使用带有标准编程插座的编程器对插在 CPU 板上的 AT89S 系列单片机编程。此外，CPU 板上还焊有 4 针串行接口，包括 VCC、RXD、TXD、GND 共 4 条线，可以用常用的 USB 转串行接口板对目标板上的 STC89、STC12 系列单片机编程。

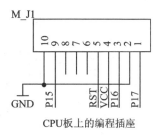
CPU板上的编程插座

图 2-44　可以接入 AT89S 系列、STC89 系列的 CPU 座　　图 2-45　CPU 板上的 AT89S 编程插座

2.3.2　工业控制器

实验板可用于学习，但无法真正实用，难以满足学习者尽快"学以致用"的要求。为此，作者开发了"开放式 PLC"工业控制器，由两块板和一个外壳组成，其外形如图 2-46 所示。它具有以下特点：

● 12 点光耦隔离输入；

● 1 路高速计数输入；

● 2 路 A/D 转换输入；

● 8 点继电器隔离输出或 8 点晶体管输出；

● 2 路高速脉冲输出；

● 板上自带 RS232 通信功能；

● 安装有 DS1302 实时钟和后备电池；

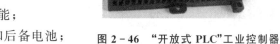
图 2-46　"开放式 PLC"工业控制器

● 使用 STC12 系列高速芯片，兼容 51 系列，片内 RAM 达 1 280 字节；

● CPU 具有在线可编程功能，通过 RS232 即可编程，使用方便。

通过这个控制器，读者可以将书上的例子做成实物来使用。例如，可以将灯串接入 220 V 电路做成实用的流水灯；可以接入按钮开关、接触器来控制机器的启动和停止等。本控制器由 2 块电路板组成，分别是 CPU 板和 I/O 板。

图 2-47 所示是 CPU 板上 CPU 部分的电路图,从图中标号可以看出各部分功能,如 IN00～IN07、IN10～IN13 共 12 路输入端子,OUT0～OUT7 共 8 路输出端子,其他包括 RXD、TXD 通信端、ADC0～ADC1 模拟量输入端、CCP0～CCP1 作为模拟量输出端、T0 为高速计数端等。CPU 板上还有 DS1302、RS485、指示灯等其他电路,但本书用不到这些部分,因此就不再画出来了。

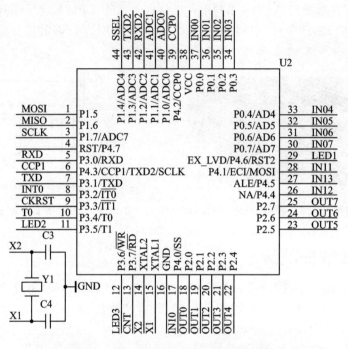

图 2-47　开放式 PLC 的 CPU 引脚连线

如图 2-48 所示是 I/O 板上的输入电路部分,这里仅画出了 4 路输入,其他 8 路输入电路完全相同。从图中可以看到,当输入端子 INP00 与 GND 接通时,光耦内的发光二极管导通,IN00 为低电平,而 IN00 正是连接到图 2-47 所示 CPU 的 P0.0引脚。

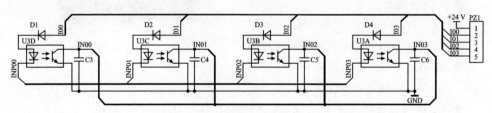

图 2-48　开放式 PLC 的输入电路

如图 2-49 所示是 I/O 板上输出电路的一部分,从图中可以看到,CPU 输出引脚通过驱动器 U6 连接各继电器线包的一端,而所有继电器线包的另一端连接在一起接到 12 V,因此,当 CPU 输出引脚为高电平"1"时,U6 驱动线包接通,使得相应的继电器常开触点闭合,完成该路输出。

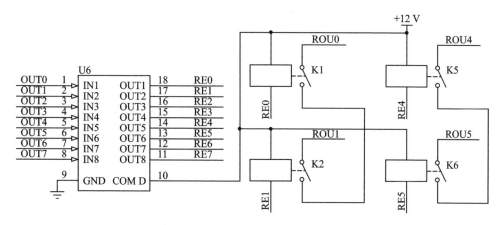

图 2 - 49　开放式 PLC 的输出电路

任务 4　Keil 软件的安装与使用

随着单片机开发技术的不断发展,单片机的开发软件也在不断发展,如图 2 - 50 所示是 Keil 软件的界面,这是目前流行的用于开发 80C51 系列单片机和 ARM 系列 MCU 的软件。本书介绍其用于 80C51 单片机开发的部分,以下首先介绍 Keil 软件安装与使用的方法。

图 2 - 50　Keil 软件界面

2.4.1　Keil 软件简介

Keil 软件提供了包括 C 编译器、宏汇编、链接器、库管理和一个功能强大的仿真调试器等在内的完整开发方案,通过一个集成开发环境(μVision　IDE)将这些部分组合在一起。通过 Keil 软件可以对 C 语言源程序进行编译;对汇编语言源程序进行汇编;链接目标模块和库模块以产生一个目标文件;生成 HEX 文件;对程序进行调试等。

Keil 软件特点如下:

- μVision IDE μVision IDE 包括一个工程管理器、一个源程序编缉器和一个程序调试器。使用 μVision 可以创建源文件,并组成应用工程加以管理。μVision 是一个功能强大的集成开发环境,可以自动完成编译、汇编、链接程序的操作。

- C51 编译器 Keil C51 编译器遵照 ANSI C 语言标准,支持 C 语言的所有标准特性,并增加一些支持 80C51 系列单片机结构的特性。

- A51 汇编器 Keil A51 汇编器支持 80C51 及其派生系列的所有指令集。

- LIB 51 库管理器 LIB 51 库管理器可以从由汇编器和编译器创建的目标文件建立目标库,这些库可以被链接器所使用,这提供了一种代码重用的方法。

- BL51 链接器/定位器 BL51 链接器使用由编译器、汇编器生成的可重定位目标文件和从库中提取出来的相关模块,创建一个绝对地址文件。

- OH51 目标文件生成器 OH51 目标文件生成器用于将绝对地址模块转为 Intel 格式的 HEX 文件,该文件可以被写入单片机应用系统中的程序存储器中。

- ISD51 在线调试器 将 ISD51 进行配置后与用户程序连接起来用户就可以通过 8051 的一个串口直接在芯片上调试程序了,ISD51 的软件和硬件可以工作于最小模式,它可以运行于带有外部或内部程序空间的系统并且不要求增加特殊硬件部件,因此它可以工作在像 Philips LPC 系列之类的微型单片机上,并且可以完全访问其 CODE 和 XDATA 地址空间。

- RTX51 实时操作系统 RTX51 实时操作系统是针对 80C51 微控制器系列的一个多任务内核,这一实时操作系统简化了需要对实时事件进行反映的复杂应用的系统设计、编程和调试。

- Monitor-51 μVision 调试器支持用 Monitor-51 对目标板进行调试,使用此功能时,将会有一段监控代码被写入目标板的程序存储器中,它利用串口和 μVision2 调试器进行通信,调入真正的目标程序,借助于 Monitor-51,μVision 调试器可以对目标硬件进行源代码级的调试。

- 本书提供一个借助于 Keil Monitor-51 技术制作的实验电路板,该实验板不需要额外的仿真机,自身就具备了源程序级调试的能力,这能给广大读者带来很大的方便。

2.4.2 安装 Keil 软件

Keil 软件由德国 Keil 公司开发与销售。这是一个商业软件,可以到 Keil 公司的网站(http://www.keil.com)下载 Eval 版本。得到的 Keil 软件是一个压缩包,解开后双击其中的 Setup. exe 即可安装,安装界面如图 2-51 所示,单击 Next 按钮进入下一步。

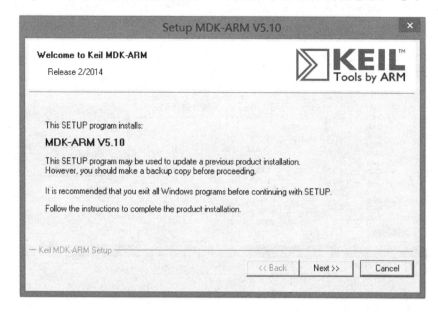

图 2-51　开始安装 Keil 软件

其余的安装方法与一般 Windows 应用程序相似,此处不多作介绍。安装完成后,将在桌面生成 μV5 快捷方式。

2.4.3　使用 Keil 软件

安装完毕后,会在桌面上生成 μV5 图标,双击该图标,即可进入 Keil 软件的集成开发环境 μVision IDE。

图 2-52 所示是一个较为全面的 μVision IDE 窗口组成界面。为了较为全面地了解窗口的组成,该图显示了尽可能多的窗口,但在初次进入 μVision IDE 时,只能看到工程管理窗口、源程序窗口和输出窗口。

工程管理窗口有 5 个选项卡:

● Files:文件选项卡,显示该工程中的所有文件,如果没有任何工程被打开,这里将没有内容被显示。

● Regs:寄存器选项卡,在进入程序调试时自动切换到该窗口,用于显示有关寄存器值的内容。

● BooKs:帮助文件选项卡,是一些电子文档的目录,如果遇到疑难问题,可以随时到这里来找答案。

● Functions:函数窗口选项卡,这里列出了源程序中所有的函数。

● Templates:模板窗口选项卡,双击这里的关键字,可在当前编辑窗口得到该关键字的使用模板。

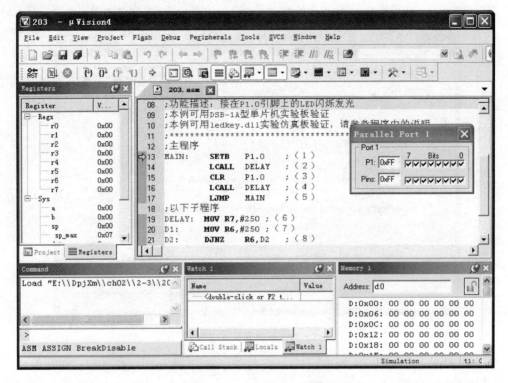

图 2-52 μVision IDE 界面

图 2-52 中还有内存窗口、变量观察窗口等,这些窗口只有进入系统调试后才能看到。

工程管理器窗口右边用于显示源文件,在初次进入 Keil 软件时,由于还没有打开任何一个源文件,所以显示一片空白。

1. 源文件的建立

μVision 内集成有一个文本编辑器,该编辑器可对汇编语言或 C 语言中的关键字变色显示。选择 File→New 菜单项在工程管理器的右侧打开一个新的文件输入窗口,在这个窗口里输入源程序。输入完毕之后,选择 File→Save 菜单项出现 Save as 对话框,给这个文件取名并保存,取名字的时候必须要加上扩展名,汇编程序以".ASM"或".A51"为扩展名,而 C 程序则应该以".C"为扩展名。

μVision 默认的编码选项为 Encode in ANSI,对于中文支持不佳,会出现光标移到半个汉字处、出现不可见字符等现象,因此需要修改 Encoding 项。选择 Edit→Configuration 菜单项,打开 Configuration 对话框,选择 Encoding 为 Chinese GB2312(Simplifed)项,如图 2-53 所示。

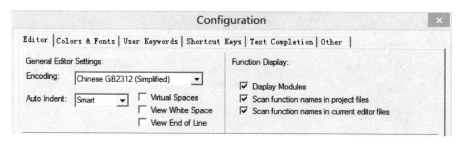

图 2 - 53　设置编码选项

也可以使用其他编辑器来编辑源程序，μVision 能自动识别由外部改变了的源文件，即如果用 μVision 打开了一个文件，而该文件又由其他编辑器编辑并存盘，只要切换回 μVision，μVision 就能感知文件已发生变化，并询问是否重新加载。如图 2 - 54 所示是 μVision 询问是否要重新加载源程序。

图 2 - 54　询问是否重新加载源程序

2. 工程的建立

80C51 单片机系列有数百个不同的品种，这些 CPU 的特性不完全相同，开发中要设定针对哪一种单片机进行开发；指定对源程序的编译、链接参数；指定调试方式；指定列表文件的格式等。因此在项目开发中，并不是仅有一个源程序就行了。为管理和使用方便，Keil 使用工程（Project）这一概念，将所需设置的参数和所有文件都加在一个工程中，只能对工程而不能对单一的源程序进行编译、链接等操作。

选择 Project→New Project 菜单项出现创建新工程的对话框，如图 2 - 55 所示，要求起一个工程名称并保存。一般应把工程建立在与源文件同一个文件夹中，不必加扩展名，单击"保存"按钮即可。

进入下一步，选择目标 CPU，如图 2 - 56 所示，这里选择 Atmel 公司的 89S52 作为目标 CPU，单击 ATMEL 展开，选择其中的 AT89S52，右边有关于该 CPU 特性的一般性描述，单击"确定"按钮进入下一步。

工程建立好之后，返回到主界面，此时会出现如图 2 - 57 所示的对话框，询问是否要将 8051 的标准启动代码的源程序复制到工程所在文件夹并将这一文件加入到工程中，这是为便于设计者修改启动代码。在刚刚开始学习 C 语言时，尚不知如何

图 2 - 55　创建新的工程

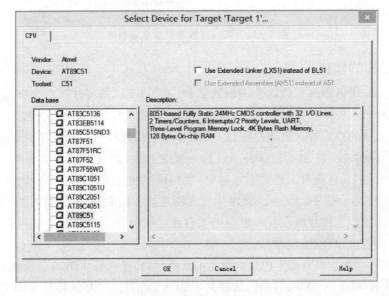

图 2 - 56　选择 CPU

修改启动代码,应该选"否"。

　　下一步的工作是为这个工程添加自编的源程序文件。可以将一个已在其他编辑器中写好的源程序加入工程,也可以从建立一个空白的源程序文件开始工作。

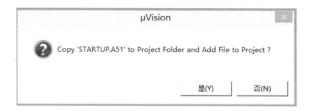

图 2 - 57　询问是否需要将 8051 的标准启动代码源程序拷贝入文件夹

如图 2 - 58 所示,单击 Target 1 下一层的 Source Group 1 使其反白显示,然后右击该行,在出现的快捷菜单中选择其中的 Add File to Group 'Source Group 1',出现图 2 - 59 所示对话框。

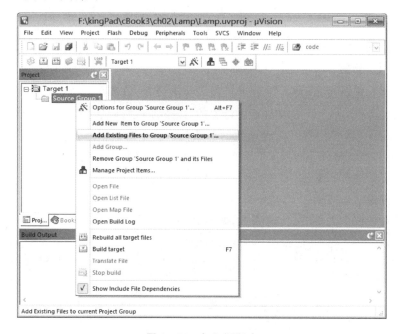

图 2 - 58　加入源程序

Keil 默认加入 C 源文件,如果要加入汇编语言源文件,要单击"文件类型",弹出下拉列表,选中 Asm Source file(＊. a ＊;＊. src)。这时才会将文件夹下的 ＊. asm 文件显示出来,双击要加入的文件名,或者单击要加入的文件名,然后单击 Add 按钮,都可将这个文件加入工程中。文件加入以后,对话框并不消失,可以加入其他文件到工程中去,如果不再需要加入其他文件,单击 Close 按钮关闭这个对话框。

注意:由于在文件加入工程中后,这个对话框并不消失,所以一开始使用这个软件时,常会误以为文件加入没有成功,再次双击文件或再次单击 Add 按钮,会出现重复加入文件的提示。

关闭对话框后将回到主界面,此时,这个文件名就出现在工程管理器的 Source

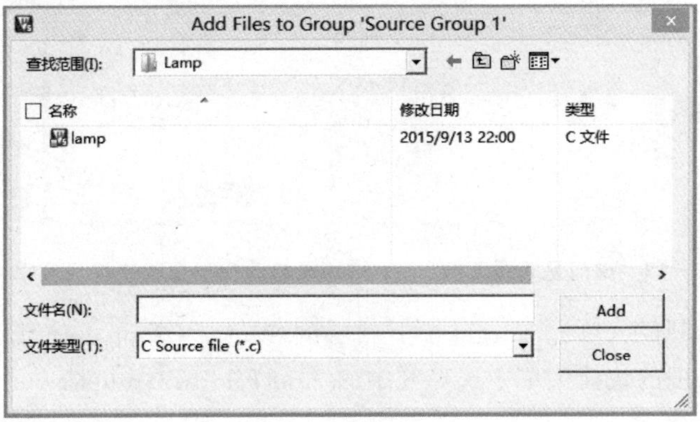

图 2-59 加入源程序的对话框

Group 1 下一级,双击这个文件名,即在编辑窗口打开这个文件。

3. 工程设置

工程建立好以后,还要对工程进行进一步的设置,以满足要求。

首先单击 Project Workspace 窗口中的 Target 1,然后选择 Project→Option for target 'target1' 菜单项打开工程设置的对话框。这个对话框非常复杂,共有 10 个选项卡,要全部搞清楚并不容易,好在绝大部分设置项取默认值就行了。下面对选项卡中的常用设置项进行介绍。

(1) Target 选项卡

设置对话框中的 Target 选项卡,如图 2-60 所示。

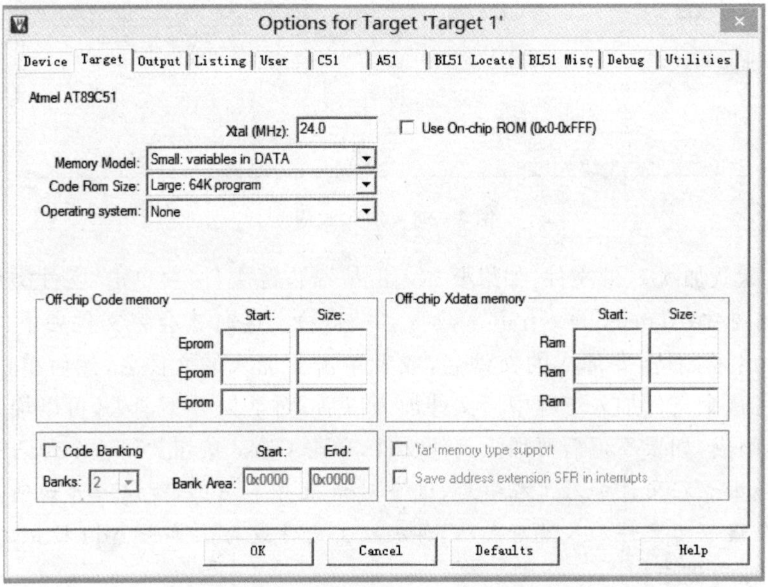

图 2-60 设置 Target 选项卡

① Xtal 文本框里的数值是晶振频率值,默认值是所选目标 CPU 的最高可用频率值,对于建立工程时所选的 AT89S52,其值是 33 MHz。该数值与编译器产生的目标代码无关,仅用于软件模拟调试时显示程序执行时间。正确设置该数值可使显示时间与实际所用时间一致,为调试工作带来方便。通常将其设置成与所用硬件晶振频率相同,如果只是做一般性的实验,建议将其设为 12 MHz,这样一个机器周期正好是 1 μs,观察运行时间较为方便。

② Memory Model 用于设置 RAM 使用情况,有三个选择项。

● Small:所有变量都在单片机的内部 RAM 中;

● Compact:可以使用一页外部扩展 RAM;

● Large:可以使用全部外部的扩展 RAM。

③ Code Rom Size 用于设置 ROM 空间的使用,同样也有三个选择项。

● Small 模式:只用低于 2 KB 的程序空间;

● Compact 模式:单个函数的代码量不能超过 2 KB,整个程序可以使用 64 KB 程序空间;

● Large 模式:可用全部 64 KB 空间。

④ Use On-chip ROM 选择项用于确认是否使用片内 ROM。

⑤ Operating system 项是对操作系统进行选择。Keil 提供了两种操作系统:Rtx tiny 和 Rtx full,如果不使用操作系统,应取该项的默认值 None(不使用任何操作系统)。

⑥ Off-chip Code memory 选项区用于确定系统扩展 ROM 的地址范围。

⑦ Off-chip Xdata memory 选项区用于确定系统扩展 RAM 的地址范围。

⑧ Code Banking 复选框用于设置代码分组的情况,这些选择项必须根据所用硬件来决定。

(2) Output 选项卡

Target 选项卡设置完毕后,切换到 Output 选项卡,如图 2-61 所示。这里面也有多个选择项。

① Creat HEX File 用于生成可执行代码文件。该文件用编程器写入单片机芯片,文件格式为 Intel HEX 格式文件,文件的扩展名为".HEX",默认情况下该项未被选中,如果要写片做硬件实验,就必须选中该项。这一点是初学者易疏忽的,在此特别提醒注意。

② Debug Information 将会产生调试信息,这些信息用于调试,如果需要对程序进行调试,应当选中该项。

③ Browse Information 是产生浏览信息,该信息可以通过选择 View→Browse 菜单项来查看,这里取默认值。

④ Select Folder for Objects 用来选择最终的目标文件所在的文件夹,默认是与工程文件在同一个文件夹中。

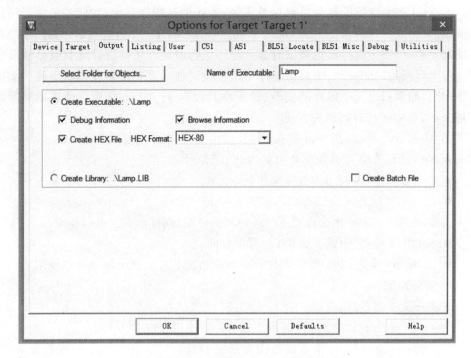

图 2 - 61　设置 OutPut 选项卡

⑤ Name of Executable 用于指定最终生成的目标文件的名字,默认与工程的名字相同,这两项一般不需要更改。

⑥ Creat Library 用于确定是否将目标文件生成库文件。

(3) Listing 选项卡

Listing 选项卡用于调整生成的列表文件选项,如图 2 - 62 所示。在汇编或编译完成后将产生 ∗.lst 的列表文件,在链接完成后也将产生 ∗.m51 的列表文件。该页用于对列表文件的内容和形式进行细致的调节,其中比较常用的选项是 C Compile Listing 组中的 Assamble Code 项,选中该项可以在列表文件中生成 C 语言源程序所对应的汇编代码。

(4) C51 选项卡

C51 选项卡用于对 Keil 的 C51 编译器的编译过程进行控制,如图 2 - 63 所示。其中比较常用的是 Code Optimization 组,该组中 Level 是优化等级,C51 在对源程序进行编译时,可以对代码多至 9 级优化,默认使用第 8 级,一般不必修改,如果在编译中出现一些问题,可以降低优化级别试一试。Emphasis 是选择编译优先方式,第 1 项是代码量优化(最终生成的代码量小);第 2 项是速度优先(最终生成的代码速度快);第 3 项是缺省。默认的是速度优先,可根据需要更改。

(5) Debug 选项卡

Debug 选项卡用于设置调试方式,由于该页将会在后面介绍仿真时单独进行介

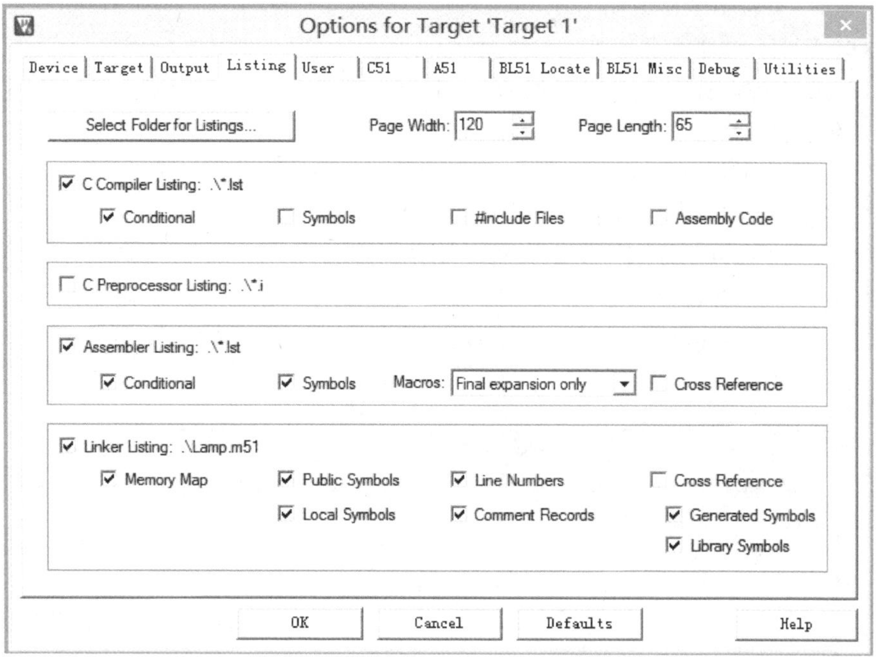

图 2-62　设置 Listing 选项卡

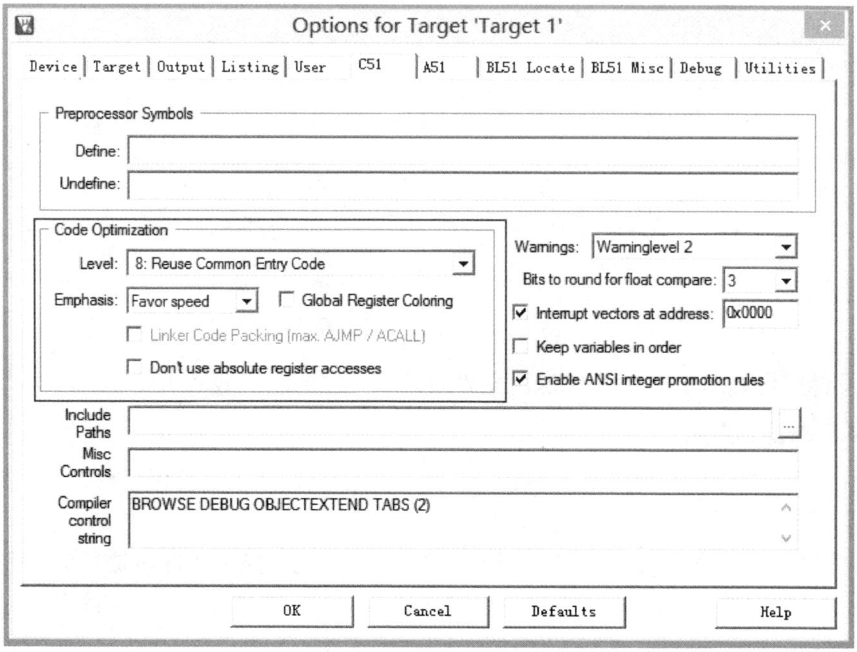

图 2-63　设置 C51 选项卡

绍,因此,这里就不多作说明了。

(6) Utilities 选项卡

Flash 是新版的 Keil 软件增加的,由于目前很多 80C51 系列单片机都内置了可以在线编程的 Flash ROM,因此,Keil 增加这一选项,用于设置 Flash 编程器。如图 2-64 所示,Use Target Driver for Flash Programming 的下拉列表显示了 Keil 软件支持的几种工具,如用于 LPC9000 系列的 Flash 编程器等,下拉列表的内容与所安装的 Keil 软件版本及安装的插件有关,不一定与图 2-64 显示的完全相同。如果你手边并没有下拉列表所示工具而有其他下载工具,也可以使用 Use External Tool for Flash Programmer 来选择你所用的程序。设置完成后,菜单 Flash 中的有关内容即可使用,而工具条上的 图标也由灰色变为可用了。

图 2-64　设置实用工具项

设置完成后单击 OK 按钮返回主界面,工程文件建立、设置完毕。

4. 编译、链接

在设置好工程后,即可进行编译、链接。图 2-65 是有关编译、链接及工程设置的工具栏按钮。各按钮的具体含义如下:

① 编译或汇编当前文件:根据当前文件是汇编语言程序文件还是 C 语言程序文件,使用 A51 汇编器对汇编语言源程序进行汇编处理,或使用 Cx51 编译器对 C 语言程序文件进行编译处理,得到可浮动地址的目标代码。

② 建立目标文件:根据汇编或编译得到的目标文件,并调用有关库模块,链接产生绝对地址的目标文件,如果在上次汇编或编译过后又对源程序作了修改,将先对源

程序进行汇编或编译,然后再链接。

③ 重建全部:对工程中的所有文件进行重新编译、汇编处理,然后再进行链接产生目标代码,使用这一按钮可以防止由于一些意外的情况(如计算机系统日期不正确)造成的源文件与目标代码不一致的情况。

④ 批量建立:选择多重项目工作区中的各项目是否同时建立。

⑤ 停止建立:在建立目标文件的过程中,可以单击该按钮停止这一工作。

⑥ 下载到 Flash ROM:使用预设的工具将程序代码写入单片机的 Flash ROM 中。

⑦ 工程设置:该按钮用于打开工程设置对话框,对工程进行设置。

图 2-65 有关编译、链接、工程设置的工具条

以上建立目标文件的操作也可以通过选择 Project→Translate、Project→Build target、Project→Rebuild All target files、Project→Batch Build、Project→Stop Build 等菜单项来完成。

编译过程中的信息将出现在 Output Window 窗口的 Build 选项卡中,如果源程序中有语法错误,会有错误报告出现,双击错误报告行,可以定位到出错的源程序相应行。对源程序反复修改之后,最终得到如图 2-66 所示的结果。结果报告本次对 Startup. a51 文件进行了汇编,对 ddss. c 进行了编译,链接后生成的程序文件代码量(57 字节)、内部 RAM 使用量(9 字节)、外部 RAM 使用量(0 字节),提示生成了 HEX 格式的文件。在这一过程中,还会生成一些其他的文件,产生的目标文件被用于 Keil 的仿真与调试,此时可进入下一步调试的工作。

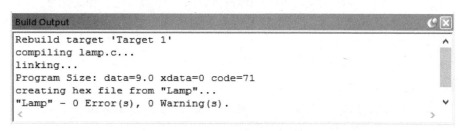

图 2-66 正确编译、链接之后得到的结果

任务 5 认识与使用实验仿真板

Keil 软件的功能强大,但由于该软件主要是提供工程师开发时使用,因此并不完全适宜于初学者的学习之用。刚开始学习单片机时,初学者往往有很多概念不能

理解。例如看到数字"0xfe",单片机工程师会立即联想到"如果在 P1 口接的 8 个 LED 灯,将这个数(0xfe)送往 P1 口中,则会有 7 个灭,一个亮";但初学者往往是看到 8 个 LED 灯中有 7 个灭,1 个亮后才能理解数字"0xfe"与单片机硬件有何关系。因此,对于初学者来说,多用一些直观性的方法,如观察数码管点亮、发光管点亮等现象有助于提高学习效果。通常要进行直观化的教学,只能通过硬件实验的方法,不过这对于手边没有硬件的读者来说有一定的难度,这看似不起眼的问题往往直接影响了学习的效果。

为了让读者更好地入门,作者开发了一些实验仿真板。这些仿真板将枯燥无味的数字用形象的图形表达出来,读者可以感受到真实的学习环境。

2.5.1 实验仿真板的特点

实验仿真板使用 Keil 提供 AGSI 接口开发而成,它相当于是 Keil μVision 仿真环境下的一个插件,以 DLL 的形式提供在纯软件仿真模式下使用,仿真数码管、发光管、按键等外围器件。

在读者手边还没有相应的硬件时,可以利用实验仿真板进行编程练习,通过发光管点亮、数码管显示数值、按键操作等直观地了解单片机的工作过程。一旦程序编写完毕,不仅可以调试,还可以全速运行看到真实效果,并进行操作以检查设计方案是否合理。此外,由于使用实验仿真板只需要在 PC 机上即可完成,不需要进行硬件连线、写片等操作,可以大大提高效率,因此,即使读者手上已备有硬件,实验仿真板也可以作为有益的补充。

对初学者而言,简单的东西总比复杂的东西要好学,内容多了易造成混乱,但由于制作成本等因素,硬件实验板不可能把各部分功能拆开单独做一块,通常硬件实验电路板总是做得较为全面,把各种功能做在一块板上,使得整个实验板看起来比较复杂。这会影响到初学者的学习,实验仿真板则没有这样的问题。作者准备了若干块实验仿真板,由简单到复杂,读者可以先用简单的仿真实验板进行练习,逐渐过渡到使用较为复杂的实验仿真板。

图 2-67 是键盘、LED 显示实验仿真板的实例图,从图中可以看出,该板比较简单,板上安装有 8 个发光二极管和 4 个按钮。

图 2-68 是键盘、LED 显示实验板的一种变形,这块板上的发光二极管呈圆形排列,与硬件实验电路板的排列形式相同。

图 2-69 是带有 8 位数码管的实验仿真板图。本实验仿真板有配套的硬件实验电路板,实验板上的 LED 接法与图 2-24 相同,键盘为各按键分别接到 P3.2～P3.5,数码管的接法可参考图 2-25。

图 2-70 是带有 8 位数码管和 16 个按钮的实验仿真板图。

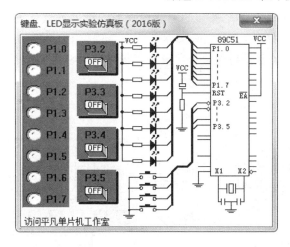

图 2 - 67   键盘、LED 显示实验仿真板(ledkey. dll)

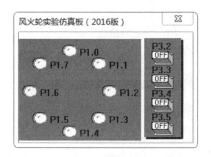

图 2 - 68   风火轮实验仿真板(fhl. dll)　　图 2 - 69   带 8 位数码管单片机的实验仿真板(dpj. dll)

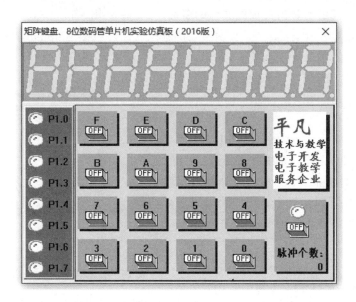

图 2 - 70   带有 8 位数码管和 16 个按钮的实验仿真板(dpj8. dll)

带有 8 位数码管和 16 个按钮的实验仿真板的硬件连线如图 2-71 所示。由图可知，P3 口的 8 个引脚构成了矩阵式键盘，而 P2 口与 P0 口则构成了 8 位 LED 数码管的显示电路。读者可以利用这个实验仿真板来练习多位数码管显示、多个按键输入的程序编写方法。

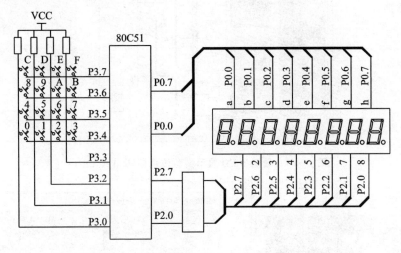

图 2-71　带有 8 位数码管和 16 个按钮的实验仿真板电路图

2.5.2　实验仿真板的安装与使用

这些仿真实验板实际上是一些 dll 文件，由配套资料提供，存放在资料根目录下的"实验仿真板"文件夹下。

图 2-67 所示实验仿真板的文件的名称是 ledkey. dll；图 2-68 所示实验仿真板的文件名称是 fhl. dll；图 2-69 所示实验仿真板的文件名称是 dpj. dll；图 2-70 所示实验仿真板的名称是 dpj8. dll。

安装时将这些文件复制到 Keil 软件的 C51\bin 文件夹中，若 Keil 软件安装在 C盘，则应将 ledkey. dll、dpj. dll 和 dpj8. dll 复制到 C:\keil\C51\bin 文件夹中。这里还有个细节需要提醒读者注意，由于扩展名为 dll 的文件是系统文件，而 Windows 操作系统默认不显示系统文件，因此，开启文件夹后，可能无法看到这些实验仿真板文件，需要对 Windows 的文件管理器进行设置后才能看到。设置方法请参考有关 Windows 操作书籍。

图 2-72　准备设置工程

要使用仿真板，必须对工程进行设置。先选择工程管理窗的 Traget 1，如图 2-72 所示。

选择 Project→Option for Target 'Target1' 菜

单项打开对话框,然后选择 Debug 选项卡,在左侧最下方 Parameter 下的文本框中输入"- d 文件名"。例如,要用 ledkey. dll 进行调试,就输入"- dledkey",注意在"- P52"和"- dledkey"之间必须要有一个空格,且这个空格不可以是全角字符,建议在进行这些设置工作时不要打开汉字输入法。输入完毕如图 2 - 73 所示,单击"确定"按钮退出。

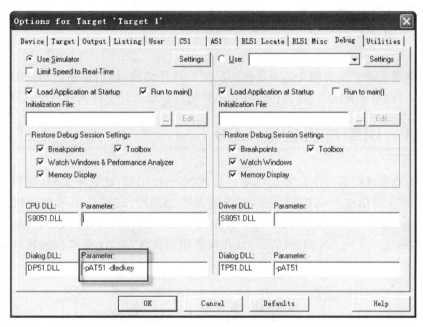

图 2 - 73　实验仿真板的设置

　　设置好使用实验仿真板,在进入调试后,菜单 Peripherals 中会多出一项"键盘LED 仿真板(K)",选中该项,即会出现实验仿真板界面。

　　所提供资料目录下的 example 文件夹中有一个文件 Keiluse. avi,该文件较详细地记录了如何打开 Keil 软件输入源程序、建立工程、加入源程序、设置工程、生成目标文件,最后用实验仿真板获得实验结果的过程,读者可以作为参考来学习 Keil 软件的使用。

巩固与提高

1. 实际制作任务 1 所示实验电路板。
2. 查找资料,了解 Keil Mon51 相关知识。
3. 查找资料,了解 AT89S51 单片机的 ISP 接口及相关知识。
4. 下载并安装 Keil 软件,安装实验仿真板。
5. 建立一个工程,设置 ledkey 实验仿真板,调出实验仿真板。

课题 3

单片机的 I/O 接口

　　本课题通过一些实例介绍单片机的功能和硬件结构,特别是面向用户的一些硬件结构,目的是带着读者入门,让读者对单片机的结构及开发技术有一个总体概念。

任务1　用单片机控制 LED

　　我们要完成的第 1 个任务是用单片机控制一个 LED,让这个 LED 按要求亮或灭。图 3-1 是用单片机控制 LED 的电路基本接线图,这里使用的单片机型号是 STC89C51,但以下所介绍的内容对于其他以 80C51 为内核的单片机同样适用。因此,描述中统一使用 80C51 的名称,只在需要用到 STC89C51 单片机的特性时作一个说明。

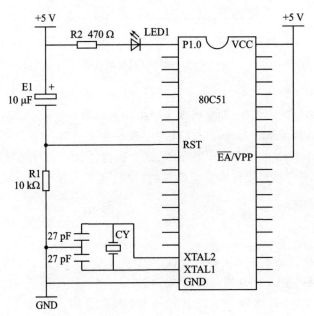

图 3-1　用单片机控制 LED 的电路基本接线图

　　首先介绍单片机的外部引脚,80C51 单片机共有 40 个引脚。

- 电源:80C51单片机使用5 V电源,其中正极接第40引脚,负极(地)接第20引脚。

- 振荡电路:在80C51单片机内部集成了一个高增益反相放大器,用于构成振荡器,只要给其接上晶振和电容即可构成完整的振荡器。晶振跨接于第18和第19引脚,第18和第19引脚对地接两只小电容,其中晶振可以使用12 MHz的小卧式晶振,电容可在18~47 pF之间取值,一般可以使用27 pF的小磁片电容。

- 复位:单片机上的第9引脚(RST)是复位引脚,按图3-1中的画法接好,其中电容用10 μF,而接到RST与地之间的电阻用10 kΩ。

- $\overline{\text{EA}}$/VPP:单片机上的第31引脚为$\overline{\text{EA}}$/VPP引脚,把这个引脚接到正电源端。

至此,一个单片机基本电路就接好了,接上5 V电源,虽然什么现象也没有出现,但是单片机确实在工作了。

3.1.1　实例分析

图3-2(a)是LED的外形图。LED具有二极管的特性,但在导通之后会发光,所以称之为发光二极管。与普通灯泡不一样,LED导通后,随着其两端电压的增加,电流急剧增加,所以,必须给LED串联一个限流电阻,否则一旦通电,LED会被烧坏。图3-2(b)是点亮LED的电路图。图中如果开关合上,则LED得电发光;如果开关断开,则LED失电熄灭。

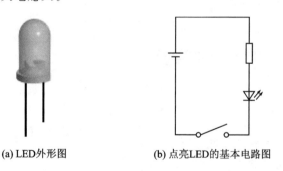

(a) LED外形图　　　(b) 点亮LED的基本电路图

图3-2　LED的外形图及点亮LED的基本电路图

要用80C51单片机来控制LED,显然这个LED必须要和80C51单片机的某个引脚相连,80C51单片机上除了基本连线必须用到的6个引脚外,还有34个引脚,这里把LED的阴极和80C51单片机的第1引脚相连。

按照图3-1的接法,当80C51单片机的第1引脚是高电平时,LED1不亮;当第1引脚是低电平时,LED1亮。为此80C51的第1引脚要能够控制,也就是说,要能够让80C51单片机的第1引脚按要求输出高电平或低电平。为便于表达,设计80C51芯片的公司为该引脚命名了一个名字,称为P1.0,这是一种规定,使用者不要随意更改它。

要能够让 P1.0 引脚按要求输出"高"或"低"电平,要用 80C51 单片机能够"懂"的方式向 80C51 单片机发布命令,这些 80C51 单片机能"懂"的命令称为该单片机的指令。因此,要让单片机听我们的指挥,就必须要先学习单片机的指令。在 80C51 系列单片机中,让一个引脚输出高电平的指令是 SETB,让一个引脚输出低电平的指令是 CLR。让 P1.0 输出高电平,可以用这样的指令:

```
SETB    P1.0
```

让 P1.0 输出低电平,可以用这样的指令:

```
CLR     P1.0
```

有了这种形式的指令,单片机仍无法直接执行,还需要做以下 2 步工作。

① 单片机不能识别 SETB 、CLR 这种形式的指令,要把指令翻译成单片机能执行的方式,再让 80C51 单片机去识别。和所有的计算机一样,单片机只能识别数字,为此要把"SETB P1.0"变为"D2H,90H";把"CLR P1.0"变为"C2H,90H "。

为什么是这样的数字? 这是由 80C51 单片机的设计者在该芯片设计时就规定好了的,不必去研究。把"SETB P1.0"和"CLR P1.0"分别变成"D2H,90H"和"C2H,90H"的方法很简单,它们之间是一种一一对应的关系,可以用手工查表的方法获得,或者使用汇编软件(如 Keil 软件)汇编后获得。

② 在得到这两个数字后,要把这两个数字写进单片机的内部程序存储器中,这要借助于硬件工具——编程器。

下面先介绍如何利用实验仿真板在 Keil 软件中实现这一功能。

3.1.2　用实验仿真板来实现

【例 3-1】　用单片机控制 LED 发光。

启动 μVision,单击"新建"按钮,建立一个新文件,输入以下源程序:

```
        CLR     P1.0    ;让 P1.0 引脚变为低电平
HERE:   SJMP    HERE    ;在原地循环
END
```

以 3-1.ASM 为文件名存盘。

程序中,第一行是让 P1.0 引脚变为低电平的指令;第二行是在执行完这条指令后不要再做其他工作,就是原地循环,以免执行到其不该执行的指令而影响程序执行结果;第三行 END 不是 80C51 单片机的指令,不会产生单片机可执行的代码,而是告诉汇编软件"程序到此结束",这一类用于汇编软件控制的指令被称为"伪指令"。除了 END 外,还有一些,将在以后的学习中逐步介绍。

建立名为 3-1 的工程文件,选择 80C51 为 CPU,将 3-1.ASM 加入工程中,设置工程,在 Debug 选项卡中输入"- dledkey"。设置完成后单击"确定"按钮回到主界面,双击左边工程管理窗口中的 3 - 1. ASM 文件名,将该文件的内容显示在右边的窗口中。

按下 F7 功能键汇编、链接获得目标文件,然后按下组合键 Ctrl＋F5 进入调试状态。进入调试状态后界面会有比较大的变化,比如 Debug 菜单下的大部分命令都可以使用;Peripherals 菜单下也多了一些命令;出现了一个用于程序调试的工具条,如图 3 - 3 所示。这一工具条从左到右的命令依次是:复位、运行、暂停、单步、过程单步、执行完当前子程序、运行到当前行、下一状态、打开跟踪、观察跟踪、反汇编窗口、观察窗口、代码作用范围分析、1♯串行窗口、内存窗口、性能分析、工具按键等。

图 3 - 3 调试工具条上的命令按钮

打开 Peripherals,选择"键盘 LED 实验仿真板(K)"菜单项,按下 F11 键或使用工具条上的相应按钮以单步执行程序,即出现如图 3 - 4 所示界面。从图中可以看到,最上面的 LED 点亮了。

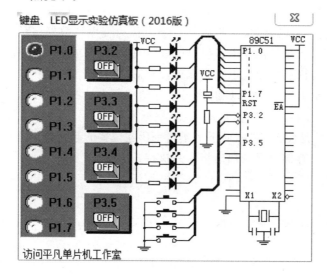

图 3 - 4 例 3 - 1 执行结果

随书资料中 exam\CH03\3 - 1 文件夹中的 3 - 1. avi 文件是使用实验仿真板演示这一现象的记录。

【例 3 - 2】 让接在 P1.0 引脚上的 LED 熄灭。

	SETB	P1.0	;让 P1.0 引脚变为高电平
HERE:	SJMP	HERE	;原地循环
	END		

第二个实验是使接在 P1.0 引脚上的 LED 熄灭,这个实验请读者自行完成。由

于开机时所有 LED 全部处于熄灭状态,所以无法从实验仿真板上看到变化的现象。

3.1.3　单片机的工作过程

　　该实验中使用的 STC89C51 芯片内部带有 4 KB 的 Flash ROM,即 4 096 个程序存储单元,因此,在使用 STC89C51 单片机时,程序可以放在单片机的内部,不需要扩展外部程序存储器,这种使用方法是今后单片机应用的方向。本书中的所有例子都基于这种工作方式,工作于这种方式时,$\overline{EA}$/VPP 引脚必须接高电平。

　　除了可以将程序放在单片机的内部以外,还可以为单片机加装一块存储器芯片,并将程序放在这块芯片中。这块芯片通过一定的电路与单片机相连,工作于这种方式时 $\overline{EA}$/VPP 引脚必须接低电平。这种方式目前应用较少,为此本书不作详细的介绍,有兴趣的读者可以参考其他单片机书籍。

　　单片机内部的 4 096 个单元地址编号(十六进制)为 0000H~0FFFH。每次开机将从特定的单元开始读取该单元中保存的内容,这个特定的单元是 0000H。当单片机通电或复位后,从 0000H 单元中读取内容,然后依次从 0001H 单元、0002H 单元……中读取内容。

　　为了实现这样的功能,单片机内部有一个称为程序计数器(PC)的部件,这是一个 16 位寄存器。当单片机通电、复位后,PC 中的值是 0000H(这是在设计芯片时就设计好的,由芯片内部的硬件电路来保证,与芯片使用者无关,使用者也不可能更改它)。单片机中的 CPU 根据 PC 的值去取存储单元中所存放的指令,每次从存储单元中取出一条指令后,PC 的值自动增加,根据本条指令长度的不同,增加的量可能是 1、2 或者 3,总是使得 PC 指向下一条指令所在位置的起始处。这样,PC 值不断变化,就会不断地从存储单元中取出指令并执行。

巩固与提高

　　1. 如果希望点亮实验仿真板上的第 2 个发光二极管,那么应该如何改动程序?实际做一做。

　　2. 将例 3-1 程序中的"HERE:SJMP HERE"程序行去掉后会有什么现象,实际做一做,想一想。

任务2　用单片机让 LED 闪烁发光

　　下面的这个例子让 LED 闪烁,即 LED 交替亮与灭。与前面的例子相比,这个例子有一定的"实用价值"。例如,可以把它做成汽车或摩托车上的信号灯。

3.2.1　实例分析

　　要让接在 P1.0 引脚上的 LED 闪烁,实际上就是要 LED 亮一段时间,再灭一段

时间,然后再亮,再灭……换个说法,就是说 P1.0 周而复始地输出高电平和低电平。但如果直接使用下面的两条指令:

```
SETB    P1.0        ;让 P1.0 引脚变为高电平
CLR     P1.0        ;让 P1.0 引脚变为低电平
```

是不行的,会出现下面两个问题:

① 计算机执行指令的时间很快,执行完"SETB P1.0"指令后,LED 熄灭了;但在极短时间(微秒级)后,计算机又执行了"CLR P1.0"指令,LED 又亮了,所以根本分辨不出 LED 曾经熄灭过。

② 在执行完"CLR P1.0"指令后,不会再自动回去执行"SETB P1.0"指令,所以不能正常工作。

为了解决这两个问题,可以设想如下:

① 在执行完"SETB P1.0"指令后,延长一段时间(例如 1 s)后再执行第 2 条指令,即可分辨出 LED 曾经熄灭过。

② 在执行完第 2 条指令后,延长一段时间(例如 1 s),然后再让单片机回去执行第 1 条指令,然后再执行第 2 条……如此不断循环,LED 将"灭—延时—亮—延时—灭—延时—亮……"。这样即可实现灯的闪烁功能。

根据以上设想,编写程序(分号后是注释,是为了便于讲解而加的)。

【例 3-3】 让单个 LED 闪烁的程序。

```
;主程序
MAIN:   SETB    P1.0        ;(1)
        LCALL   DELAY       ;(2)
        CLR     P1.0        ;(3)
        LCALL   DELAY       ;(4)
        LJMP    MAIN        ;(5)
;以下是延时子程序
DELAY:  MOV     R7,#250     ;(6)
D1:     MOV     R6,#250     ;(7)
D2:     DJNZ    R6,D2       ;(8)
        DJNZ    R7,D1       ;(9)
        RET                 ;(10)
        END                 ;(11)
```

程序分析:第(1)条指令的作用是让 LED 熄灭。按以上分析,第(2)条指令的作用是延时;第(3)条指令的作用是让 LED 亮;第(4)条指令和第(2)条指令一模一样,也是延时;第(5)条指令转去执行第(1)条指令。第(5)条指令中 LJMP 的意思是跳转,在 LJMP 后面有一个参数是 MAIN,而在第(1)条指令的前面有一个 MAIN,说明它要跳转到第(1)条指令处。第(1)条指令前面的 MAIN 被称为标号,标号的用途是标识该行程序,便于使用。这里并不一定要给它起名叫 MAIN,起什么名字,完全

由编程者决定,只要符合一定的规定就行,比如可以称它为 A1、X1 等,当然,这时第
(5)条指令 LJMP 后面的名字也得跟着改。

第(2)条和第(4)条指令的用途是延时,指令的形式是 LCALL,称为子程序调用
指令。这条指令后面跟的参数是 DELAY,DELAY 是一个标号,用于标识第(6)行程
序。这条指令的作用是这样的:当执行 LCALL 指令时,程序就转到 LCALL 后面的
标号所指示的程序行处执行;如果在执行指令的过程中遇到 RET 指令,则程序就返
回到 LCALL 指令的下面的一条指令继续执行。

第(6)～(10)指令是一段延时子程序,子程序只能在被调用时运行,并有固定的
结束指令 RET。这段子程序被主程序中的第(2)和第(4)条指令调用,执行第(2)条
指令的结果是:单片机转去执行第(6)条指令,而在执行完第(6),(7),(8),(9)条指令
后遇到第(10)条指令"RET",执行该条指令,程序返回并执行第(3)条指令,即将
P1.0 清零,使 LED 亮,然后继续执行第(4)条指令,即调用延时子程序,单片机转去
执行第(6),(7),(8),(9),(10)条指令,然后返回来执行第(5)条指令,第(5)条指令让
程序回到第(1)条指令开始执行,如此周而复始,LED 就不断地亮、灭了。

3.2.2　用实验仿真板来实现

以下使用实验仿真板来验证这一功能,同时进一步学习实验仿真板的使用。

启动 Keil 软件,输入源程序,并以文件名 3-3.asm 保存起来;然后建立名为
3-3 的工程文件,加入 3-3.ASM 源程序,设置工程。打开 Debug 选项卡后,在左侧
最下面的 Parameter 文本框中输入"-dledkey",单击"确定"按钮关闭对话框。按 F7
键汇编、链接以获得目标文件,然后选择 Debug→Start/Stop Debug Session 菜单项
或按组合键 Ctrl+F5 进入调试状态。选择 Perilpherals→"键盘显示实验仿真板
(K)"菜单项,如图 3-5 所示。再单击"运行"按钮即可开始运行。可以从仿真板上

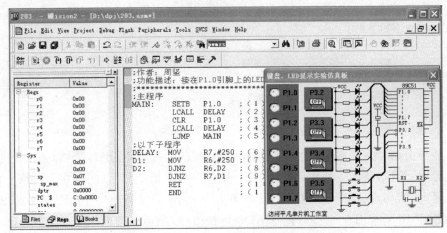

图 3-5　实验仿真板演示 LED 闪烁的例子

观察到接在 P1.0 口的 LED 闪烁发光。

随书资料中 exam\CH03\3-3 文件夹中的 3-3.avi 文件是使用实验仿真板演示这一现象的记录。

3.2.3 单片机的片内 RAM 与工作寄存器

以下分析延时程序的工作原理。为了理解延时程序的工作原理,首先要了解延时程序中出现的一些符号。

80C51 单片机内部一共有 128 个数据存储器,可作为数据缓冲、堆栈、工作寄存器等用途。这部分数据存储器具有十分重要的作用,几乎任何一个实用的程序都必须要用到这部分资源来编程。

图 3-6 是 80C51 单片机片内 RAM 的分配图,从图中可以看出,单片机中有 128 字节的 RAM,80C51 将这 128 字节的 RAM 分成 3 个区。

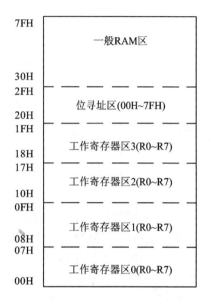

图 3-6 片内 RAM 的分配

1. 工作寄存器区

在内部数据存储器中,地址为 00H～1FH 的 32 个单元被均分为 4 组,每组 8 个单元,组成每组 8 个工作寄存器,均记作 R0～R7。表 3-1 是工作寄存器与 RAM 地址的对应关系。

表 3-1 工作寄存器与 RAM 地址的对应关系

工作寄存器	RAM 地址	工作寄存器	RAM 地址
R7	1FH	R5	1DH
	17H		15H
	0FH		0DH
	07H		05H
R6	1EH	R4	1CH
	16H		14H
	0EH		0CH
	06H		04H

续表 3-1

工作寄存器	RAM 地址	工作寄存器	RAM 地址
R3	1BH	R1	19H
	173		11H
	0BH		09H
	03H		01H
R2	1AH	R0	18H
	12H		10H
	0AH		08H
	02H		00H

工作寄存器是片内 128 字节 RAM 中的一部分,这 32 个单元有地址,可以按地址去用它们。另外,芯片的设计者还给了它们"特别优惠",每个单元还有自己的名字:R0～R7。所以使用者除可以用地址来找到这些单元外,还可以用名字去找它们。例如,班级里每位同学都有个座位号,假如找人时指定要找的是从大门起第三列第五行的同学,这里采用的是地址定位的方法。另外还有几位同学是老师所特别关注的,老师除了知道他们的座位号以外,还知道他们的名字,那么就多了一种找到他们的方法。显然,通过名字找更方便一些,所以 80C51 单片机的设计者给这些单元命名为工作寄存器。给这些单元取名字是有特定的用途的,这些用途在学习课题 7 指令时会看到。

观察图 3-6 可以发现:第 00H 单元的名字是 R0,第 08H、10H、18H 单元的名字也是 R0,其他单元也有这个问题。如果要取 R0 中的数,究竟是取哪个单元中的数呢? 是 00H 单元、08H 单元、10H 单元,还是 18H 单元? 这是一个重名的问题,芯片设计者提供了解决这个重名问题的方法。

在介绍这个方法之前,先明确两个问题:①工作寄存器是以组为单位应用的。②任意时刻只有一组有效。例如,当前 R0 指的是 00H 单元,那么 R7 就一定指的是 07H 单元;不可能当前 R0 指的是 00H 单元,而 R7 却指的是 17H 单元。这就像是一个窗口,虽然有 4 组(4 行),但是窗口比较窄,只有 1 组(1 行)能够被看到。

表 3-2 是工作寄存器组选择表。从表中可以看出,究竟是哪一组露出来由两个"位"决定,这两个位的名字分别叫 RS1 和 RS0。

表 3-2　工作寄存器组选择

RS1　RS0	组　数	地址单元
0　　0	0	00H～07H
0　　1	1	08H～0FH
1　　0	2	10H～17H
1　　1	3	18H～1FH

　　这两个位可以由编程者设定为"0"和"1",所以编程者可以确定任意时刻所选择的某一组工作寄存器来使用。选择的方法很简单,只要让 RS1、RS0 等于相应的值就可以了,可通过 SETB 和 CLR 指令来完成这一设置。

　　为什么要把这个功能设计得这样复杂?编程者又怎么知道什么时候要让 RS1、RS0 等于什么值呢?

　　做这么复杂是有原因的,有利于子程序调用时的数据保护,这在课题 7 任务 8 介绍子程序调用时作详细介绍。如果不知道怎么设,很简单,在您还不懂怎么设置的时候,就不要设置。RS1 和 RS0 的初始值是 00,也就是默认选择第 0 组工作寄存器。

2. 位寻址区

　　内部数据存储器地址为 20H~2FH,共 16 个单元被定义为位寻址区。在位寻址区内,CPU 不仅具有字节寻址的能力,而且还可以对这 16 字节中的每一位(共有 128 位)进行寻址。表 3-3 是 16 个字节单元地址和 128 个位地址的对应关系。

表 3-3　单元地址与位地址的对应关系

单元地址	位地址							
2FH	7FH	7EH	7DH	7CH	7BH	7AH	79H	78H
2EH	77H	76H	75H	74H	73H	72H	71H	70H
2DH	6FH	6EH	6DH	6CH	6BH	6AH	69H	68H
2CH	67H	66H	65H	64H	63H	62H	61H	60H
2BH	5FH	5EH	5DH	5CH	5BH	5AH	59H	58H
2AH	57H	56H	55H	54H	53H	52H	51H	50H
29H	4FH	4EH	4DH	4CH	4BH	4AH	49H	48H
28H	47H	46H	45H	44H	43H	42H	41H	40H
27H	3FH	3EH	3DH	3CH	3BH	3AH	39H	38H
26H	37H	36H	35H	34H	33H	32H	31H	30H
25H	2FH	2EH	2DH	2CH	2BH	2AH	29H	28H
24H	27H	26H	25H	24H	23H	22H	21H	20H
23H	1FH	1EH	1DH	1CH	1BH	1AH	19H	18H
22H	17H	16H	15H	14H	13H	12H	11H	10H
21H	0FH	0EH	0DH	0CH	0BH	0AH	09H	08H
20H	07H	06H	05H	04H	03H	02H	01H	00H

　　举例来说,要让 20H 这个字节的第 0 位变为"1",查表 3-3 可以发现,20H 这个字节的第 0 位的位地址就是 00H,所以只要用指令:

```
SETB      00H
```

就可以达到目的了。

又如,要让2CH这个字节的第3位变为"0",查表3-3可知,2CH的第3位的位地址是63H,所以只要用指令:

```
CLR        63H
```

即可。作为对比,如果要求将字节地址00H的第0位置为"0",就不能用位操作指令SETB来实现,因为字节00H不可以进行位寻址,这就是位寻址区中的RAM单元和其他不可位寻址区RAM单元的区别。当然,可以用其他方法实现这一要求,在学习逻辑指令时将作介绍。

3. 一般用途区

内部数据存储器中地址为30H～7FH的区间是一般用途区,用于数据的存放、堆栈等操作。

说明:工作寄存器区和位寻址区并不是专用的功能区域,它们只是具有这样的特殊的功能,但使用者并非一定要把它们作为这种特殊的用途来使用。假如所编的程序中不需要用到位寻址,那么20H～2FH这段空间完全可以当成是一般用途的RAM来使用。工作寄存器区也是如此。这样的设计,使得片内这128个字节的RAM具有多种功能,在不同的应用场合,能够充分发挥其用途。

3.2.4 延时程序分析

从上面的分析可知,程序中的符号R7代表工作寄存器的单元,用来暂时存放一些数据,R6的功能与之相同,下面来看其他符号的含义。

(1) MOV

这条指令的意思是传递数据。指令"MOV R7,♯250"中,R7是接收者,250是被传递的数,这一行指令的意义是:将数据250送到R7中去。因此执行完这条指令后,R7单元中的值是250。在250前面有个"♯"号,这条指令称为立即数传递指令,而"♯"后面的数被称为立即数。

(2) DJNZ

这条指令后面跟着的两个符号,一个是R6,一个是D2,R6是寄存器,D2是标号。DJNZ指令的执行过程是:将其后面的第一个参数中的值减1,然后看这个值是否等于0,如果等于0,则往下执行,如果不等于0,则转移到第二个参数所指定的位置去执行,在这里是转到由D2所标识的这条语句去执行。本条指令的最终执行结果是:这条指令被执行250次(因为此前R6中已被送了一个数:250)。

在执行完"DJNZ R6,D2"之后(即R6中的值等于0之后),转去执行下一行程序,即"DJNZ R7,D1",由于R7中的值不为0,所以减1后转去D1标号处,即执行"MOV R6,♯250"这一行程序。这样,R6中又被送入了250这个数,然后再去执行"DJNZ R6,D2"指令,最终的结果是"DJNZ R6,D2"这条指令将被执行 $250 \times 250 = 62\ 500$ 次,从而实现延时。

最后一条指令是:

```
RET
```

子程序在执行过程中如果遇到这条指令,则会返回到主程序,到调用这段子程序指令的下一条指令继续执行。

3.2.5 延时时间的计算

通过前面对延时程序的分析,已知"DJNZ R6,D2"这行程序会被执行 62 500 次,但是执行这么多次需要多长时间、是否满足要求还不知道,为此需要了解单片机的时序。

1. 振荡器和时钟电路

图 3-7 是 80C51 单片机的振荡电路示意图。在 80C51 单片机的内部,有一个高增益的反相放大器,用于构成振荡器,其输入端接至单片机的外部,即 XTAL1 引脚,其输出端接至单片机的外部,即 XTAL2 引脚。在 XTAL1 和 XTAL2 两端跨接一个晶振、两个电容,构成一个稳定的自激式振荡电路。

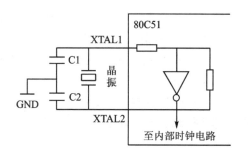

图 3-7 振荡电路图

80C51 单片机中常用晶振的标称频率有 4 MHz、6 MHz、12 MHz 和 11.059 2 MHz 等,近年来,80C51 单片机技术发展很快,出现了一些工作频率很高的单片机,因此,也有一些单片机会采用 22.118 4 MHz、24 MHz、33 MHz 或更高频率的晶振。

电容 C1,C2 通常取 18~47 pF,这两个电容还可以对振荡频率起微调的作用,因为购买到的晶振实际频率可能与其标称频率不完全相同,调整这两个电容可以将频率调到所希望的频率上去。当然,一般应用时,不需要做这样的调整,只在涉及一些时间基准(如频率计)的应用时才需要做这样的调整。

2. CPU 时序

(1) 机器周期

在计算机中,为了便于管理,常把一条指令的执行过程划分为若干个阶段,每一阶段完成一项工作。例如,取指令、存储器读、存储器写等,这每一项工作为一个基本操作。完成一个基本操作所需的时间称为一个机器周期。这是一个时间基准,就像人们用"秒"作为生活中的时间基准一样。由于 80C51 单片机工作时晶振频率不一定相同,所以直接用"秒"做时间基准不如用机器周期方便。

(2) 振荡周期

80C51 单片机的晶体振荡器的周期,它等于振荡器频率的倒数。习惯的说法是,接在 80C51 单片机的晶振上的标称频率的倒数是该机器的振荡周期。

80C51 单片机被设计成一个机器周期由 12 个振荡周期组成。设一个单片机工作于 12 MHz,它的时钟周期是 1/12 μs。它的一个机器周期是 12×(1/12)即 1 μs。

80C51 单片机的所有指令中,有一些完成得比较快,只要一个机器周期就行了,有一些完成得比较慢,要 2 个机器周期,还有两条指令要 4 个机器周期才能完成。为了计算指令执行时间的长短,引入一个新的概念——指令周期。

(3)指令周期

执行一条指令的时间,用机器周期数来表示。每一条指令需用的机器周期数永远是固定的,而且每一条指令所需的机器周期数可以通过表格查到,这些数据大部分不需要记忆,但是最好能够记住,如 DJNZ 是一条双周期指令,执行该条指令需 2 个机器周期。

了解了这些知识后,可以来计算例 3-3 中延时程序的延时时间了。首先必须要知道电路板上所使用的晶振的频率,假设所用晶振的频率为 12 MHz,一个机器周期是 1 μs。而 DJNZ 指令是双周期指令,所以执行一次需要 2 μs。一共执行 62 500 次,即 125 000 μs,也就是 125 ms(当然实际的延时时间要稍长一些,因为"MOV R6, ♯250"这条指令也会被执行 250 次,耗时 0.5 ms。不过,如果不要求十分精确,那么这点差别往往就忽略不计了)。

巩固与提高

1. 例 3-3 中,如果希望得到 250 ms 的延时,则将"MOV R6, ♯250"改为"MOV R6, ♯500"能不能达到要求? 实际做一做,观察一下延时情况。

2. 设系统晶振的频率为 6 MHz,要求延时时间为 100 ms,试编写延时程序。

3. 解释 80C51 的时钟周期、机器周期、指令周期。

3.2.6 单片机的复位电路

在给单片机通电时,单片机内部的电路处于不确定的工作状态,为使单片机工作时内部电路有一个确定的工作状态,单片机在工作之前要有一个复位的过程。对于 80C51 单片机而言,通常在其 RST 引脚上保持 10 ms 以上的高电平就能使单片机完全复位。为了达到这个要求,可以用很多种方法,图 3-8 是 80C51 单片机的复位电路的一种接法。

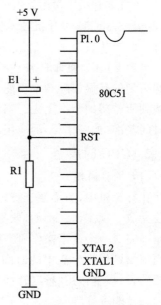

图 3-8 80C51 单片机的复位电路

这种复位电路的工作原理是：通电时，电容 E1 两端相当于短路，RST 引脚上为高电平，然后电源通过电阻 R1 对电容 E1 充电，RST 端电压慢慢下降，降到一定电压值以下，即为低电平，单片机开始正常工作。

复位操作的主要功能是把 PC 初始化为 0000H，使单片机程序存储器的 0000H 单元开始执行程序。此外，复位操作使 P0～P3 这些引脚变为高电平，还会对内部的一些单元产生影响，表 3-4 是复位后有关寄存器的内容。

表 3-4　复位后的内部寄存器状态

寄存器	内　容	寄存器	内　容
PC	0000H	TMOD	00H
ACC	00H	TCON	00H
B	00H	TH0	00H
PSW	00H	TL0	00H
SP	07H	TH1	00H
DPTR	0000H	TL1	00H
P0～P3	0FFH	SCON	00H
IP	(XXX00000B)	SBUF	不确定
IE	(0XX00000B)	PCON	(0XXXXXXXB)

单片机的复位电路非常重要，它影响到单片机是否能够可靠的工作。上面给出的只是原理，也可以在一些要求不高的场合使用，而在一些要求较高的场合，必须要专门设计复位电路，关于这方面的知识，请参考专业书籍。

巩固与提高

1. 单片机为何需要复位电路？单片机复位期间会做些什么工作？单片机复位阶段可以人为地控制吗？

2. 查找资料，看一看目前有哪些常用的专用复位控制的芯片？

3. 查找资料，找 1～2 个使用通用器件构成的复位电路，分析其工作原理。

3.2.7　省电工作方式

80C51 单片机提供了两种省电工作方式：空闲方式和掉电方式，目的是尽可能地降低系统功耗。在空闲工作方式中，振荡器继续工作，时钟脉冲继续输出到中断系统、串行口和定时器模块，但不提供给 CPU。在掉电方式中，振荡器停止工作。两种工作方式都由 SFR 中的电源控制寄存器 PCON 的控制位来定义，PCON 寄存器的控制格式如下：

SMOD	—	—	—	GF1	GF0	PD	IDL

其中:SMOD——串行口波特率控制位(详见课题 3 任务 5);

GF1——通用标志位;

GF0——通用标志位;

PD——掉电方式控制位,PD＝1,进入掉电工作方式;

IDL——空闲方式控制位,IDL＝1,进入空闲工作方式。

如同时将 PD 和 IDL 置 1,则进入掉电工作方式。PCON 寄存器的复位值为 0XXX000,PCON.4～PCON.6 为保留位,编程者不要对这 3 位操作。

1. 空闲工作方式

当 CPU 执行完置 IDL＝1 的指令后,系统进入了空闲工作方式,这时,内部时钟不向 CPU 提供,而只供给中断、串行口、定时器部分,CPU 的内部状态维持,即包括堆栈指针 SP、程序计数器 PC、程序状态字 PSW、累加器 ACC 和其他所有的寄存器的内容保持不变,端口状态也保持不变。

进入空闲方式后,有两种方法可以使系统退出空闲方式。一是任何的中断请求被响应都可以由硬件将 IDL 清 0 而中止空闲工作方式。当执行完中断服务程序返回时,从设置空闲工作方式指令的下一条指令开始继续执行程序。

PCON 寄存器中的 GF0 和 GF1 标志可用来指示中断是否在正常情况下或在空闲工作方式下发生。例如,在执行置空闲工作方式的指令前,先置标志位 GF0(或 GF1),当空闲工作方式被中断中止时,在中断服务程序中可检测标志位,以判断出系统是在什么情况下发生中断,如 GF0(或 GF1)为 1,则是在空闲工作方式下进入中断。

另一种退出空闲工作方式的方法是硬件复位。由于空闲工作方式下振荡器仍工作,因此这时的复位仅需 2 个机器周期便可完成(12 MHz 晶振时只需 2 μs),而不需要如开机一样维持 RST 引脚高电平 10 ms 以上。

2. 掉电工作方式

当 CPU 执行一条置 PD 为 1 的指令后,系统进入掉电工作方式。在这种工作方式下,内部振荡器停止工作。由于没有振荡时钟,因此,所有的功能部件都停止工作。但内部 RAM 区和特殊功能寄存器区的内容被保留,而端口的输出状态值都被存在对应的 SFR 中。

退出掉电工作方式的唯一方法是硬件复位。复位后所有特殊功能寄存器的内容初始化,但不改变内部 RAM 中的数据。

在掉电工作方式下,V_{CC} 可以降到 2 V,但在进入掉电工作方式以前,V_{CC} 不能降低。而在准备退出掉电工作方式之前,V_{CC} 必须恢复正常的工作电压,并保持一段时间(10 ms),使振荡器重新启动并稳定后方可退出掉电工作方式。

任务 3　单片机控制 8 个 LED 闪烁发光

前面已学习了单片机某一引脚的功能,下面看一看其他引脚的功能。前两个任务,都是让 P1.0 引脚使 LED 亮,很容易想到:既然 P1.0 可以让 LED 亮,那么其他引脚应当也可以。图 3-9 是 80C51 单片机引脚图,从图中可以看到,在 P1.0 旁边有 P1.1～P1.7 引脚,它们是否都可以让 LED 亮呢? 除了以 P1 开头的以外,还有以 P0、P2、P3 开头,一共有 32 个引脚以 P 字母开头,只是后面的数字不一样,它们是否有什么联系呢? 能不能都点亮 LED 呢?

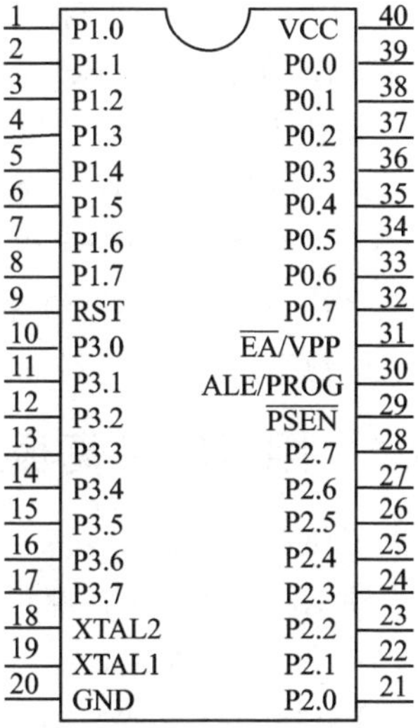

1	P1.0	VCC	40
2	P1.1	P0.0	39
3	P1.2	P0.1	38
4	P1.3	P0.2	37
5	P1.4	P0.3	36
6	P1.5	P0.4	35
7	P1.6	P0.5	34
8	P1.7	P0.6	33
9	RST	P0.7	32
10	P3.0	EA/VPP	31
11	P3.1	ALE/PROG	30
12	P3.2	PSEN	29
13	P3.3	P2.7	28
14	P3.4	P2.6	27
15	P3.5	P2.5	26
16	P3.6	P2.4	25
17	P3.7	P2.3	24
18	XTAL2	P2.2	23
19	XTAL1	P2.1	22
20	GND	P2.0	21

图 3-9　80C51 引脚图

3.3.1　实例分析

在实验电路板上,除了 P1.0 之外,P1.1～P1.7 都有 LED 与之相连,即共有 8 个 LED,要控制这 8 个 LED 同时闪烁发光,可以参考例 3-3,其他部分没有什么变化,只有控制的对象不同,例 3-3 中有"CLR P1.0"这样的指令,那么其他引脚也可以用"CLR P1.x"之类的指令(x 取值为 0～7),但这样似乎太麻烦了,要用上 8 条指令。下面的程序要简单一些。

【例 3-4】　接 P1 口的 8 个 LED 闪烁。

```
MAIN:   MOV    P1,#0FFH      ;数 0FFH 送到 P1 口
        LCALL  DELAY         ;调用延时程序
        MOV    P1,#00H       ;数 00H 送到 P1 口
        LCALL  DELAY         ;调用延时程序
        LJMP   MAIN          ;跳转到 MAIN 处
DELAY:  MOV    R7,#250       ;延时程序
D1:     MOV    R6,#250
D2:     DJNZ   R6,D2
        DJNZ   R7,D1
        RET
        END
```

程序分析:这段程序与例 3-3 比较,只有两处不一样,第一行在例 3-3 中是"SETB P1.0",现在改为"MOV P1,#0FFH",第三行在例 3-3 中是"CLR P1.0",现在改为"MOV P1,#00H"。

从中不难发现,P1 是 P1.0～P1.7 的全体代表,一个符号 P1 表示了以"P1."开头的 8 个引脚。另外,这里用了 MOV 指令,MOV 指令的用途是数据传递,即把 0FFH 送到 P1 端口和把 00H 送到 P1 端口。那么 0FFH 和 00H 又分别代表了什么含义呢? 0FFH 用二进制数表示就是 11111111B,而 00H 用二进制数表示就是 00000000B,因此,送 0FFH,就是让所有 P1.x 引脚输出高电平,即 LED 全灭,而送 00H 就是让 LED 全亮。

程序中的数字 FFH 前面有一个 0,这是汇编软件所要求的。对于十六进制而言,除了 0～9 这 10 个数字以外,还用了 A～F 作为基本数字,如果用来表示数字的第一个字符不是 0～9 这 10 个阿拉伯数字中的一个,就要在它的前面加一个 0,表示这是一个数字,而不是字符。

3.3.2　用实验仿真板来实现

以下使用实验仿真板来验证这一功能,同时进一步学习实验仿真板的使用。

启动 Keil 软件,输入源程序,并以文件名 3-4.ASM 保存起来,然后建立名为 3-4 的工程文件,加入 3-4.ASM 源程序,设置工程。打开 Debug 选项卡后,在左侧最下面 Parameter 下的文本框中输入"-dledkey",单击"确定"按钮关闭对话框。按 F7 键汇编、链接以获得目标文件,然后选择 Debug→Start/Stop Debug Session 菜单项或按组合键 Ctrl+F5 进入调试状态,选择 Peripherals→"键盘显示实验仿真板(K)"菜单项,再单击"运行"按钮即可开始运行。可以从仿真板上直观地观察到接在 P1 口的 8 个 LED 闪烁发光。

随书资料中 exam\CH03\3-4 文件夹中的 3-4.avi 文件是使用实验仿真板演示这一现象的记录。

巩固与提高

1. 要求第 1、3、5、7 号灯亮,125 ms 后灯灭,同时第 2、4、6、8 号灯亮,125 ms 后灯灭,第 1、3、5、7 号灯亮,如此循环,试编写程序实现。

2. 要求第 1、2 号灯点亮,然后是第 2、3 号灯点亮,1 号灯熄灭,接着是第 3、4 号灯点亮,2 号灯熄灭,即始终有 2 个灯点亮,不断循环,试编写程序实现。

任务 4　用按键控制 LED

通过例 3-4 的任务可知,P1 口能够作为输出来使用,事实上,另外的 24 个以 P 字开头的引脚也可以作为输出来使用,除此之外,这 32 个引脚还可以作为输入端来使用。

3.4.1 实例分析

用按键控制 LED 的电路如图 3－10 所示,图中,P3 口的 P3.2、P3.3、P3.4、P3.5 分别接了 4 个按键。当键被按下时,引脚将被接地,即这些引脚上为低电平,P1 口的接法与前面相同。

【例 3－5】 P3 口作输入的程序。

```
MAIN:  MOV    P3,#0FFH    ;将 0FFH 送到 P3 口
LOOP:  MOV    P1,P3       ;将 P3 口的值送到 P1 口
       LJMP   LOOP        ;跳转到 LOOP 处继续执行
       END                ;程序结束
```

接通电源,P1 口上所有灯全部处于熄灭状态,然后任意按下一个按键,P1 口上有一个灯亮了,松开按键灯即熄灭。再按下另一个按键,P1 口上另一个灯亮,松开按键灯灭。如果同时按下几个按键,那么会同时有几个灯亮。而且按键和灯有一定的对应关系,开关 S1 对应的是 LED3,开关 S2 对应的是 LED4,以此类推。

从图 3－10 硬件电路连线图中可以看出,一共有四个按键被接到 P3 口的 P3.2、P3.3、P3.4、P3.5 引脚,分别是 S1、S2、S3 和 S4。在例 3－5 程序中,各指令功能如下:

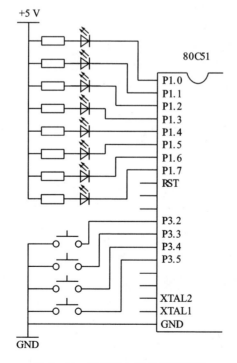

图 3－10 验证输入的电路原理图

- 第 1 条指令的用途是使 P3 口全部为高电平;
- 第 2 条指令是"MOV P1,P3",这条指令的含义是将 P3 口的值送到 P1 口;
- 第 3 条指令是循环,即不断地重复这个过程。

当按下 S1 按键时,LED3 亮了,所以 P1.2 口应该是输出低电平,看一看有什么被送到了 P1 口,只有从 P3 口的值被送到了 P1 口,所以,肯定是 P3 口进来的值使得 P1.2 位输出电平的。接 P3.2 的 S1 按键被按下,使 P3.2 位的电平为低,通过程序读入再送到 P1 口,使得 P1.2 口输出低电平,所以 P3 口起了输入的作用。

验证:按 S2、S3、S4 按键,同时按下 2 个、3 个、4 个按键都可以得到同样的结论,P3 口确实起到了输入的作用,可以得到结论"P3 口中的这四个引脚可以用作输入"。

如果继续实验,可以发现其他的以 P 开头的引脚都可以作为输入,也可以作为输出,这 32 个引脚称为并行 I/O 口。

3.4.2 用实验仿真板来实现

以下使用实验仿真板来验证这一功能,同时进一步学习实验仿真板的使用。

启动 Keil 软件,输入源程序,并以文件名 3-5.ASM 保存起来,然后建立名为 3-5 的工程文件,加入 3-5.ASM 源程序,设置工程。打开 Debug 选项卡,在左侧最下面的 Parameter 下的文本框中输入"-dledkey",然后单击"确定"按钮关闭对话框。按 F7 键汇编、链接以获得目标文件,然后选择 Debug→Start/Stop Debug Session 菜单项或按组合键 Ctrl+F5 进入调试状态。选择 Perilpherals→"键盘显示实验仿真板(K)"菜单项。单击"运行"按钮即可开始运行。用鼠标单击实验仿真板上的 4 个按钮,可以观察到接在 P1 口的 LED 点亮或熄灭的情况。

随书资料中 exam\CH03\3-5 文件夹中的 3-5.avi 文件是使用实验仿真板演示这一现象的记录。

3.4.3 认识 80C51 的并行 I/O 口

80C51 单片机共有 4 个 8 位的并行双向 I/O 口,共 32 个引脚。这 4 个并行 I/O 口分别被记作 P0、P1、P2 和 P3,每个并行 I/O 口的结构和功能并不全相同。

1. 并行 I/O 口的功能

- P0 口　一个多功能口,除了作为通用 I/O 口外,还可以作为地址/数据总线,在单片机进行系统扩展时用作系统总线。
- P1 口　作为通用 I/O 口使用。
- P2 口　是一个多功能口,除了作为通用 I/O 口外,还可以作为高 8 位的地址线,用于系统的扩展。
- P3 口　是一个多功能口,除了作为通用 I/O 口外,每一个引脚还有第二功能,这些功能是非常重要的,但是在此不作详细解释。所有这些引脚的功能将会在后边相关处介绍,这里仅列出这些引脚的第二功能定义,如表 3-5 所列。

表 3－5　P3 引脚的第二功能列表

引　脚	第二功能	引　脚	第二功能
P3.0	RXD(串行数据输入)	P3.4	T0(定时器 0 外部输入)
P3.1	TXD(串行数据输出)	P3.5	T1(定时器 1 外部输入)
P3.2	INT0(外部中断 0 输入)	P3.6	WR(外部 RAM 写信号)
P3.3	INT1(外部中断 1 输入)	P3.7	RD(外部 RAM 读信号)

2. 并行 I/O 口的结构分析

（1）简要说明

图 3－11(a)是 P1 口中一位的结构示意图,虚线部分在单片机内部。从图中可以看出,如果把内部的电子开关打开,引脚通过上拉电阻与 V_{cc} 接通,此时引脚输出高电平。如果把电子开关合上,引脚就直接与地相连,此时引脚输出低电平。P2、P3口的输出部分基本上也是这样结构。但是 P0 就不一样了,图 3－12(b)是 P0 口的一位的结构,从图中可以看出,连接到 V_{cc} 的也是一个电子开关,实际上,只有这样,这个引脚才有可能具有真正的三态(高电平、低电平和高阻态),而图 3－12(a)所示的结构是不存在第三态(高阻态)的。通常把 P1、P2 和 P3 口称为准双向 I/O 口,而 P0则是真正的双向 I/O 口。

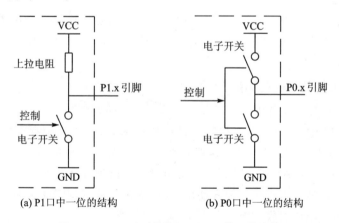

(a) P1 口中一位的结构　　　　(b) P0 口中一位的结构

图 3－11　51 系列单片机 I/O 口的两种结构

（2）结构分析

真正的 I/O 口结构比上述示意图复杂一些,图 3－12 给出了 P0、P1、P2 和 P3 口的一位的结构图,由于四个 I/O 端口的功能并不一样,所以它们在电路结构上也不相同,但是输出部分大体是一样的。

从图 3－12 来看,输出端的电子开关是由 CPU 送出的一根控制线来控制的,这根控制线是单片机内部数据总线中的一根。数据总线是一组公用线,很多部件都与其相连,而不仅仅是某一个并行口。在不同的时刻,不同的部件需要不同的信号,比如某一时刻 P1.0 要求输出高电平并要求保持若干时间,在这段时间里,CPU 不能停在那里,它还需要与其他部件联络,因此这根数据线上的电平未必能保持原来的值不变,这样输出将会发生变化。为解决这一问题,在每一个输出端加一个锁存器。要某个 I/O 口输出数据,只要将待输出的数据写入相应的 I/O 口(实际是写入相应的锁存器),然后 CPU 就可以去做其他事情,不必再理会输出的状态了。锁存器会把数据"锁"住,直到 CPU 下一次改写数据为止。每个 I/O 口锁存器通常用这个 I/O 端口的名字来命名它。如:

```
MOV    P1,♯0FFH
```

这条指令实际是将 0FFH 送到 P1 口的锁存器中去,这里的 P1 和真正的引脚所指的 P1 口不一样,但人们通常不会分得这样细,笼统地称之为 P1。

下面分析各个端口的输出功能:

- P0 口:P0 口除了具有输出结构以外,还有一个多路切换开关,用于在地址/数据和 I/O 口的功能之间进行切换。
- P1 口:P1 口的结构最简单,仅有一个锁存器用于保存数据,作为通用 I/O 使用。
- P2 口:P2 口的结构与 P0 口相似,也有一个多路切换器,用于在地址和 I/O 功能之间进行切换。
- P3 口:P3 口的引脚是具有第二功能的,因此,它的输出结构也类似于 P0 口,只不过在第二功能中,有一些是输出,有一些是输入,所以图 3-12(d)看起来要复杂一些。

3. I/O 端口的输入功能分析

(1) 读锁存器与读引脚

在图 3-12 中有两根线,一根从外部引脚接入,另一根从锁存器的输出端 Q 接出,分别标明读引脚和读锁存器,这两根线用于实现 I/O 口的输入功能。在 80C51 单片机中,输入有两种方式,分别称为"读引脚"和"读锁存器"。

第 1 种方式是将引脚作为输入使用,那是真正地从引脚读进输入的值,即当引脚作为输入使用时用读引脚的方式获取引脚上的状态。

第 2 种方式则是引脚作为输出端使用时采用的工作方式,80C51 单片机的一些指令,如取反指令(若引脚目前的状态是 1,则执行该指令后输出变为 0;若引脚目前的状态是 0,则执行该指令后输出变为 1),这一类指令的最终结果虽然是把并行口作为输出来使用,但在执行它的过程中却要先"读",取反指令就是先"读"入原先的输出状态,然后经过"取反"电路后再输出。

图 3-13 是读锁存器功能必要性的电路示意图,如果在某个应用中直接把 P1.0 接到三极管的基极(这是可行的,并不会损坏三极管或单片机的 P1.0 引脚),当 P1.0 输出高电平,三极管导通。按理,这时引脚应当为高电平,但是由于三极管的箝位作

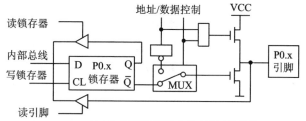

(a) P0 口锁存器和输入输出驱动器结构

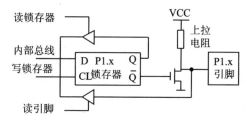

(b) P1 口锁存器和输入输出驱动器结构

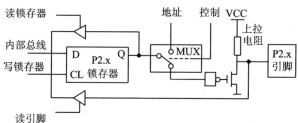

(c) P2 口锁存器和输入输出驱动器结构

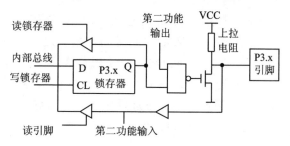

(d) P3 口锁存器和输入输出驱动器结构

图 3-12　并行 I/O 口锁存器和输入输出驱动器结构

用,实际测到这个引脚的电压值一般会在 0.6 V 左右,单片机会将这个电压值当作"低电平"处理。这时,如果"读"的是引脚的状态,就会出现失误,本来输出是高电平会被误认为是低电平。为了保证这一类指令的正确执行,80C51 单片机引入了"读锁存器"这种操作,执行这一类指令时,读的是控制锁存器,而不是引脚本身,这样就保证了总能获得正确的结果。这一类指令主要有:ANL(逻辑"与"指令)、ORL(逻辑"或"指令)、XRL(逻辑"异或"指令)、INC(增 1 指令)、DEC(减 1 指令)等。

(2) 准双向 I/O 口

图 3-14 是"准"双向 I/O 口含义的示意图,假设这是 P1 口的一位,作为输入使用,注意左边虚线框内的是 I/O 的内部结构,右边是外接的电路。根据设计要求:接在外部的按键没有按下时,单片机读到"1";按键按下时,单片机读到"0"。但事实上并不是在任何情况下都能得到正确的结果。

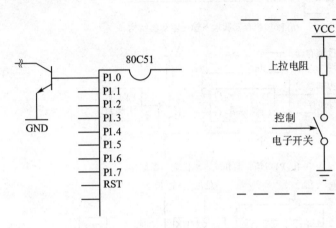

图 3-13 读锁存器功能的必要性　　　图 3-14 准双向 I/O 口的含义

接在外部的开关如果打开,则应当是输入 1;而如果开关闭合,则输入 0。但是,假如单片机内部的开关是闭合的,那么不管外部的开关是开还是闭,单片机读到的数据都是 0。那么内部开关是否会闭合呢?事实上,如果向这个引脚写一个"0",这个电子开关就闭合了。因此,要让这个引脚作为输入使用,要先做一个"准备工作",就是先让内部的开关断开,也就是让引脚输出"1"才行。换言之,在 P1 口作为输入之前,要先向 P1 口写一个"1"才能把它作为输入口使用。这样,对于准双向 I/O 也可以这样理解:由于在输入时要先做这么一个准备工作,所以被称为准双向 I/O 口。P2、P3 的输出部分结构与 P1 相同,P2、P3 在进行输入之前,也必须进行这个准备工作,就是把相应的输入端置为"1",然后再进行"读"操作;否则,就会出错。

巩固与提高

1. 比较 P1 口与 P0 口结构的差异,并分析其原因。

2. 什么是准双向 I/O 口?

任务5　用单片机制作风火轮玩具

如图 3-15(a) 所示,单片机的 P1.0~P1.7 接 8 个 LED,这 8 个 LED 围成圆形,如图 3-15(b) 所示,当 LED 以不同的速度、方式点亮时,可以变化出各种花样。

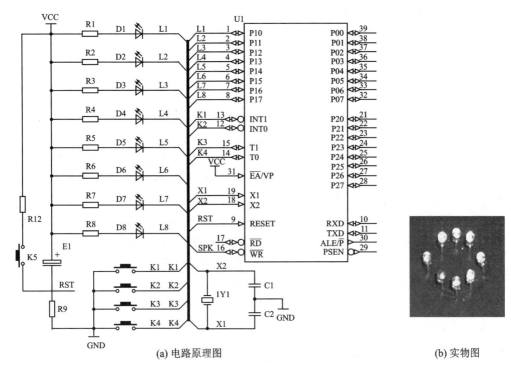

(a) 电路原理图　　　　　　　　(b) 实物图

图 3 - 15　80C51 单片机的 P1 口接 8 个 LED

3.5.1　实例分析

在图 3 - 15 中,P1 口的每一位都接有一个 LED,要实现风火轮功能,就要让各 LED 依次点亮并延时熄灭,然后再点亮下一个 LED。用前面学到过的指令,即可实现这一功能。最简单和直接的方法是依次将数据送往 P1 口,每送一个数延时一段时间,送完 8 个数后,从头开始循环。这 8 个数可以依次是 0FEH、0FDH、0FBH、0F7H、0EFH、0DFH、0BFH、7FH。这段程序,请自行编写。

上面的方法,稍嫌"笨"了一点,用下面的程序更方便。

【例 3 - 6】　用单片机实现流水灯的程序:

```
        ORG     0000H         ;从 0000H 开始
        LJMP    START         ;跳转到真正起点
        ORG     30H           ;从 30H 单元开始
START: MOV     A,#0FEH        ;将数 0FEH 送到 A 中
LOOP:  MOV     P1,A           ;将 A 中的数送到 P1 口
        RL      A             ;A 中的值左移 1 次
        LCALL   DELAY         ;调用延时程序
        LJMP    LOOP          ;跳转到 LOOP 处,循环执行
DELAY: …                      ;与例 3 - 4 程序中的 Delay 延时程序相同
```

这么简单的几行程序,就能实现奇妙的风火轮效果,的确不错。

程序分析:这段程序中的"RL A"是一条左移指令。它的用途是把 A 累加器中的值循环左移,设 A＝1111,1110,则在执行一次"RL A"指令后,A 中的值就变为11111101;执行第二次后,变为11111011,也就是各位数字不断向左移动,而最右一位由最左一位移入。

3.5.2 用实验仿真板来实现

启动 Keil 软件,输入源程序,并以文件名 3－6.ASM 保存起来。然后建立名为3－6 的工程文件,加入 3－6.ASM 源程序,设置工程。打开 Debug 选项卡后,在左侧最下面的 Parameter 下的文本框中输入"－dfhl",然后单击"确定"按钮关闭对话框。按 F7 键汇编、链接以获得目标文件,然后选择 Debug→Start/Stop Debug Session 菜单项或按组合键 Ctrl＋F5 进入调试状态。选择 Peripherals→"风火轮实验仿真板"菜单项,然后单击"运行"按钮即可开始运行。运行时的效果如图 3－16 所示,可以直观地观察到接在 P1 口的 8 个 LED 旋转发光的现象。

随书资料中 exam\CH03\3－6 文件夹中的 3－6.avi 文件是使用实验仿真板演示这一现象的记录。

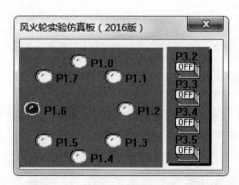

图 3－16 用风火轮实验仿真板观察显示效果

巩固与提高

1. 如果要实现暗点流动,即 8 只灯中有 7 只点亮,1 只不亮,且这只灯循环出现,应如何编程实现?

2. 如果需要改变灯的流动方向,应如何编程? 试查找资料编程实现。

3.5.3 认识单片机的内部结构

图 3－17 是 80C51 单片机的内部结构示意图。从图中可以看到,在一个 80C51单片机内部有以下一些功能部件:

● 一个 8 位 CPU 用来运算、控制。

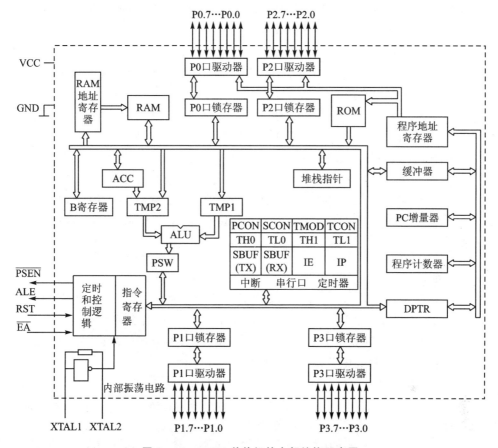

图 3 - 17 80C51 单片机的内部结构示意图

- 片内数据存储器 RAM,对于 51 型单片机而言,容量是 128 B。
- 片内程序存储器 ROM,对于 80C51 单片机而言,容量是 4 KB(4 096 个单元)。
- 4 个 8 位的并行 I/O 口,分别是 P0、P1、P2、P3。
- 2 个 16 位的定时/计数器。
- 中断结构。
- 1 个全双工串行口。
- 1 个片内振荡器用于产生时钟。
- 可以寻址 64 KB 外部程序存储器和外部数据存储器的总线扩展结构。

1. 80C51 CPU 的内部结构与功能

(1) 运算器

80C51 CPU 中的运算器主要包括一个可以进行算术运算和逻辑运算的 ALU (算术和逻辑运算单元),8 位暂存器 TMP1 和 TMP2,8 位累加器 ACC,寄存器 B 以及程序状态字 PSW 等。其中累加器 ACC 是一个 8 位的存储单元,和前面介绍的

RAM 单元一样,是用来放数据的。但是,这个存储单元有其特殊的地位,是单片机中一个非常关键的单元,很多运算都要通过 ACC 来进行。以后在学习指令时,常用"A"来表示累加器。但也有一些例外,比如在 PUSH 指令中,就必须用 ACC 这样的名字。一般情况下,A 代表了累加器中的内容,而 ACC 代表的是累加器的地址。

(2) B——8 位寄存器

一般情况下,B 可以作为通用的寄存器来用,但是,在执行乘法和除法运算时,B 就必须参与其中,存放运算的一个操作数和运算后的一个结果。

(3) PSW——程序状态字

PSW 是一个 8 位的寄存器,用来存放当前有关指令执行结果的状态标志。借此,我们可以了解 CPU 的当前状态,并作出相应的处理。它的各位功能如下:

D7	D6	D5	D4	D3	D2	D1	D0
CY	AC	F0	RS1	RS0	OV	—	P

各位的功能如下:

① CY:进位标志。80C51 中的运算器是一种 8 位的运算器。8 位运算器只能表示 0~255,如果做加法的话,两数相加可能会超过 255。这样最高位就会丢失,造成运算的错误。为了解决这个问题,设置一个进位标志,如果运算时超过了 255,就把最高位进到这里来,这样就可以得到正确的结果了。

【例 3 - 7】 78H+97H(01111000+10010111)的结果是 10F,即 1,0000、1111 一共 9 位,但是存数的单元只能放下 8 位,也就是 0000、1111,这样,结果就变成了 78H+97H=0FH,显然不对。因此设置了 CY 位,在运算之后,将最高位送到 CY。只要在程序中检查 CY 是 1 还是 0 就能知道结果究竟是 0FH 还是 10FH,避免出错。

② AC:半进位标志。

【例 3 - 8】 57H+3AH(01010111+00111010)的结果是 91H,即 1001、0001,就整个数而言,并没有产生溢出,所以 CY=0,但是这个运算的低 4 位相加(7+A)却产生了进位,因此,运算之后 AC=1。

③ F0:用户标志位,可以理解为 1 个位存储单元,编程者可根据需要置位或复位。

④ RS1,RS0:工作寄存器组选择位。

⑤ OV:溢出标志位。

⑥ P:奇偶校验位。用来表示 ALU 运算结果中二进制数位"1"的奇偶个数。若为奇数,则 P=1;否则为 P=0。

【例 3 - 9】 某运算结果是 78H(01111000),显然 1 的个数为偶数,所以 P=0。

(4) DPTR(DPH、DPL)

由两个 8 位的寄存器 DPH 和 DPL 组成的 16 位的寄存器。DPTR 称为数据指针,可以用它来访问外部数据存储器中的任一单元,如果用不到这一功能,也可以作为通用寄存器来用。

（5）SP——堆栈指针

首先介绍一下堆栈的概念。日常生活中有这样的现象，家里洗的碗，一只一只摞起来，最后洗的放在最上面，而最早洗的则被放在最下面。取时正好相反，先从最上面取。这种现象用一句话来概括：先进后出，后进先出。这种现象在很多场合都有，比如建筑工地上堆放的材料，仓库里放的货物等，都遵循"先进后出，后进先出"的规律。

在单片机中，也可以在 RAM 中构造这样一个区域，用来存放数据。这个区域存放数据的规则就是"先进后出，后进先出"，称之为"堆栈"。为什么要这样来存放数据呢？存储器本身不是可以按地址来存放数据吗？知道了地址的确就可以知道里面的内容，但如果需要存放一批数据，每一个数据都需要记住其所在地址单元，就比较麻烦了。如果规定数据一定是一个接一个地存放，那么只要知道第一个数据所在单元的地址就可以了。图 3 - 18 是堆栈指针示意图，从图中可以看出，假设第一个数据在 27H，那么第二、三个就一定在 28H、29H。利用堆栈这种方法来放数据可以简化操作。

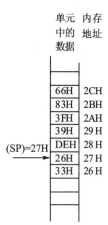

单元中的数据	内存地址
66H	2CH
83H	2BH
3FH	2AH
39H	29H
DEH	28H
(SP)=27H → 26H	27H
33H	26H

图 3 - 18 堆栈指针示意图

80C51 单片机是在内存（RAM）中划出一块空间用于堆栈。但是用内存的哪一块不好定，因为 80C51 是一种通用的单片机，做不同的项目时实际需求各不相同。有的工作需要多一些堆栈，而有的工作则不需要那么多，所以怎么分配都不合适，如何来解决这个问题？分不好干脆就不分了，把分配的权利交给用户（单片机开发者），根据项目的实际需要去确定，所以 80C51 单片机中堆栈的位置是可以变化的，而这种变化就体现在 SP 中值的变化。从图 3 - 18 可以看出，如果让 SP 中的值等于 27H，相当于是一个指针指向 27H 单元，同样，只要把 SP 单元中的数据改成其他的值，那么这个区域在 RAM 中的位置马上就改变了。比如把 SP 中的值改为 5FH，那么堆栈就到了 RAM 区的后面的部分，程序中只要改变 SP 的值即可，很方便。以上只是一般性的说明，实际的 80C51 单片机中，堆栈指针所指的位置并非就是数据存放的位置，而是数据存放的前一个位置，比如开始时指针指向 27H 单元，那么在进行堆栈操作时，第一个存入的数据的位置是 28H 单元，而不是 27H 单元。出现这种情况的原因与堆栈指令执行的过程有关，这将在学习堆栈命令时作说明。

从图 3 - 17 中还可以看到，图中有一些名称不知是什么，如 TCON、TH1、TL1等。在学习了前面的知识以后，已知对并行 I/O 口的读写只要将数据送入到相应I/O 口的锁存器就可以了，那么单片机中还有一些功能部件如定时器/计数器、串行I/O 口等如何来使用呢？在单片机中有一些独立的存储单元用来控制这些功能部件，这些存储单元被称为特殊功能寄存器（SFR）。

顾名思义,所谓特殊功能,就是指这些寄存器里面的内容是有特定含义的,不可以随便放数据。它们的名字和前面所学的"通用工作寄存器"相对应。例如,某段程序中可能这样写"MOV R7,♯255",其他程序段里也许会出现"MOV R7,♯100"之类的指令,即 R7 中可以送入任意数而不必担心会出现问题。这一类寄存器本身并没有特定的用途,它相当于一个货物的"中转站",其中可以放任意内容。而指令"MOV P1,♯0FEH"中的数 0FEH 就是有特定含义的,它取决于硬件及所要完成的任务。如要让 P1.0 所接的 LED 亮而其 P1 口其他引脚所接的 LED 不亮,就一定要送这个数到 P1 去。也就是说,P1 这一类的寄存器不能作为"中转站"来使用,送入其中的值都有特定的意义。这一类寄存器称为特殊功能寄存器。

表 3-6 给出了特殊功能寄存器的名称和含义,其中有一些已学过,如 P1、SP、PSW 等;其他没有学过的特殊功能寄存器的含义将会在学习相关内容时介绍。

表 3-6　特殊功能寄存器表

符 号	地 址	功能介绍	符 号	地 址	功能介绍
B	F0H	B 寄存器	TL1	8BH	定时器/计数器 1(低 8 位)
ACC	E0H	累加器	TL0	8AH	定时器/计数器 0(低 8 位)
PSW	D0H	程序状态字	TMOD	89H	定时器/计数器方式控制寄存器
IP	B8H	中断优先级控制寄存器			
P3	B0H	P3 口锁存器	TCON	88H	定时器/计数器控制寄存器
IE	A8H	中断允许控制寄存器	DPH	83H	数据地址指针(高 8 位)
P2	A0H	P2 口锁存器	DPL	82H	数据地址指针(低 8 位)
SBUF	99H	串行口锁存器	SP	81H	堆栈指针
P1	90H	P1 口锁存器	P0	80H	P0 口锁存器
TH1	8DH	定时器/计数器 1(高 8 位)	PCON	87H	电源控制寄存器
TH0	8CH	定时器/计数器 0(高 8 位)			

2. 控制器

80C51 CPU 中的控制器包括程序计数器 PC,指令寄存器、指令译码器、振荡器和定时电路等。其中 PC 共有 16 位,因此,80C51 单片机一共可以对 16 位地址线进行管理,即 80C51 单片机可以对 64 KB 的程序存储器(ROM)进行直接寻址。

控制器的大部分功能对单片机的使用者来说是不可见的,所以这里就不作详细的介绍了。

巩固与提高

1. 80C51 单片机内部包含哪些主要逻辑功能部件?

2. 开机复位后,单片机从什么地方开始执行程序?为什么?

80C51 单片机的中断系统

在人们的工作过程中,当前的事务往往会被一些突发性的事件打断,需要人们去处理,处理完毕后可以回来继续处理当前事务,这就是一种"中断"现象。利用中断,可以很好地完成各种突发性的工作。单片机工作过程是人们工作过程的模拟,在单片机的工作中引入"中断"同样可以很好地完成各种突发性的工作。

任务 1　紧急停车控制器

在使用单片机控制的机器设备中,经常会有这样的要求,即一旦有紧急事故发生,立即停止机器的运行,本任务通过制作这样的一台设备控制器来学习单片机中有关中断的知识。

4.1.1　中断的概念

在日常生活中,"中断"是一种很普遍的现象。例如,您正在家中看书,突然电话铃响了,您放下书本,去接电话,和来电话的人交谈,然后放下电话,回来继续看书,这就是生活中的"中断"的现象。所谓中断,就是正常的工作过程被其他事件打断,使得这一事件可以得到及时的处理,处理完后可以继续做原来的工作。

仔细研究一下生活中的中断,对于学习单片机的中断很有好处。

1. 引起中断的事件

生活中很多事件可以引起中断:门铃响了,电话铃响了,闹钟闹响了,烧的水开了等等,诸如此类的事件都可以引起中断。可以引起中断的事件称为中断源。80C51单片机中一共有 5 个可以引起中断的事件:两个外部中断,两个定时器/计数器中断,一个串行口中断。

2. 中断的嵌套与优先级处理

设想一下,您正在看书,电话铃响了,同时又有人按了门铃,这时您该先做哪一件事呢? 如果您正在等一个很重要的电话,一般不会去理会门铃声;而反之,如果您正在等一个重要的客人,则可能就不会去理会电话了。如果不是这两者(既不在等电话,也不在等客人上门),您可能会按通常的习惯去处理,总之这里存在一个优先级的问题。单片机工作中也有优先级的问题。优先级的问题不仅能帮助解决两个中断同时产生的情况,也可以解决一个中断已产生,又有一个中断产生的情况,比如您正接电话,有人按门铃的情况,或您正开门与人交谈,又有电话响了情况。计算机是人类世界的模拟,处理这一类事件的方法也与人处理这一类事件类似。

3. 中断的响应过程

继续上面的例子,当有事件产生,进行中断处理之前必须先记住当时看到第几页,或者拿一个书签放在当前页的位置(因为处理完了事件还要回来继续看书),然后去处理不同的事件:电话铃响要到放电话的地方去,门铃响要到门那边去,即不同的中断,通常会在一个不同但相对固定的地点处理。80C51单片机中采用类似的处理方法,每个中断产生后都跳转到一个固定的位置去寻找处理这个中断的程序,在转移之前首先要保存断点位置,以便中断事件处理完后能回到原来的位置继续执行程序。具体地说,中断响应可以分为以下几个步骤:

① 保护断点,即保存下一条将要执行的指令的地址,方法是把这个地址送入堆栈。

② 寻找中断入口,根据不同的中断源所产生的中断,查找不同的入口地址。以上这两项工作由单片机硬件自动完成。在这些不同的入口地址处存放有中断处理程序(中断处理程序必须放在指定位置,汇编软件提供了这样的方法)。

③ 执行中断处理程序。

④ 中断返回:执行完中断指令后,就从中断处返回到主程序。

4.1.2 任务实现

【例4-1】 如图4-1(a)所示,由P1.0引脚驱动的电机旋转,当P3.2引脚上出现故障信号时,立即停止电机的旋转。为便于演示,这里的故障信号使用一个按键来模拟,无故障时,P3.2引脚为高电平,当按下按键后,P3.2引脚为低电平。电机用

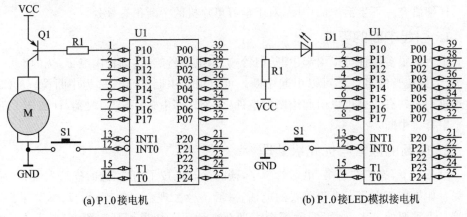

(a) P1.0接电机　　　　　　　　　　　(b) P1.0接LED模拟接电机

图4-1 实现紧急停车控制的电路原理图

LED 模拟,LED 亮表示电机旋转,LED 灭表示电机停止旋转。

```
    ORG     0000H
    AJMP    START
    ORG     0003H           ;外部中断地址入口
    LJMP    INT_0           ;转到真正的处理程序处
    ORG     30H
START:
    MOV     SP,#5FH         ;初始化堆栈
    CLR     P1.0            ;LED 亮(电机旋转)
    MOV     P3,#0FFH        ;P3 口置高电平
    SETB    IT0             ;下降沿触发
    SETB    EA              ;开总中断允许
    SETB    EX0             ;开外部中断 0
    LJMP    $               ;跳转到本身行
INT_0:                      ;中断服务程序
    SETB    P1.0            ;LED 灭(电机停转)
    RETI                    ;中断返回
    END
```

程序分析:ORG 是一条伪指令,用来指示程序代码的存放位置,"ORG 0000H"说明代码从 0000H 开始存放,"ORG 0003H"说明代码从 0003H 开始存放,即外中断 0 的入口地址,其他指令的用途对照注释不难看懂。

这段程序是将触发方式设置为下降沿触发。有人对下降沿触发感到很不好理解,一个边沿如何进行触发? 图 4-2 所示是下降沿触发的示意图,从图中可以看出,其实所谓下降沿就是指单片机在两次检测中,第一次检测到引脚是高电平紧接着第二次检测到的是低电平。所以下降沿并不一定如我们所想象的那样是一个非常"陡"的波形,只要在一次检测过后到下一次检测之前变为低电平就行。以系统使用 12 MHz 的晶振为例,这段时间"长"达 1 μs。至于在这个 1 μs 期间,$\overline{INT0}$ 引脚上究竟是高还是低甚至由低变高再由高变低都无关紧要。

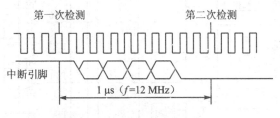

图 4-2　下降沿触发示意图

为理解下降沿触发和低电平触发,将程序略作修改:

```
    SETB    P1.0            ;LED 灭(电机停转)
```

改为

CPL	P1.0	;取反 P1.0 引脚

这样,理论上按一次 S1 键 LED 由亮变灭,再按一次 S1 键 LED 由灭变亮。实际做一做这个实验,多按几次 S1 键可以发现,键按下后 LED 有时按此规律变化,有时却不按此规律变化,似乎是键"失灵"一样。

继续实验,可以发现:

① 将"SETB IT0"改为"CLR IT0",即改用低电平触发,按住键后 LED 肯定是灭的,而用下降沿触发,按下键后 LED 可能是亮的,也可能是灭的。

② 设为低电平触发后,如果按着键不放,会发现 LED 的亮度会有所下降。

这两个现象其实说明了这样一个问题:低电平触发是可重复的。即如果外中断引脚上一直保持低电平,那么在产生 1 次中断返回之后,马上就会产生第 2 次中断,接着是第 3 次……如此一直到低电平消失为止;而下降沿触发没有这个问题,一次中断产生后,即使外部中断引脚上仍保持低电平,也不会引起重复中断。实际应用中采用何种方式来触发,必须视所用传感器及工作任务来确定,如果采用低电平触发方式,外部电路要采用可以及时撤去该引脚上低电平的设计方式。

4.1.3 80C51 的中断结构

图 4 - 3 所示是 80C51 中断系统结构图,它由与中断有关的特殊功能寄存器、中断入口、顺序查询逻辑电路等组成,包括 5 个中断请求源,4 个用于中断控制的寄存器 IE、IP、TCON(用到其中的 6 位)和 SCON(用到其中的 2 位)来控制中断的类型、中断的开/关和各种中断源的优先级确定。5 个中断源有 2 个优先级,每个中断源可以被编程为高优先级或低优先级,可以实现 2 级中断嵌套,5 个中断源有对应的 5 个固定中断入口地址(矢量地址)。

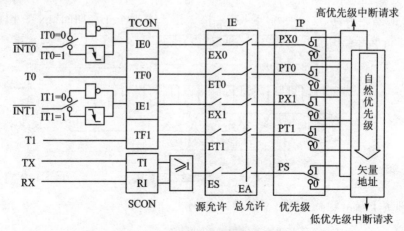

图 4 - 3　80C51 的中断系统结构

1. 中断请求源

80C51 提供了 5 个中断请求源,分别是 2 个外部中断请求源 $\overline{INT0}$(P3.2 引脚)和 $\overline{INT1}$(P3.3 引脚),2 个片内定时器/计数器 T0 和 T1 的溢出中断请求源 TF0(TCON.5)和 TF1(TCON.7),1 个片内串行口的发送或接收中断请求源 TI(SCON.1)或 RI(SCON.0)。它们分别由特殊功能寄存器 TCON 和 SCON 的相应位锁存。

经 $\overline{INT0}$ 和 $\overline{INT1}$ 输入的两个外部中断请求源及其触发方式的控制由 TCON 的低 4 位状态确定,TCON 中各位的含义如表 4-1 所列。

表 4-1 定时器/计数器控制寄存器 TCON 的格式

位	D7	D6	D5	D4	D3	D2	D1	D0
含 义	TF1	TR1	TF0	TR0	IE1	IT1	IE0	IT0

TCON 的字节地址为 88H,其中各位地址从 D0 位开始分别为 88H~8FH。TCON 中 D0、D1 位的功能描述如下:

- IT0:$\overline{INT0}$ 触发方式控制位,可由软件进行置位或复位。IT0=0,$\overline{INT0}$ 为低电平触发方式;IT0=1,$\overline{INT0}$ 为负跳变触发方式。
- IE0:$\overline{INT0}$ 中断请求标志位。当 $\overline{INT0}$ 上出现中断请求信号时(低电平或负跳变),由硬件置位 IE0。在 CPU 响应中断后,再由硬件将 IE0 清 0。

所谓信号的负跳变是指脉冲信号的下降沿,由于 CPU 在每个机器周期的采样 $\overline{INT0}$ 的输入电平,因此在 $\overline{INT0}$ 采用负跳变触发方式时,要在两个连续的机器周期期间分别采样并且分别为高电平和低电平(这样才能构成负跳变),这就要求 $\overline{INT0}$ 的输入高、低电平的时间必须保持在 12 个振荡周期以上。

IT1、IE1 的功能和 IT0、IE0 相似,它们对应于外部中断源 $\overline{INT1}$。

2. 中断源的自然优先级与中断服务程序入口地址

在 80C51 中有 5 个独立的中断源,它们可分别被设置成不同的优先级。若它们都被设置成同一优先级时,这 5 个中断源会因硬件的组成而形成不同的内部序号,构成不同的自然优先级,排列顺序如表 4-2 所列。

表 4-2 80C51 单片机中断源自然优先级排序

中断源	同级内部自然优先级
外部中断 0	最高级
定时器 T0	
外部中断 1	↓
定时器 T1	
串行口	最低级

对应于 80C51 的 5 个独立中断源,有相应的中断服务程序,这些程序有固定的存放位置,这样产生了相应的中断以后,就可转到相应的位置去执行,就像听到电话铃、门铃就会分别到电话机、门边去一样。80C51 中 5 个中断源所对应的地址入口如表 4-3 所列。

表 4-3　80C51 单片机各中断源的入口地址表

中断源	中断入口向量
外部中断 0	0003H
定时器 T0	000BH
外部中断 1	0013H
定时器 T1	001BH
串行口	0023H

3. 中断允许寄存器

在 80C51 中断系统中,中断的允许或禁止是由片内可进行位寻址的 8 位中断允许寄存器 IE 来控制的。它分别控制 CPU 对所有中断源的总开放或禁止以及对每个中断源的中断开放/禁止状态。

IE 中各位的含义如表 4-4 所列。

表 4-4　中断允许控制寄存器 IE 的格式

位	7	6	5	4	3	2	1	0
含义	EA	—	—	ES	ET1	EX1	ET0	EX0

IE 中各位的功能描述如下:

● EA(IE.7):CPU 中断允许标志位。EA=1,CPU 开放总中断;EA=0,CPU 禁止所有中断。

● ES(IE.4):串行口中断允许位。ES=1,允许串行口中断;ES=0,禁止串行口中断。

● ET1(IE.3):定时器 T1 中断允许位。ET1=0,禁止 T1 中断;ET1=1,允许 T1 中断。

● EX1(IE.2):外部中断 1 中断允许位。EX1=0,禁止外部中断 1 中断;EX1=1,允许外部中断 1 中断。

● ET0(IE.1)和 EX0(IE.0):分别为定时器 T0 和外部中断 0 的允许控制位,其功能基本同 ET1 和 EX1。

对 IE 中各位的状态,可利用指令分别进行置位或清 0,实现对所有中断源的中断开放控制和对各中断源的独立中断开放控制。当 CPU 在复位状态时,IE 中的各位都被清 0。

任务 2 通过外部信号来改变风火轮的转速

在课题 3 的任务 5 中实现了一个风火轮玩具,在那个任务中,风火轮旋转的速度由程序决定。这意味着要改变风火轮的转速必须修改程序,人们无法直接地改变风火轮的转速,从而观察其运行效果。本任务通过一个外部信号来控制风火轮的转速,只要改变外部信号的频率,即可观察风火轮在各种转速下的运行效果。

4.2.1 脉冲信号获得

要使用外部信号来改变风火轮的转速,就要提供一个适当的外部信号,该信号应该是一个频率可变的矩形波。获得信号的一种方法是使用信号发生器,如图 4 - 4 所示,将信号发生器的 TTL 输出端接在 80C51 的 P3.2 引脚上。

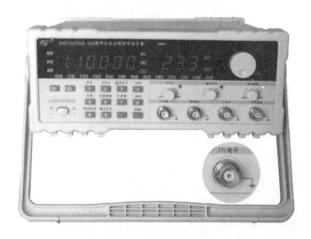

图 4 - 4 信号发生器

获得脉冲信号的另一种方法是用手动的方法提供信号,这样更直观一些,操控性更好,也更有趣味性。使用 EC 系列旋转编码开关能方便地获得脉冲信号,如图 4 - 5 所示是 EC 系列旋转编码开关的外形图、内部结构图及工作波形图。这种开关常见于音响等设备,已是一种很常用的器件。

图 4 - 5 旋转编码开关外形、内部结构、工作波形

图中旋转编码开关有 3 个引脚,分别为 A、B 和 C 引脚,其中 C 为公共端,将其接

地,A、B引脚通过上拉电阻接V_{CC},转动手柄,即可获得脉冲信号。当顺时针转动手柄时,A—C相位超前于B—C相位,波形如图4-5右侧所示;当逆时针转动手柄时,B—C相位超前于A—C相位,即将图中A—C和B—C波形互换,这里就不再画出了。在本任务中,只用到该器件的两个引脚,C引脚接地,A引脚或B引脚任一个接入P3.2即可。

4.2.2 任务实现

【例4-2】 通过外部信号控制风火轮的转速。

```
    ORG    0000H        ;从 0000H 开始
    AJMP   START        ;跳转到程序启点
    ORG    0003H        ;外部中断入口地址
    AJMP   INT_0        ;跳转到部中断处理程序
    ORG    30H          ;程序从 30H 开始存储
START:
    SETB   IT0          ;下降沿触发
    SETB   EX0          ;外中断 0 允许
    SETB   EA           ;总中断允许
    MOV    A,#0FEH      ;0FEH 写成二进制即 11111110
LOOP:
    MOV    P1,A         ;将 A 中的数送 P1 口
    JBC    F0,LOOP_1    ;根据用户标志位 F0 决定是否转到 LOOP_1 处,同时清 F0
    AJMP   LOOP         ;如果 F0 不等于 1,则上述程序顺序执行到本行
LOOP_1:
    RL     A            ;当 F0 为 1 时转到此处,同时清 F0,循环左移一次 A 中的值
    AJMP   LOOP         ;转去循环
INT_0:
    SETB   F0           ;进入外部中断则置位 F0
    RETI                ;中断返回
    END
```

程序实现:输入源程序,命名为4-2.ASM,建立名为4-2的工程,将源程序加入,设置工程,在 Output 页选中"Creat Hex File"。设置完毕,回到主界面。编译、链接程序,直到没有错误为止。将代码写入芯片,按上节所示方法在P3.2引脚接入脉冲信号,改变脉冲频率,即可以看到风火轮旋转速度的变化。

程序分析:将程序中的第7行即"SETB IT0"前加分号,即将该行注释掉,重新编译、链接并将代码写入芯片,再次运行程序,可以发现灯的转动没有了规律,调节P3.2引脚的输入频率,灯的旋转速度也没有什么变化。

当将"SETB IT0"改为"CLR IT0"后,原来的下降沿触发被变为低电平触发,因此在脉冲输入的低电平期间,将反复进入中断,F0标志位将不断变为1,所以在同一

个低电平期间 LED 将会多次移位,这也就造成了灯的旋转没有规律。

巩固与提高

1. 实际做一做使用信号发生器来控制旋转速度,看一看当输入信号的频率达到多少的时候,已看不出 LED 在依次点亮,而是几乎同时点亮。

2. 旋转编码器 A 端和 B 端可以送出两路信号,而且当旋转方向发生变化时,输出的顺序也会发生变化。根据这一特点,设计电路并编写程序,用旋转编码器手柄转动方向控制风火轮旋转方向。

4.2.3　中断响应分析

谈起中断,总令初学者有些神秘的感觉,因为这里借用了人的思维模式和语言(如"申请中断"),似乎把 CPU 当成了一个有思想、有接受能力的东西。那么中断究竟是怎样产生的呢? 在此有必要作一个分析,破除这种神秘的感觉。

1. 中断响应的条件

从生活中的现象谈起,我们把闹钟定时在 12 点闹响,在闹钟没有响之前,你是不需要用眼睛去看闹钟上所显示的时间的,因为时间一到,铃声会被我们的另一个感觉器官——耳朵所捕捉到。但是单片机就不同了,单片机并没有其他的方法可以"感知"。它只能用一个方法,就是不断地检测引脚或标志位,当这些引脚或标志位变为高电平或低电平(不同的中断源有不同的要求)时,就认为是有中断产生,而检测电平的高、低,电子电路是完全可以做到的。

如果人也按照这种思路去用闹钟,那就麻烦了,把闹钟设定在 12 点,你得在做任何事情的时候,每隔一段固定的时间(假设是 1 min)看一眼闹钟,看一看时间到了没有,没到,继续干活,到了,说明定时时间到了。计算机就是用这么"笨"的方法来实现中断的。所以实质上,所谓中断,其实就是由硬件执行的查询,并且是每个机器周期查询一遍。

80C51 单片机的 CPU 在每个机器周期采样各个中断源的中断请求信号,并将它们锁存到寄存器 TCON 或 SCON 中的相应位。而在下一个机器周期对采样到的中断请求标志按优先级顺序进行查询。查询到有中断请求标志,则在下一个机器周期按优先级顺序进行中断处理。中断系统通过硬件自动将对应的中断入口地址装入单片机的 PC 计数器,由于单片机总是以 PC 中的值作为地址,并取此地址的单元中的值作为指令,所以程序自然就转向中断入口处继续执行,进入相应的中断服务程序。

在出现以下三种情况之一时,CPU 将封锁对中断的响应:

- CPU 正在处理同一级或高一级的中断。
- 现行的机器周期不是当前正在执行指令的最后一个机器周期(保证一条指令必须被完整地执行)。
- 当前正在执行的指令是返回(RETI)或访问 IE、IP 寄存器的指令(在此情况下,CPU 至少再执行完一条指令后才响应中断)。

2. 中断响应过程

80C51 中断系统中有两个不可编程的优先级有效触发器,高优先级有效触发器状态用以指明已进入高优先级中断服务,并禁止其他一切中断请求;低优先级有效触发器,用来指明已进入低优先级中断服务,并禁止除高优先级外的一切中断请求。80C51 一旦响应中断,首先置位相应的优先级中断触发器,再由硬件执行一条调用指令,将当前 PC 值送入堆栈,保护断点,然后将对应中断的入口地址装入 PC,使程序转向该中断的服务程序入口地址单元,执行相应的中断服务程序。

在执行到中断服务程序最后一条返回指令(RETI)时,清除在中断响应时置位的优先有效触发器,然后将保存在堆栈中的断点地址返回给 PC,从而返回主程序。

80C51 响应中断后,只保护断点而不保护现场有关寄存器的状态(如 A、PSW 等),不能清除串行口中断标志 TI 和 RI 以及外部中断请求信号 INT0 和 INT1。因此,用户在编写中断服务程序时应根据实际情况自行编写程序对上述提到的未保护内容进行保护。

3. 中断的响应时间

根据前述 CPU 对中断响应的一些基本要求可知,CPU 并不是在任何情况下对中断进行响应,不同情况从中断请求有效到开始执行中断服务程序的第一条指令的中断响应时间也各不相同,下面以外部中断为例来说明中断响应时间。

如前所述,80C51 的 CPU 在每个周期采样外部中断请求信号,锁存到 IE0 或 IE1 标志位中,至下一个机器周期才按优先级顺序进行查询。在满足响应条件后,CPU 响应中断时,要执行一条两个周期的调用指令,转入中断服务程序的入口,进入中断服务。因此,从外部中断请求有效到开始执行中断服务程序,至少需要 3 个机器周期。若在申请中断时,CPU 正在处理乘、除法指令(这两条指令需要四个机器周期才能完成),那么最多可能要额外地多等 3 个周期,若正在执行 RETI 指令或访问 IP、IP 的指令,则额外等待的时间又将增加 2 个机器周期。综上所述,在系统中只有 1 个中断源申请中断时,中断响应的时间为 3~8 个周期,如果有其他的中断存在,响应的时间就不能确定了。

4.2.4 中断控制

在 80C51 单片机的中断系统中,对中断的控制除了前述的特殊功能寄存器 TCON 和 SCON 中的某些位,还有两个特殊功能寄存器 IE 和 IP 专门用于中断控制,分别用来设定各个中断源的打开或关闭以及中断源优先级。关于 IE,任务 1 中已做过介绍,下面来介绍 IP。

80C51 的中断系统有两个中断优先级,对每个中断源的中断请求都可通过对 IP 中有关位的状态设置,编程为高优先级中断或低优先级中断,实现 CPU 中响应中断过程中的二级中断嵌套。80C51 中 5 个中断源的自然优先级排序前已述及,即使它们被编程设定为同一优先级,这 5 个中断源仍会遵循一定的排序规律,实现中断嵌套。IP 是一个可位寻址的 8 位特殊功能寄存器,其中各位的含义如表 4-5 所列。

表 4-5 优先级控制寄存器 IP 的格式

位	D7	D6	D5	D4	D3	D2	D1	D0
含 义	—	—	—	PS	PT1	PX1	PT0	PX0

IP 中各位的功能描述如下:

● PS(IP.4):串行口中断优先级控制位。

● PT1(IP.3):定时器 T1 中断优先级控制位。

● PX1(IP.2):外部中断 1 中断优先级控制位。

● PT0(IP.1):定时器 T0 中断优先级控制位。

● PX0(IP.0):外部中断 0 中断优先级控制位。

以上各位若被置 1,则相应的中断被设置成为高优先级中断,如果清 0,则相应的中断被设置成为低优先级中断。

【例 4-3】 设(IP)=06H,如果 5 个中断同时产生,中断响应的次序是怎样的?

解:06H 即 00000110,因此,外中断 1 和定时器 0 被设置为高优先级中断,其他 3 个中断为低优先级中断。

由于有两个高优先级中断,所以在响应中断时,这两个中断按自然优先级进行排队,首先响应定时器 T0,然后才响应外中断 1。剩下的 3 个低级中断,按自然优先级排队,响应的次序是:外中断 0,定时器 T1,串行口中断。

因此,综合考虑中断响应的次序应当是:定时器 T0,外中断 1,外中断 0,定时器 T1 和串行口中断。

巩固与提高

1. 80C51 有几个中断源? CPU 响应中断时,其中断入口地址各是多少?

2. 中断响应过程中,为什么要强调保护现场? 通常如何保护?

3. 以下中断优先顺序是否可以实现? 如果可以,写出实现方法。

(1) 外中断 0→定时器 T1→定时器 T0→外中断 1→串行口中断;

(2) 定时器 T1→外中断 0→定时器 T0→外中断 1→串行口中断;

(3) 串行口中断→外中断 0→定时器 T1→定时器 T0→外中断 1。

课题 5

80C51 单片机的定时器/计数器

定时器/计数器是单片机中最常用的外围功能部件之一,本课题通过流水线包装计数器、单片机唱歌等任务来学习 80C51 单片机中定时器/计数器的结构及编程方法。

任务 1　包装流水线中的计数器

在某包装流水线上有这样的要求:每 12 瓶饮料为 1 打,做一个包装。包装线上要对每瓶饮料计数,每计数到 12 就产生一个控制信号以带动某机械机构做出相应的动作,这就需要用到单片机的计数功能。包装线上每瓶饮料经过时通过光电开关产生一个计数信号,本任务用单片机对计数信号进行计数,计到指定的数值后通过单片机引脚送出一个控制信号。

5.1.1　定时/计数的基本知识

在学习定时器/计数器的结构、功能之前,首先了解一下关于定时/计数的概念。

1. 计　数

计数一般是指对事件的统计,通常以"1"为单位进行累加。生活中常见的计数应用有:汽车、摩托车上的里程表、家用电度表、绕制变压器的绕线机等,如图 5-1 所示(图中计数部分做了放大处理)。此外,计数的工作也广泛应用于各种工业生产活动中。

图 5-1　几种典型计数应用装置(里程表、电度表、绕线机)

2．计数器的容量

图 5-1 中里程表是 6 位十进制计数器,电度表和绕线机上的计数器都是 5 位十进制计数器,可见计数器总有一定的容量。80C51 单片机中有两个计数器,分别为 T0 和 T1,这两个计数器分别由两个 8 位的二进制计数单元组成的,即每个计数器均为 16 位二进制计数器,最大的计数量是 65 536。

3．计数器的溢出

计数器的容量是有限的,当计数值大到一定程度就会出现错误。如:绕线机上的计数器是 5 位,其计数值最大只到 99 999,如果已经计数到了 99 999,再绕一圈,计数值就会变成 00000。此时如果认为绕线机没有动作显然是错误的,有一些应用场合必须要有一定的方法来记录这种情况。单片机中的计数器的容量也是有限的,会产生溢出,一旦产生溢出将使 TF0 或 TF1 变为 1,这样就记录了溢出事件。在生活中,闹钟的闹响可视作定时时间到时产生的溢出,这通常意味着要求我们开始做某件事(起床、出门等),其他例子中的溢出也有类似的要求。推而广之,溢出通常都意味着要求对事件进行处理。

4．任意设定计数个数的方法

80C51 单片机中的 2 个计数器最大的计数值是 65 536,因此每次计数到 65 536 会产生溢出。但在实际工作中,经常会有少于 65 536 个计数值的要求,如包装线上,一打为 12 瓶,这就要求每计数到 12 就要产生溢出。生产实践中的这类要求实际上就是要能够设置任意溢出的计数值,为此可采用"预置"的方法来实现。计数不从 0 开始,而是从一个固定的值开始,这个固定的值的大小,取决于被计数的大小,如果要计数 100,预先在计数器里放进 65 436,再来 100 个脉冲,就到了 65 536,这个 65 436 被称为预置值。

5．定　时

工作中除了计数之外,还有定时的要求。如学校里面使用的打铃器,电视机定时关机,空调器的定时开关等场合都要用到定时,定时和计数有一定关系。

一个闹钟,将它设定在 1 个小时后闹响,换一种说法就是秒针走了 3 600 次之后闹响,这样,时间测量问题就转化为秒针走的次数问题,也就变成了计数的问题了。由此可见,只要每一次计数信号的时间间隔相等,则计数值就代表了时间的流逝。

单片机中的定时器和计数器是同一结构,只是计数器记录的是单片机外部发生的事件,由单片机外部的电路提供计数信号;而定时器是由单片机内部提供一个非常稳定的计数信号。从图 5-2 可看到,由单片机振荡信号经过 12 分频

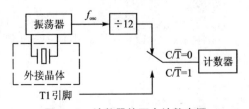

图 5-2　计数器的两个计数来源

后获得一个脉冲信号,将该信号作为定时器的计数信号。单片机的振荡信号是一个由外接晶振构成的晶体振荡器产生的,一个 12 MHz 的晶振,提供给计数器的脉冲频率是 1 MHz,每个脉冲的时间间隔是 1 μs。

定时同样有所需时间定时的问题,假设单片机所用晶体振荡器的频率是 12 MHz,那么每个计时脉冲是 1 μs,计满 65 536 个脉冲需时 65.536 ms,但某应用中只需要定时 10 ms,可以作这样的处理:

10 ms 秒即 10 000 μs,也即计数10 000 时满,因此,计数之前预先在计数器里面放进 65 536－10 000＝55 536,开始计数后,计满 10 000 个脉冲到 65 536 即产生溢出。

与生活中的闹钟不同,单片机中的定时器通常要求不断重复定时,即在一次定时时间到之后,紧接着进行第二次的定时操作。一旦产生溢出,计数器中的值就回到 0,下一次计数从 0 开始,定时时间将不正确。为使下一次的计数也是 10 ms,需要在定时溢出后马上把 55 536 送到计数器,这样可以保证下一次的定时时间还是 10 ms。

5.1.2 任务实现

【例 5-1】 开机时 P1.0 引脚为高电平,每计满数 12 个脉冲即让 P1.0 引脚送出一个低电平,延时 80 ms 后 P1.0 回复成为高电平。

```
       OutPin   BIT P1.0          ;将 P1.0 引脚用 BIT 伪指令定义为 OutPin
       ORG      0000H
       AJMP     START
       ORG      30H
START:
       MOV      TMOD,#05H         ;定时/计数器控制字
       MOV      TH0,#0FFH
       MOV      TL0,#0F4H         ;计数初值
       SETB     OutPin            ;将 OutPin(P1.0)置为高电平
       SETB     TR0               ;定时/计数器 T0 开始运行
LOOP:
       JNB      TF0,LOOP          ;如果 TF0 为 0,则转 LOOP 处
       CLR      TF0               ;否则(计数值已到)清 TF0 标志
       MOV      TH0,#0FFH
       MOV      TL0,#0F4H         ;重置计数初值
       CLR      OutPin            ;将 OutPin(P1.0)置为低电平
       ACALL    DELAY             ;延时一段时间(保证灯亮可以观察)
       SETB     OutPin            ;P1.0 为高电平,LED 灭
       AJMP     LOOP              ;转 LOOP 处循环
DELAY:                           ;延时程序
       MOV      R7,#200
```

```
D1:MOV    R6,#200
D2:DJNZ   R6,D2
   DJNZ   R7,D1
   RET
   END
```

程序实现:输入源程序,命名为 5 - 1. ASM,建立名为 5 - 1 的工程文件,将源程序加入,设置工程,在 debug 页 Dialog :Parameter 后的编辑框内输入:"- ddpj",以便使用实验仿真板"8 位数码管实验仿真板"来演示这一结果。编译、链接后获得正确的结果,进入调试状态,单击 Peripherals→"8 位数码管实验仿真板",出现如图 5 - 3 所示的界面。全速运行,单击右下侧信号发生器按钮(按下后处于"ON"的状态),信号发生器面板上的指示灯即以 1 Hz 的频率闪烁,当计数值到 12 或 12 的倍数时,P1.0 所示 LED 改变状态。

虽然这里已实现了计数功能,但程序为何要如此编写我们还不清楚,程序中的一些符号是什么意思也不清楚,为此需要学习有关 80C51 单片机中定时器/计数器的有关知识。

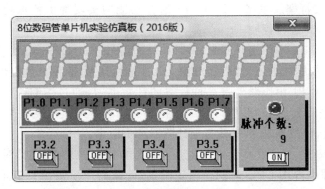

图 5 - 3　单片机实验仿真板用于计数编程练习

5.1.3　单片机中的定时器/计数器

80C51 单片机内部集成有两个 16 位可编程定时器/计数器,它们分别是定时器/计数器 T0 和 T1,都具有定时和计数功能。它们既可工作于定时方式,实现对控制系统的定时或延时控制;又可工作于计数方式,用于对外部事件的计数。

1. 80C51 定时器/计数器的结构

图 5 - 4 是 80C51 单片机内定时器/计数器基本结构。定时器 T0 和 T1 分别由 TH0、TL0 和 TH1、TL1 各两个 8 位计数器构成的 16 位计数器,这两个 16 位计数器都是 16 位的加 1 计数器。

T0 和 T1 定时器/计数器都可由软件设置为定时或计数工作方式,其中 T1 还可

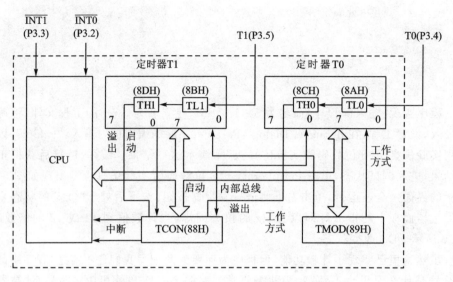

图 5-4　80C51 定时器/计数器的基本结构

作为串行口的波特率发生器。T0 和 T1 这些功能的实现都由特殊功能寄存器中的 TMOD 和 TCON 进行控制。

- 当 T0 或 T1 用作定时器时,由时钟脉冲信号经过 12 分频后,提供给计数器, 作为计数脉冲输入,计数器对输入脉冲进行计数,直至产生溢出。
- 当 T0 或 T1 用作对外部事件计数的计数器时,通过 80C51 外部引脚 T0 或 T1 对外部脉冲信号进行计数。当 T0 或 T1 引脚上出现一个由 1 到 0 的负 跳变时,计数器加 1,如此直至计数器产生溢出。

不论 T0 或 T1 是工作于定时方式还是计数方式,它们在对内部时钟或外部事件 进行计数时,都不占用 CPU 时间。当定时器/计数器产生溢出且满足条件时,CPU 才会停下当前的操作,去处理"时间到"或者"计数满"这样的事件。因此,计数器/定 时器是和 CPU"并行"工作的,不会影响 CPU 的其他工作。

2. 定时器/计数器的控制字

T0 和 T1 有两个 8 位控制寄存器 TMOD 和 TCON,它们分别被用来设置各个 定时器/计数器的工作方式,选择定时或计数功能,控制启动运行以及作为运行状态 的标志等。当 80C51 系统复位时,TMOD 和 TCON 所有位都清 0。

(1) 定时器/计数器方式控制寄存器(TMOD)

TMOD 在特殊功能寄存器中,字节地址为 89H,其位含义如表 5-1 所列。

表 5-1　定时器/计数器方式控制寄存器 TMOD 的格式

位	D7	D6	D5	D4	D3	D2	D1	D0
含 义	GATE	C/$\overline{T}$	M1	M0	GATE	C/$\overline{T}$	M1	M0

在 TMOD 中,高 4 位用于对定时器 T1 的方式控制,而低 4 位用于对定时器 T0
的方式控制,其各位功能简述如下:

- M1M0:定时器/计数器工作方式选择位。通过对 M1M0 的设置,可使定时
  器/计数器工作于 4 种工作方式之一。

  当 M1M0=00,定时器/计数器工作于方式 0(13 位的定时/计数工作方式);

  当 M1M0=01,定时器/计数器工作于方式 1(16 位的定时/计数方式);

  当 M1M0=10,定时器/计数器工作于方式 3(8 位自动重装方式)M1M0=11;

  当 M1M0=11,定时器/计数器工作于方式 3(T0 被分为两个 8 位定时器/计
  数器,而 T1 则只能工作于方式 2)。

- $C/\overline{T}$:定时器/计数器选择位。

  当 $C/\overline{T}=1$,工作于计数方式;

  当 $C/\overline{T}=0$,工作于定时器方式。

- GATE:门控位。由 GATE、软件控制位 TR1、TR0 和 $\overline{INT1}$、$\overline{INT0}$ 共同决定
  定时器/计数器的打开或关闭。

  当 GATE=0,只要用指令置 TR1、TR0 为 1 即可启动定时器/计数器工作,
  而不管 INT 引脚的状态如何;

  当 GATE=1,只有 $\overline{INT1}$、$\overline{INT0}$ 引脚为高电平且用指令置 TR1、TR0 为 1
  时,才能启动定时器/计数器工作。

由于 TMOD 只能进行字节寻址,所以对 T0 或 T1 的工作方式控制只能整字节
(8 位)写入。

(2) 定时器/计数器控制寄存器(TCON)

TCON 是特殊功能寄存器中的一个,高 4 位为定时器/计数器的运行控制和溢
出标志,低 4 位与外部中断有关,各位的含义如表 5-2 所列。

表 5-2 定时器/计数器控制寄存器 TCON 的格式

位	D7	D6	D5	D4	D3	D2	D1	D0
含 义	TF1	TR1	TF0	TR0	IE1	IT1	IE0	IT0

TCON 的字节地址为 88H,其中各位地址从 D0 位开始分别为 88H～8FH。
TCON 高 4 位的功能描述如下:

- TF1/TF0:T1/T0 溢出标志位。当 T1 或 T0 产生溢出时由硬件自动置位中
  断触发器 TF(1/0),并向 CPU 申请中断。如果用中断方式,则 CPU 在响应
  中断进入中断服务程序后,TF1、TF0 被硬件自动清 0。如果是用软件查询方
  式对 TF1、TF0 进行查询,则在定时器/计数器回 0 后,应当用指令将 TF1、
  TF0 清 0。

- TR1/TR0:T1/T0 运行控制位。用程序行(如"SETB TR1"、"CLR TR1"等)
  对 TR1/TR0 进行置位或清 0,即可启动或关闭 T1/T0 的运行。

3. 定时器/计数器的四种工作方式

T0 或 T1 的定时器功能可由 TMOD 中的 C/$\overline{\text{T}}$ 位选择,而 T0、T1 的工作方式选择则由 TMOD 中的 M1M0 共同确定。在由 M1M0 确定的 4 种工作方式中,方式 0、1、2 对 T0 和 T1 完全相同,但方式 3 仅为 T0 所具有。

(1) 工作方式 0

图 5-5 是 T1 在工作方式 0 下的逻辑电路结构图。定时器/计数器工作方式为 13 位计数器工作方式,由 TL1 的低 5 位和 TH1 的 8 位构成 13 位计数器,此时 TL1 的高 3 位未用。

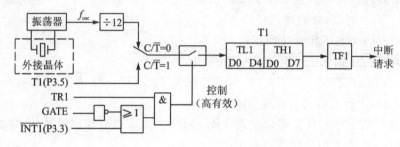

图 5-5 工作方式 0 13 位计数器方式

从图中可以看出,当 C/$\overline{\text{T}}$=0 时,T1 为定时器。定时脉冲信号是经 12 分频后的振荡器脉冲信号。当 C/$\overline{\text{T}}$=1 时,T1 为计数器,计数脉冲信号来自引脚 T1(P3.5)上的外部信号。

T1 能否启动工作,取决于 TR1、GATE、引脚 $\overline{\text{INT1}}$ 的状态。

当 GATE=0 时,只要 TR1 为 1 就可启动 T1 工作;

当 GATE=1 时,只有 $\overline{\text{INT1}}$ 引脚为高电平,且 TR1 置 1 时,才能启动 T1 工作。

一般在应用中,可置 GATE=0,这样,只要利用指令来置位 TR1 即可控制定时器/计数器的运行。在一些特定的场合,需要由外部事件来控制定时器/计数器是否开始运行,可以利用门控特性,实现外同步。

定时器/计数器启动后,定时或计数脉冲加到 TL1 的低 5 位,对已预置好的定时器/计数器初值不断加 1。在 TL1 计满后,进位给 TH1,在 TL1 和 TH1 都计满以后,置位 TF1,表明定时时间/计数次数已到。在满足中断条件时,向 CPU 申请中断。若需继续进行定时或计数,则应用指令对 TL1 和 TH1 重置时间常数,否则下一次的计数将会 0 开始,造成计数量或定时时间不准。

T0 的工作方式 0 与 T1 的工作方式 0 完全相同,只要将图 5-5 及上述描述中的 TL1、TH1、T1、TR1、$\overline{\text{INT1}}$、TF1 等改为 TL0、TH0、T0、TR0、$\overline{\text{INT0}}$、TF0 即是 T0 工作方式的描述。

(2) 工作方式 1

图 5-6 是定时器/计数器工作方式 1 的逻辑电路结构图,定时器/计数器工作方

式 1 是 16 位计数器方式,分别由 TH0/TL0、TH1/TL1 共同构成 16 位计数器。

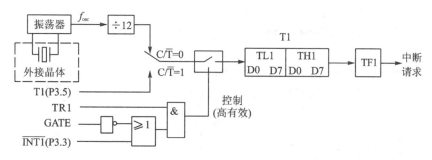

图 5-6　工作方式 1　16 位计数器方式

工作方式 1 与工作方式 0 的基本工作过程相似,但由于工作方式 1 是 16 位计数器,因此,它比工作方式 0 有更宽的定时/计数范围。

（3）工作方式 2

图 5-7 是定时器/计数器工作方式 2 的逻辑结构图,定时器/计数器的工作方式 2 是自动再装入时间常数的 8 位计数器方式。

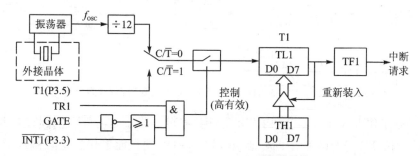

图 5-7　工作方式 2　自动重装入时间常数的 8 位计数器方式

在工作方式 2 中,由 TL1/TL0 构成 8 位计数器,TH1/TH0 仅用来存放 TL1/TL0 初次置入的时间常数。在 TL1/TL0 计数满后,即置位 TF1/TF0,向 CPU 申请中断,同时存放在 TH1、TH0 中的时间常数自动再装入 TL1/TL0,然后重新开始定时或计数。

为什么需要这种工作方式呢?在方式 0 和方式 1 中,当定时时间到或计数次数到之后,对计数器进行重新赋初值,使下一次的计数还是从这个初值开始。这项工作是由软件来完成的,需要花一定时间;而且由于条件的变化,这个时间还有可能是不确定的,这样就会造成每次计数或定时产生误差。比如,在第一次定时时间到以后,定时器马上就会开始计数,过了一段时间(假设是 5 个机器周期以后),软件才将初值再次放进计数器里面,这样,第二次的定时时间就比第一次多了 5 个机器周期,如果每次相差的时间都相同,那么可以事先减掉 5,也没有什么问题;但事实上时间是不确定的,有时可能是差 5,有时则可能差了 8 或更多。如果是用于一般的定时,那是无关紧要的,但是有一些工作,对于时间要求非常严格,不允许定时时间不断变化,用上面的两种工作方式就不行了,所以就引入了工作方式2。但是这种工作方式的定时/计数范围要小于方式0和方式1,只有8位。

(4) 工作方式3

图5-8是定时器/计数器工作方式3的逻辑电路结构图,定时器/计数器工作方式3是两个独立的8位计数器且仅对T0起作用,如果把T1置为工作方式3,T1将处于关闭状态。

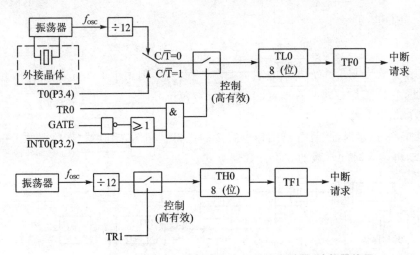

图5-8 工作方式3 T0被拆成2个8位的定时器/计数器使用

在T0工作方式3时,TL0构成8位计数器可工作于定时器/计数状态,并使用T0的控制位TR0和T0的中断标志位TF0。TH0则只能工作于定时器状态,使用T1的控位TR1和T1的中断标志位TF1。

一般情况下,T0以工作方式3状态运行,仅在T1工作于方式2而且不要求中断的前提下才可以使用,此时T1可被用作串行口波特率发生器。因此,方式3特别适合于单片机需要1个独立的定时器/计数器、1个定时器及1个串行口波特率发生器的情况。

4. 计数器的计数初值计算

在80C51中,T1和T0都是增量计数器,因此,不能直接把实际要计数的值作为初值放入计数寄存器中,而是要用其补数(计数的最大值减去实际要计数的值)放入计数寄存器中。

(1) 工作方式0

工作方式0是13位的定时/计数工作方式,其计数的最大值是$2^{13}=8\ 192$,因此,装入的初值是:8 192——待计数的值。

因为这种工作方式下只用了定时器/计数器的高8位和低5位,因此计算出来的值要转化为二进制并作转换后才能送入计数寄存器中。定时/计数方式 0 是一种特别的方式,它是为了兼容其上一代单片机而保留下来的,实际上,工作方式 1 完全可以取代这种工作方式,因此,这里就不介绍如何设置工作方式 0 的初值了。

（2）工作方式 1

工作方式 1 是 16 位的定时/计数工作方式,其计数的最大值是 $2^{16} = 65\ 536$,因此,装入的初值是:65 536——待计数的值。

（3）工作方式 2

工作方式 2 是 8 位的定时/计数工作方式,其计数的最大值是 $2^8 = 256$,因此,装入的初值是:256——待计数的值。

（4）工作方式 3

工作方式 3 是 8 位的定时/计数工作方式,其计数的最大值是 $2^8 = 256$,因此,装入的初值是:256——待计数的值。

任务 2　用单片机唱歌

仪器设备工作中,常有发出声音的要求,如人们在自动取款机上按作按键时,每按一次键都会有声音提醒表示本次操作有效。当所需发出的声音不太复杂时,使用单片机自身的内部资源加上简单的硬件即可实现。这里通过"用单片机唱歌"这一任务学习单片机发声的基本知识及编程方法。

5.2.1　声音及音调的基本知识

当扬声器中通过一定频率的信号时,扬声器就能发出声音。因此,只要提供扬声器交变信号,即可实现发声的要求。如图 5-9 所示是一个扬声器驱动电路,P3.6 引脚通过一个 NPN 型三极管 Q1 连接一个扬声器。

当 P3.6 引脚交替变为高电平、低电平时,即可驱动扬声器发出声音。改变高、低电平持续的时间相当于改变输出信号的频率,会使发出的声音发生变化。要了解这种变化,需要掌握有关声音的基础知识。

声音有三个主观属性,即音量、音调、音色,声音频率的高低叫做音调,频率越高则音调高。如果只要求简单地发出不同单调的声音,那么这些知识已足够,但如果要研究使用单片机来唱歌,则还要了解有关音名的知识。音名,就是 CDEFGAB(以及它们的升降变化)。每一个音名则有对应的频率,如表 5-3 所列。

表 5-3　音名与频率的对照表

音　名	C	D	E	F	G	A	B
频率/Hz	262	294	330	349	392	440	494

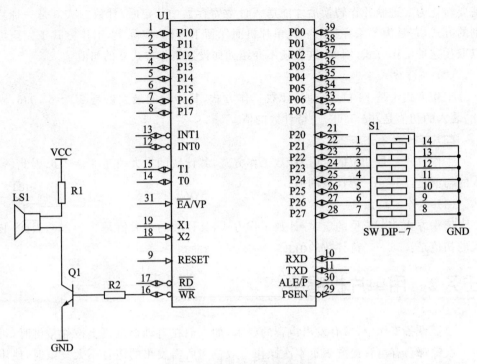

图 5-9　用指拨开关设置音调

5.2.2　用定时中断来产生不同频率的信号

让 P3.6 引脚交替变为高电平、低电平,可以在主程序中通过一个循环实现,如下所示:

```
SOUND:
    CPL    P3.6
    ACALL  DELAY
    AJMP   SOUND
DELAY:
    .......              ;延时子程序
```

改变 DELAY 延时子程序的延时时间,即可改变输出信号的频率值。这样做的缺点是在发声的那段时间里,CPU 不能做其他任何事。除此之外,还可以通过定时中断的方法来获得不同频率的输出信号。

定时中断程序中对 P3.6 引脚取反,当定时中断不断发生时,P3.6 引脚不断取反,即实现一定频率的方波输出,其频率取决于定时中断的时间,下面介绍根据定时时间设定计数初值的方法。

定时模式计数脉冲是由单片机的晶体振荡器产生的频率信号经十二分频得到的,因此,在考虑定时时间之前,首先就要确定机器的晶振频率。以 12 MHz 晶振为

例,其计数信号周期是:

$$计数信号周期 = \frac{12}{12 \ \text{MHz}} = 1 \ \mu s$$

也就是每来一个计数脉冲就过去了 1 μs 的时间,因此,计数的次数就应当是:

$$计数次数 = \frac{定时时间}{1 \ \mu s}$$

假设需要定时的时间是 5ms,则

$$计数次数 = \frac{5 \times 1\ 000 \ \mu s}{1 \ \mu s} = 5\ 000$$

如果选用定时器 0,工作于方式 1,则计数初值就应当是:65 536 - 5 000 = 60 536。将 60 536 转换为十六进制即 EC78H,把 0ECH 送入 TH0,78H 送入 TL0,即可完成 5 ms 的定时。

根据这样的计算方法,可以如表 5 - 4 列出音名、频率、时间与定时常数之间的对应关系。其中第 3 行定时时间的值为周期的一半,因为在一个周期信号中要改变 2 次输出。根据前述计数次数的计算方法,可以得知,在晶振为 12 MHz 时,计数次数与定时时间的数值相等。而当定时器采用工作方式 1 时,定时器中的预置数是 (65 536 - 计数次数)。为方便程序的编写,表中第 4、5 行分别用十六进制格式列出了定时器预置常数的高 8 位和低 8 位。

表 5 - 4　音名、频率、时间与定时常数的关系表

音　名	C	D	E	F	G	A	B
频率/Hz	262	294	330	349	392	440	494
周期/μs	3817	3401	3030	2865	2551	2273	2024
定时时间/μs	1908	1700	1515	1432	1275	1136	1012
定时常数高 8 位	0F8H	0F9H	0FAH	0FAH	0FBH	0FBH	0FCH
定时常数低 8 位	8CH	5CH	15H	68H	05H	90H	0CH

注:系统晶振为 12 MHz。

【例 5 - 2】　电路如图 5 - 9 所示,要求根据拨码开关的设定,利用定时器 T0 的定时中断来发出不同声音。

```
Sound      BIT    P3.6
sName      EQU    5AH           ;音名保存单元


           ORG    0000H
           AJMP   START
           ORG    0BH
           AJMP   TMR0
           ORG    30H
```

```
START:
    MOV     SP,#5FH
    MOV     TMOD,#01H          ;定时器 T0 工作于方式 1
    SETB    EA                 ;总中断允许
    SETB    ET0                ;定时器 T0 中断允许
    SETB    TR0                ;定时器 T0 开始运行
    MOV     sName,#8
LOOP:
    MOV     A,P2               ;取 P2 口的值
    CPL     A                  ;取反
    CJNE    A,#01H,L_1         ;P2.0 接地,P 值为 0FEH,取反后为 01H
    MOV     sName,#01H         ;若相等则判定 P2.0 接地
    JMP     LOOP
L_1:
    CJNE    A,#02H,L_2
    MOV     sName,#02H
    AJMP    LOOP
L_2:
    CJNE    A,#04H,L_3
    MOV     sName,#03H
    AJMP    LOOP
L_3:
    CJNE    A,#08H,L_4
    MOV     sName,#04H
    AJMP    LOOP
L_4:
    CJNE    A,#10H,L_5
    MOV     sName,#05H
    AJMP    LOOP
L_5:
    CJNE    A,#20H,L_6
    MOV     sName,#06H
    AJMP    LOOP
L_6:
    CJNE    A,#40H,L_7
    MOV     sName,#07H
    AJMP    LOOP
L_7:
    MOV     sName,#08H
    AJMP    LOOP
TMR0:
```

```
        MOV     A,sName             ;取得音名
        CJNE    A,#08H,T_1          ;如果等于 8 则顺序执行
        CLR     Sound               ;声音引脚置低电平(不发声)
        AJMP    T_EXIT              ;退出
    T_1:                            ;音名不等于 8(小于 8)
        DEC     A                   ;用 1～7 表示音名,表格则是从 0 开始排序
        MOV     DPTR,#SoundH        ;取得定时常数高 8 位地址
        MOVC    A,@A+DPTR           ;查表获取高 8 位时间常数
        MOV     TH0,A               ;将此常数送入 TH0
        MOV     A,sName
        DEC     A
        MOV     DPTR,#SoundL
        MOVC    A,@A+DPTR
        MOV     TL0,A
        CPL     Sound               ;取反声音引脚,以形成矩形波输出
    T_EXIT:
        RETI
    SoundH:   DB    0F8H,0F9H,0FAH,0FAH,0FBH,0FBH,0FCH
    SoundL:   DB    8CH,5BH,15H,67H,04H,8FH,0CH
        END
```

程序实现:输入源程序,命名为 5 - 2.ASM,建立名为 5 - 2 的工程文件,将源程序加入,设置工程,在 Output 页选中"Creat Hex File"。编译、链接程序,直到没有错误为止。使用课题 2 任务 1 所制作的电路板,将代码写入芯片,通电,即可听到蜂鸣器发出的声音,并使用 P2 端所接 S2 拨码开关来设置不同的音调。

程序分析:音名用 1～7 表示,而 8 则表示静音。在 P2 没有任何引脚接地时,不应发出声音。为达此目的,将数字 8 送入 sName 内存单元中。在定时器中断程序中,取出 sName 单元中的值,判断该值是否等于 8,如果等于 8 则将发声引脚置为低电平,并且直接退出。如果不等于 8,则根据该值查表获得定时常数高 8 位和低 8 位,分别送入 TH0 和 TL0,从而获得相应的定时中断时间。在退出中断程序之前,取反Sound(P3.5)引脚,从而获得矩形波输出。

5.2.3　单片机唱歌的实现

1. 歌谱与歌曲的基本知识

一首歌的歌谱记录了音符,还记录了该音符持续的时间。音符持续的时间在歌谱中以"节拍"为单位来设定,乐谱中每个音符持续的时间可以是 1/4 节拍、2/4 节拍、3/4 节拍、1 拍等多种节拍。至于每个"节拍"持续的时间,取决于作曲者,当然,有时演员在演唱或演奏时也为达到某种效果,也可能会更改节拍的时长,但必须保证各个音符之间相对时长关系不变。以一拍 0.64 s 为例,1/4 节拍、2/4 节拍、3/4 节拍所

持续的时间就是 0.16 s、0.32 s、0.48 s。

要唱出一首歌来,首先要根据歌谱的音符标记确定送出的信号的频率值,然后根据节拍标记确定该频率的信号持续的时间。当发声持续的时间到达以后,发出下一个声音,依此类推,直到将整首歌都唱完。

从上面的描述可以看到,要唱一首完整的歌曲,需要用到两个时间关系:一个用于确定发声频率,另一个用以确定延迟时间。因此本任务使用两个定时器配合来实现这一功能,以下首先学习如何使用定时中断来获得不同频率的信号。

2. 单片机唱歌程序的编写

从表 5-4 中可以看到,表中只列出了一个 8 度的音名与定时常数的关系,因此,这里编写的歌曲只能在一个 8 度范围之内。如图 5-10 所示是一首简单的儿歌,正好能满足这样的要求。

两只老虎

$1=C \dfrac{4}{4}$

| 1 | 2 | 3 | 1 | | 1 | 2 | 3 | 1 | | 3 | 4 | 5 | - | | 3 | 4 | 5 | - | |
| 两 | 只 | 老 | 虎, | | 两 | 只 | 老 | 虎, | | 跑 | 得 | 快, | | | 跑 | 得 | 快, | | |

| 5̲. 6̲ | 5̲ 4̲ | 3 1 | | 5̲. 6̲ | 5̲ 4̲ | 3 1 | | 1 | 5 | 1 | - | | 1 | 5 | 1 | - | |
| 一 只 | 没 有 | 眼 睛, | | 一 只 | 没 有 | 耳 朵, | | 真 | 奇 | 怪, | | | 真 | 奇 | 怪。 | |

图 5-10 歌曲"两只老虎"的歌谱

【例 5-3】 用单片机唱出"两只老虎"歌曲。

```
SOUND       BIT     P3.5

Note        EQU     R0          ;音符
Meter       EQU     R1          ;节拍计数器
meterCount  EQU     R3          ;节拍计数中的辅助计数器
noteCount   EQU     R2          ;音符计数器

            ORG     0000H
            AJMP    START
            ORG     000BH
            AJMP    TMR0
            ORG     001BH
            AJMP    TMR1
            ORG     40H
START:
            MOV     SP,#5FH
```

```
        MOV     TMOD,#11H
        SETB    EA
        SETB    ET0
        SETB    ET1
        SETB    TR0
        SETB    TR1
        CLR     A
        MOV     meterCount,A        ;用于节拍计数中的辅助计数器
        MOV     noteCount,A         ;R2 作为音符计数器
        MOV     DPTR,#MUSIC1
        MOVC    A,@A+DPTR
        DEC     A
        MOV     Note,A              ;R0 为音符存储器,取第 1 个音符
        CLR     A
        MOV     DPTR,#MUSIC2
        MOVC    A,@A+DPTR
        MOV     Meter,A             ;R1 用作节拍计数器
        MOV     TH1,#0D8H
        MOV     TL1,#0F0H           ;10 ms 的定时常数
        MOV     TH0,#0FFH
        MOV     TL0,#0FFH           ;让其立即进入中断程序发出第 1 个音来
LOOP:   SJMP    $                   ;跳转到本行,原地循环
TMR0:   CPL     SOUND
        MOV     A,Note              ;取音符,查定时器的高 8 位值
        MOV     DPTR,#SOUNDH
        MOVC    A,@A+DPTR
        MOV     TH0,A
        MOV     A,Note              ;取音符,查定时器的低 8 位值
        MOV     DPTR,#SOUNDL
        MOVC    A,@A+DPTR
        ADD     A,#11H
;补偿进入中断时占用的时间(表格中所有低 8 位值加上 11H 均不进位,故直接加)
        MOV     TL0,A
        RETI
SOUNDH:DB   0F8H,0F9H,0FAH,0FAH,0FBH,0FBH,0FCH
    ;定时时间的高 8 位值
SOUNDL:DB   8CH,5BH,15H,67H,04H,8FH,0CH
    ;定时时间的低 8 位值
    ///歌谱:音调及时间
TMR1:MOV    TH1,#0d8H
     MOV    TL1,#0F0H              ;10 ms 定时
```

```
        DJNZ    Meter,T_RET         ;R1 作为计数器,未到 0 则直接退出
        JB      TR0,T_0             ;如果 T0 停止运行,则开启 T0
        SETB    TR0
    T_0:INC     noteCount           ;准备取下一个音符
        MOV     A,noteCount
        MOV     DPTR,#MUSIC1
        MOVC    A,@A+DPTR
        DEC     A                   ;音符直接用 1,2,…表示,但在表中第 0 位是 1
        MOV     Note,A              ;将取出来的音符送 R0,在 T0 中用
        MOV     A,noteCount
        ADD     A,meterCount
    ;加上辅助计数器的值,每遇到一个 0FFH(休止符,该值加 1)
        MOV     DPTR,#MUSIC2
        MOVC    A,@A+DPTR
        MOV     Meter,A             ;取出的节拍数送到 R1 中去作计数用
        JZ      T_1                 ;是结束符,转 T_1 处理
        INC     A
        JZ      T_2                 ;是休止符,转 T_2 处理
        SJMP    T_RET               ;都不是,则退出
    T_1:CLR     A
        CLR     TR0                 ;关掉 T0 的运行
        MOV     Note,A
        MOV     meterCount,A
        DEC     A                   ;将 A 中的值变为 0FFH
        MOV     noteCount,A
    ;因为将先进入 TMR1 中断中执行 INC R2 的操作,如果不先将其置为 0FFH,则将"吃掉"第一个音符
        MOV     Meter,#200          ;准备延时 200 ms
        SJMP    T_RET
    T_2:CLR     TR0                 ;关定时器 T0
        CLR     SOUND               ;关声音
        DEC     noteCount           ;计数器减 1
        INC     meterCount
        MOV     Meter,#10           ;准备延时 100 ms
    T_RET:RETI
    MUSIC1:DB   1,2,3,1,1,2,3,1,3,4,5,3,4,5,5,6,5,4,3,1,5,6,5,4,3,1,1,5,1,1,5,
1,00H
    ;音名
    MUSIC2:DB   64,64,64,64,0ffh,64,64,64,64,0ffh,64,64,128,0ffh,
    DB   64,64,128,0ffh,48,16,48,16,64,64,0ffh
    DB     48,16,48,16,64,64,0FFH,64,64,128,0FFH,64,64,128,00h
    ;时长
    END
```

程序实现：输入源程序，命名为 5 - 3.ASM，建立名为 5 - 3 的工程，将源程序加入，设置工程，在 Output 页选中"Creat Hex File"。设置完毕，回到主界面。编译、链接程序，直到没有错误为止。将代码写入芯片，运行即可听到蜂鸣器唱出的歌声。

程序分析：本程序使用了定时器 T0 和 T1，其中 T0 用于产生音调，关于这部分内容已在例 5 - 2 中有分析，这里不再重复。

定时器 T1 中断服务程序中用到了两个表，第一个是音符表 MUSIC1，即根据歌谱按顺序写出的音符列表；第二个是时长表 MUSIC2，即每个音符持续的时间。定时器 T1 每 10 ms 中断一次，时长表中的数值是软件计数器值。以 MUSIC2 表中的第一个数为例，该数是 64，它被送入到内存单元 Meter 中。在进入中断服务程序后，执行：

```
MOV    Meter,A        ;取出的节拍数送到 R1 中去作计数用
JZ     T_1            ;是结束符,转 T_1 处理
```

即将 Meter 中的值减 1，如果未到 0 则直接退出。因此，该音符将发声持续 0.64 s。当持续时间到达以后，将执行其后的代码：

```
CJNE   A,♯0FFH,TMR1_EXIT;  是休止符吗?
CLR    TR0            ;是休止符(等于 0FFH)
CLR    Sound          ;关声音
MOV    Meter,♯10      ;准备延时 10 ms
```

巩固与提高

1. 80C51 单片机内部有几个定时器/计数器? 它们是由哪些专用寄存器组成?

2. 定时器/计数器用作定时器时，其定时时间与哪些因素有关? 用作计数器时，对外界计数频率有何限制?

3. 简述定时器/计数器四种工作方式的特点，并说明应当如何选择和设定初值。

4. 当定时器 T0 处于工作方式 3 时 TR1 位已被 T0 占用，如何控制定时器 T1 的开启和关闭?

5. 查找资料，完善表 5 - 3，实现 3 个 8 度，并编写更复杂的歌曲。

课题 6

80C51 单片机的串行接口与串行通信

80C51 内部具有一个全双工的串行接口,这一接口可以被用于扩展输入/输出,也可以用于串行通信。本课题通过"使用串行接口来扩展并行接口""单片机与 PC 机通信"两个任务来学习串行接口的使用、串行通信相关知识等内容。

任务1 使用串行接口扩展并行接口

80C51 单片机共有 4 个 8 位的并行接口,在某些应用场合需要应用更多的并行接口,这可以使用串行接口加上一些接口芯片来进行扩展。本任务通过扩充串/并转换芯片,使用串行口来扩展并行接口,以便获得更多的输入和输出端口。

6.1.1 用串行接口扩展并行输出

要使用单片机的串行接口,需要用到串行输入转并行输出的功能芯片,这一类芯片有多种,这里以常用的 CD4094 芯片为例来介绍,这是一块 8 位移位/锁存寄存器芯片,图 6-1 是其逻辑功能图。

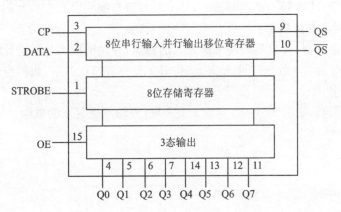

图 6-1 CD4094 芯片逻辑功能图

CD4094 的逻辑功能如表 6-1 所列。

表 6 - 1　CD4094 逻辑功能表

CP	DATA	STROBE	OE	并行输出	
				Q0	QN
X	X	X	0	高阻	高阻
X	X	0	1	无变化	无变化
↑（上升沿）	1	1	1	1	QN-1
↑（上升沿）	0	1	1	0	QN-1

　　从图和表中可以查到，CP 是时钟端，DATA 是数据端，STROBE 是锁存端。当时钟上升沿到来时，DATA 引脚上的状态进入 CD4094 内部的移位寄存器，同时移位寄存器向前移一位。STROBE 引脚是锁存端，如果这 1 位是 0，则并行输出端保持不变，但是串行数据依然可以进入移位寄存器。数据输入时首先变化的是 Q0，即最先到达的数据位会被移到 Q7，而最后到达的数据位则由 Q0 输出。

　　由于 CD4094 有 STORBE 输出端，可以在数据移位时锁定输出，因而可以避免串行传输时，并行输出引脚上电平的无关变化，因而得到广泛的应用。

　　【例 6 - 1】　用 80C51 的串行口外接 CD4094 扩展 8 位并行输出口，如图 6 - 2 所示，CD4094 的各个输出端均接 1 个发光二极管，要求发光二极管从左到右流水显示。

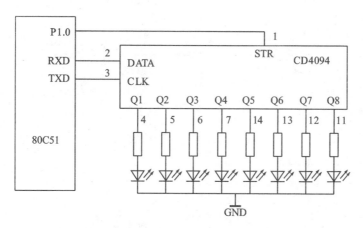

图 6 - 2　串行口工作方式 0 用于扩展并行输出口

　　串行口输出时，最先送出的是最低位的数据。从图 6 - 2 可以看出，Q1 接的 LED 在最左边，而 Q8 接的 LED 在最右边，所以应当先送 1 个数 10000000B（这样"1"会被送到最左边的 Q1，点亮最左边的 LED），然后延迟一段时间，将数进行右移，即变为 01000000，再次送入 CD4094，这样第 2 只 LED 点亮，如此不断右移，数据就依次按：

10000000,01000000,00100000,00010000,…

变化,也就是灯按从左到右顺序逐一点亮。

注意:在数据送出之前,首先将 STR 清 0,以保持输出端不发生变化,在数据送完之后再将 STR 置 1,以送出数据进行显示。否则当数据在 CD4094 内部的移位寄存器中移动时,同时也会反映到输出引脚上,造成输出引脚的电平产生不希望的变化,从现象上来说这会造成 LED 显示的"串红",就是本不应当显示的 LED 会产生一些微弱的的显示。

程序如下:

```
        Cnt4094     EQU     P1.0
        ORG         0000H
        JMP         START
        ORG         30H
START:
        MOV         R0,#80H
        MOV         SCON,#00H
LOOP:
        CLR         Cnt4094         ;关闭并行输出
        MOV         A,R0
        MOV         SBUF,A          ;将数据送入串口,开始发送
        JNB         TI,$            ;无限循环,等待发送完毕
        CLR         TI              ;清 TI 标志
        SETB        Cnt4094         ;允许 CD4094 芯片并行输出
        CALL        DELAY           ;延时
        MOV         A,R0
        RLC         A
        MOV         R0,A
        JMP         LOOP
DELAY:
        MOV         R7,#200
D1:     MOV         R6,#150
D2:     DJNZ        R6,D2
        DJNZ        R7,D1
        RET
        END
```

程序实现:输入源程序,命名为 6-1.ASM,建立名为 6-1 的工程文件,将源程序加入,设置工程,在 Output 页选中"Creat Hex File"。设置完毕,回到主界面。编译、链接程序,直到没有错误为止。本例程序不能通过书中已有的实验板来完成,建议读者使用万能板或者面包板自行搭建电路板来观察程序运行效果。

自行搭建电路板有个"偷懒"的办法,即使用 STC11F、STC15W 等系列的芯片来

替代 STC89C51 芯片,这些芯片内置振荡电路和复位电路,不需外接晶振及复位电路,只要给芯片通电就能工作,非常方便,如图 6-3(a)是作者用 STC11F04 芯片和面包板搭建的电路,图 6-3(b)是烧写工具,USB 转串行接口模块,输入输出均为 TTL 电平,可直接与单片机引脚相连。

(a) STC11F04 芯片与 CD4094 扩展并行 I/O 口

(b) 烧写工具

图 6-3　使用面包板搭建电路并烧写程序

在烧写芯片时,注意选择时钟为内部 RC 振荡器,如图 6-4 所示。

图 6-4　烧写芯片时选择内部 RC 振荡器

STC11F04 芯片与 80C51 在指令级兼容,本程序生成的代码可以直接写入该芯片运行。需要注意的是,该芯片是一种高速芯片,因此 DELAY 子程序延时时间会变得不正确,需要重新编写 DELAY 子程序。

方式 0 的数据发送速度固定等于时钟频率的 1/12,当所用时钟频率较高时,注意从 80C51 单片机到驱动芯片的 CLK、DAT 引线尽量短。

6.1.2 用串行接口扩展并行输入

要实现串行口扩展并行输入,需要用到并行输入串行输出功能芯片。这一类芯片也有多种,这里介绍常用的 74HC165 芯片,图 6-5 是这一芯片的逻辑功能图。

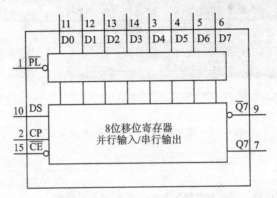

图 6-5 74HC165 芯片逻辑功能图

74HC165 芯片的逻辑功能如表 6-2 所列。

表 6-2 74HC165 逻辑功能表

输 入					输 出
$\overline{PL}$	$\overline{CE}$	CP	DS	D0~D7	Q7
L	X	X	X	L	L
L	X	X	X	H	H
H	L	↑	L	X	Q6
H	L	↑	H	X	Q6

74HC165 的工作过程可以分为两个过程,即从 D0~D7 读取并行输入状态过程和将读取到的数据从串行输出端送出的过程。从图和表中可以看到,当 $\overline{PL}$ 低电平时,为并行数据读入阶段,此时 D0~D7 引脚上的电平状态将被取回芯片内部的移位寄存器输入端。将 $\overline{PL}$ 置高电平、$\overline{CE}$ 置低电平,当 CP 端有上升沿出现时,芯片内部将刚才所读取到的 D0~D7 数据依次从 Q7 端移位输出。

【例 6-2】 用 80C51 的串行口外接 74HC165 扩展 8 位并行输入口,如图 6-6 所示,74HC165 的 D0~D7 接 8 只按键,P2 口接 LED 显示条,要求读取按键的输入状态,并在 P2 口所接 LED 显示条上显示出来。

程序如下:

```
        ORG     0000H
        JMP     START
        ORG     30H
START:
        MOV     SP,♯5FH         ;设置堆栈
LOOP:
        CLR     P1.1            ;74HC165 接收并行输入数据
        NOP
        SETB    P1.1            ;关闭并行输入数据
        MOV     SCON,♯10H       ;置串行口方式 0
WAII:
        JNB     RI,WAII         ;等待数据接收完毕
        MOV     A,SBUF          ;获得输入的数据
        MOV     P0,A            ;将获得的数据送到 P2
        LJMP    LOOP
        END
```

程序实现:输入源程序,命名为 6 - 2.ASM,建立名为 6 - 2 的工程文件,将源程序加入,设置工程,在 Output 页选中"Creat Hex File"。设置完毕,回到主界面。编译、链接程序,直到没有错误为止。读者可使用自行搭建电路的方法来完成实验。

虽然我们已实现了使用串行口来扩展并行输入和并行输出,但要真正理解程序,还必须要学习 80C51 单片机的串行接口相关知识。

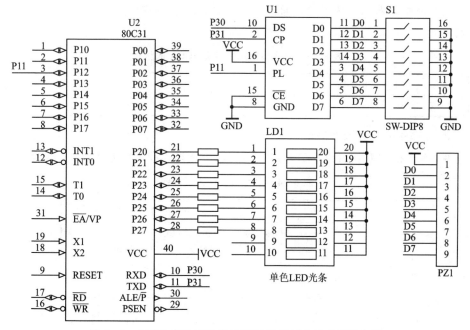

图 6 - 6　80C51 串行口外接 74HC165 扩展 8 位并行输入口

6.1.3　80C51 单片机的串行接口

80C51 单片机内部集成有一个功能很强的全双工串行通信口,设有 2 个相互独立的接收、发送缓冲器,可以同时接收和发送数据。图 6-7 是串行口内部缓冲器的结构,发送缓冲器只能写入而不能读出,接收缓冲器只能读出而不能写入,因而两个缓冲器可以共用一个

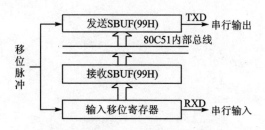

图 6-7　串行口内部缓冲器的结构

地址:99H。两个缓冲器统称为串行通信特殊功能寄存器 SBUF。

注意:发送缓冲器只能写入不能读出意味着只要把数送进了 SBUF(写入),就永远也不可能再用读 SBUF 的方法得到这个数了,你可以读 SBUF,但读出来的是接收 SBUF(图 6-7 中下面那个寄存器)中的数,而不是发送 SBUF(图 6-7 中上面那个寄存器)中的数。

1. 串行口控制寄存器

为了对串行口进行控制,80C51 的串行口设有两个控制寄存器:串行控制寄存器 SCON 和波特率选择特殊功能寄存器 PCON。

(1) 串行控制寄存器 SCON

SCON 寄存器用于选择串行通信的工作方式和某些控制功能。其格式及各位含义如表 6-3 所列。

表 6-3　串行口控制寄存器 SCON 的格式

位	D7	D6	D5	D4	D3	D2	D1	D0
含 义	SMOD	SM1	SM2	REN	TB8	RB8	TI	RI

对 SCON 中各位的功能描述如下:

● SM0 和 SM1:串行口工作方式选择位,可选择 4 种工作方式,如表 6-4 所列。

表 6-4　串行口工作方式控制

SM0	SM1	方　式	功能说明
0	0	0	移位寄存器工作方式(用于 I/O 扩展)
0	1	1	8 位 UART,波特率可变(T1 溢出率/n)
1	0	2	9 位 UART,波特为 $f_{osc}/64$ 或 $f_{osc}/32$
1	1	3	9 位 UART,波特率可变(T1 溢出率/n)

● SM2:多机通信控制位。允许方式 2 或方式 3 多机通信控制位。

● REN:允许/禁止串行接收控制位。由软件置位 REN=1 为允许串行接收状

态,可启动串行接收器 RXD,开始接收信息。如用软件将 REN 清零,则禁止接收。

● TB8:在方式 2 或方式 3,它为要发送的第 9 位数据。按需要由软件置 1 或清 0。例如,可用作数据的校验位或多机通信中表示地址帧/数据帧的标志位。

● RB8:在方式 2 或方式 3,是接收到的第 9 位数据。在方式 1,若 SM2＝0,则 RB8 是接收到的停止位。

● TI:发送中断请求标志位。在方式 0,当串行接收到第 8 位结束是由内部硬件自动置位 TI＝1,向主机请求中断,响应中断后必须用软件复位 TI＝0。在其他方式中,则在停止位开始发送时由内部硬件置位,必须用软件复位。

● RI:接收中断标志。在接收到一帧有效数据后由硬件置位。在方式 0 中,第 8 位数据被接收后,由硬件置位;在其它三种方式中,当接收到停止位中间时由硬件置位。RI＝1,申请中断,表示一帧数据已接收结束并已装入接收 SBUF,要求 CPU 取走数据。CPU 响应中断,取走数据后必须用软件对 RI 清 0。

由于串行发送中断标志和接收中断标志 TI 和 RI 是同一中断源,因此在向 CPU 提出中断申请时,必须由软件对 RI 或 TI 进行判别,以执行不同的中断服务程序。复位时,SCON 各位均清 0。

（2）电源控制寄存器 PCON

PCON 的字节地址为 87H,不具备位寻址功能。在 PCON 中,仅有其最高位与串行口有关。PCON 的含义如表 6－5 所列。

表 6－5　电源控制寄存器 PCON 的格式

位	D7	D6	D5	D4	D3	D2	D1	D0
含 义	SMOD	—	—	—	GF1	GF0	PD	IDL

其中 SMOD 为波特率选择位。在串行方式 1、方式 2 和方式 3 时,如果 SMOD＝1,则波特率提高 1 倍。

2. 串行口工作方式 0

根据 SCON 中的 SM0、SM1 的状态组合,80C51 串行口可以有 4 种工作方式。在串行口的 4 种工作方式中,方式 0 主要用于扩展并行输入/输出口,方式 1、方式 2 和方式 3 则主要用于串行通信。

方式 0 称为同步移位寄存器输入/输出方式,常用来扩展并行 I/O 口。在工作于这种方式时,串行数据通过 RXD 进行输入或输出,TXD 用于输出同步移位脉冲,作为外接扩展部分的同步信号。

在方式 0 中,当串行口用作输出时,只要向发送缓冲器 SBUF 写入一个字节的数据,串行口就将此 8 位数据以时钟频率的 1/12 速度从 RXD 依次送入外部芯片,同时由 TXD 引脚提供移位脉冲信号。在数据发送之前,中断标志 TI 必须清 0,8 位数据发送完毕后,中断标志 TI 自动置 1。如果要继续发送,必须用软件将 TI 清 0。

在方式 0 输入时,用软件置 REN＝1,如果此时 RI＝0,满足接收条件,串行口即开始接收输入数据。RXD 为数据输入端,TXD 仍为同步信号输出端,输出频率为 1/12 时钟频率的脉冲,使 RXD 端的电平状态逐一移入输入缓冲寄存器。在串行口接收到一帧数据后,中断标志 RI 自动置为 1,如果要继续接收,必须用软件将 RI 清 0。

任务 2　单片机与 PC 机通信

计算机与外界的信息交换称为通信。通信的基本方式有两种:并行通信和串行通信。并行通信(即并行数据传送)是指计算机与外界进行通信(数据传输)时,一个数据的各位同时通过并行输入/输出口进行传送,如图 6-8(a)所示。并行通信的优点是数据传送速度快,缺点是一个并行的数据有多少位,就需要多少根传输线,当数据的位数较多、传输的距离较远时不太方便。

串行通信是指一个数据的所有位按一定的顺序和方式,一位一位地通过串行输入/输出口进行传送,如图 6-8(b)所示。由于串行通信是数据的逐位顺序传送,在进行串行通信时,只需一根传输线,这在传送的数据位数多且通信距离很长时,这种传输方式的优点就显得很突出了。

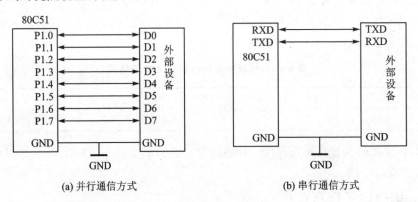

(a) 并行通信方式　　　　　　(b) 串行通信方式

图 6-8　两种基本通信方式

6.2.1　串行通信的基本知识

串行通信是将构成数据或字符的每个二进制码位,按照一定的顺序逐位进行传输,其传输有两种基本的通信方式:同步通信方式和异步通信方式。

1. 同步通信方式

同步通信的基本特征是发送与接收保持严格的同步。由于串行传输是一位接一位顺序进行的,为了约定数据是由哪一位开始传输,需要设定同步字符。这种方式速度快,但是硬件复杂。由于 80C51 单片机中没有同步串行通信的方式,所以这里不详细介绍。

2. 异步通信方式

异步通信方式规定了传输格式,每个数据均以相同的帧格式传送。

异步通信中一帧数据的格式如图 6-9 所示,每帧信息由起始位、数据位、奇偶校验位和停止位组成,帧与帧之间用高电平分隔开。

图 6-9 异步通信中一帧数据的格式

- 起始位:在通信线上没有数据传送时呈现高电平(逻辑 1 状态)。当需发送一帧数据时,首先发送一位逻辑 0(低电平)信号,称为起始位。接收端检测到由高到低的一位跳变信号(起始位)后,就开始接收数据位信号的准备。所以,起始位的作用就是表示一帧数据传输的开始。
- 数据位:紧接起始位之后的即为数据位。数据位可以是 5、6、7 或 8 位。一般在传送中从数据的最低位开始,顺序发送和接收,具体的位数应事先设定。
- 奇偶校验位:紧跟数据位之后的为奇偶校验位,用于对数据检错。通信双方应当事先约定采用奇校验还是偶校验。
- 停止位:在校验后是停止位,用以表示一帧的结束。停止位可以是 1、1.5、2 位,用逻辑 1(高电平)表示。

异步通信是一帧一帧进行传输,帧与帧之间的间隙不固定,间隙处用空闲位(高电平)填补,每帧传输总是以逻辑 0(低电平)状态的起始位开始,停止位结束。信息传输可随时或不间断地进行。不受时间的限制,因此,异步通信简单、灵活。但由于异步通信每帧均需起始位、校验位和停止位等附加位,真正的有用的信息只占到全部传输时间的一部分,传输效率降低了。

在异步通信中,接收与发送之间必须有两项规定:

① 帧格式的设定 即帧的字符长度、起始位、数据位及停止位,奇偶校验形式等的设定。例如,以 ASCII 码传送,数据位 7 位,1 位起始位,1 位停止位,奇校验方式。这样,一帧的字符总数是 10 位,而一帧的有用信息是 7 位。

② 波特率的设定 波特率反映了数据通信位流的速度,波特率越高,数据信息传输越快。常用的波特率有 300,600,1 200,2 400,4 800,9 600,19 200,38 400 等。

3. 串行通信中数据的传输方向

串行通信中,数据传输的方向一般可分为以下几种方式。

① 单工方式 在单工方式下,一根通信线的一端联接发送方,另一端联接接收方,形成单向联接,数据只允许按照一个固定的方向传送。

② 半双工方式　半双工方式系统中的每一个通信设备均有发送器和接收器,由电子开关切换,两个通信设备之间只用一根通信线相联接。通信双方可以接收或发送,但同一时刻只能单向传输。即数据可以从 A 发送到 B,也可以由 B 发给 A,但是不能同时在这两个方向中进行传送。

③ 全双工方式　采用两根线,一根专门负责发送,另一根专门负责接收,这样两台设备之间的接收与发送可以同时进行,互不相关。当然,这要求两台设备也能够同时进行发送和接收,这一般是可以做到的,例如,80C51 单片机内部的串行口就有接收和发送两个独立的设备,可以同时进行发送与接收。

4. 串行通信中的奇偶校验

串行通信的关键不仅是能够传输数据,更重要的是要能正确地传输,但是串行通信的距离一般较长,线路容易受到干扰,要保证完全不出错不太现实,尤其是一些干扰严重的场合,因此,如何检查出错误,就是一个较大的问题。如果可以在接收端发现接收到的数据是错误的,那么,就可以让接收端发送一个信息到发送端,要求将刚才发送过来的数据重新发送一遍,由于干扰一般是突发性的,不见得会时时干扰,所以重发一次可能就是正确的了。如何才能够知道发送过来的数据是错误的? 这好像很难,因为在接收数据时我们不知道正确的数据是怎么样的(否则就不要再接收了),怎么能判断呢? 如果只接收一个数据本身,那么可能永远也没有办法知道,所以必须在传送数据的同时再传送一些其它内容,或者对数据进行一些变换,使一个或一批数据具有一定的规律,这样才有可能发现数据传输中出现的差错。由此产生了很多种查错的方法,其中最为简单但应用广泛的就是奇偶校验法。

奇偶校验的工作原理简述如下:

程序状态字 PSW 最低位 P 的值根据累加器 A 中运算结果而变化,如果运算后 A 中"1"的个数为偶数,则 P=0,奇数时 P=1。如果在进行串行通信时,把 A 中的值(数据)和 P 的值(代表所传送数据的奇偶性)同时传送,接收到数据后,也对数据进行一次奇偶校验,如果校验的结果相符(校验后 P=0,而传送过来的数据位也等于 0,或者校验后 P=1,而接收到的检验位也等于 1),就认为接收到的数据是正确的,反之,如果对数据校验的结果是 P=0,而接收到的校验位等于 1 或者相反,那么就认为接收到的数据是错误的。

有读者可能马上会想到,发送端和接收端的校验位相同,数据就能保证一定正确吗? 不同就一定不正确吗? 的确不能够保证。比如,在发送过程中,受到干扰的不是数据位,而是校验位本身,那么收到的数据可能是正确的,而校验位却是错的,接收程序就会把正确的数据误判成错误的数据。又比如,在数据传送过程中数据受到干扰,出现错误,但是变化的不止一位,有两位同时变化,那么就会出现数据虽然出了差错,但是检验的结果却把它当成是对的,设有一个待传送的数据是 17H,即 00010111B,它的奇偶校验位应当是 0(偶数个 1),在传送过程中,出现干扰,数据变成了 77H,即 01110111B,接收端对收到的数据进行奇偶校验,结果也是 0(偶数个 1),因此,接收端就会认为是收到了正确的数据,这样就出现了差错。这样的问题用奇偶校验是没有办法解决的,必须用其他的办法。好在根据统计,出现这些错误的情况并不多见,通常情况下奇偶校验方法已经能够满足要求,如果采用其他的方法,必然要增加附加的信息量,降低通信效率,所以在单片机通信中,最常用的就是奇偶校验的方法。当然,读者自己开发项目时要根据现场的实际情况来进行软、硬件的综合处理,以保证得到最好的通信效果。

5. 串行通信中的电平接口

单片机的串行口使用 TTL 电平标准,这种标准中用高电平(大于 2.4 V)表示逻辑 1,而用低电平(小于 0.4 V)表示逻辑 0。当传输距离较远时,由于传输线分布电容的影响,波形将发生较为严重的畸变,接收端无法正确判断高电平或低电平,因而不能进行长距离的通信。

为了能够长距离传输数据,人们开发了各种接口标准,其中 RS232 标准被广泛应用。这种标准规定逻辑 0 的范围是 +3～+25 V,逻辑 1 的范围是 -3～-25 V。PC 机(个人微型计算机)上如果有串行接口,那么它就是采用的 RS232 标准。TTL电平与 RS232 接口不能兼容,无法直接连接,因此,单片机如果要和 PC 机通信,就必须安装 RS232 接口。

现在可以购买到专门用于 RS232 接口的芯片,这类芯片内置了升压用的电荷泵,不需要外接高电压,因而用这类专用芯片实现 RS232 接口较为方便。图 6 - 10是单片机上所用 RS232 接口的典型电路。这个图中只用到了 3 根线,分别用于数据的输入、输出及公共地。这是一种简化的 RS232 接口,完全能够满足一般通信工作的要求。

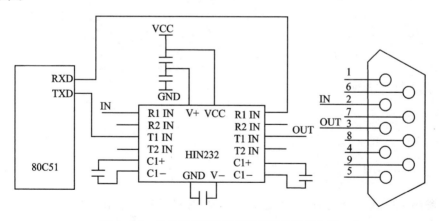

图 6 - 10　单片机与 PC 机的串行通信接口电路

6.2.2　任务实现

80C51 单片机的串口是全双工的,可以同时发送数据和接收数据,不过为简单起见,以下用 2 个例子分别实现数据的发送和接收。

1. 数据的发送

以下例子完成单片机发送数据的工作,使用 PC 机来接收数据,并将数据显示出来。

【例 6-3】 单片机不断从串行口送出 AA 和 55 两个十六进制数,设单片机所用晶振为 11.059 2 MHz。

```
        ORG     0000H
        LJMP    START
        ORG     40H
START:
        MOV     SP,#5FH            ;初始化堆栈
        MOV     TMOD,#00100000B    ;定时器1工作于方式2
        MOV     TH1,#0FDH          ;定时初值
        MOV     TL1,#0FDH
        ORL     PCON,#10000000B    ;SMOD=1
        SETB    TR1                ;定时器1开始运行。
        MOV     SCON,#01000000B    ;串口工作方式1
        MOV     P1,#55H
        MOV     A,#0AAH            ;待送的数据
SEND:
        MOV     SBUF,A
LOOP:
        JBC     TI,NEXT           ;是否送完?
        AJMP    LOOP
NEXT:
        CALL    DELAY             ;延时
        CPL     A                 ;A是的值AAH取反之后是55H
        LJMP    SEND
DELAY:                            ;延时程序
        MOV     R7,#100
        ......
        RET
        END
```

程序实现:输入上述程序,并完成其中的延时程序部分,存盘并命名为 6-3. ASM。建立名为 6-3 的工程,将 6-3. ASM 源程序加入,然后汇编、连接,完全正确以后,按 Ctrl+F5 进入调试,选择 View→Ser #1 菜单项,打开 Keil 内置的串行窗口。全速运行程序,即可以看到该窗口出中连续不断出现 55、AA,如图 6-11 所示。

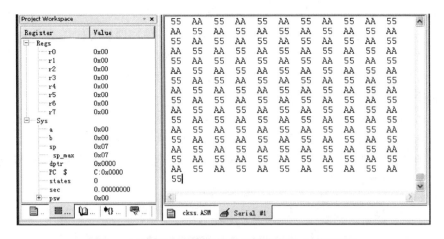

图 6-11 使用 Keil 软件内置的串行窗口来观察数据

2. 数据的接收

第 2 个异步通信的应用例子是单片机接收数据,单片机接收到由 PC 机送来的十六进制数后将其送到 P1 口,从 P1 口 LED 亮、灭的情况可以看出接收是否正常。

【例 6-4】 异步通信任务 2:单片机接收从 PC 机送来的数,设单片机所用晶振频率为 11.059 2 MHz。

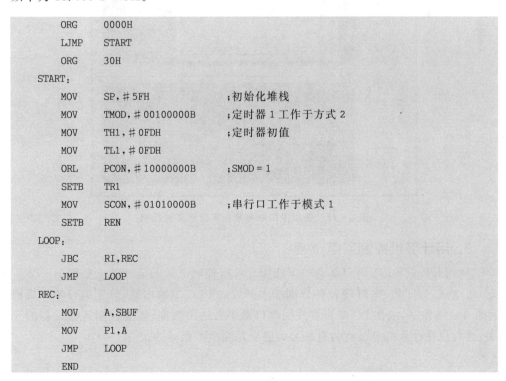

```
        ORG     0000H
        LJMP    START
        ORG     30H
START:
        MOV     SP,#5FH             ;初始化堆栈
        MOV     TMOD,#00100000B     ;定时器1工作于方式2
        MOV     TH1,#0FDH           ;定时器初值
        MOV     TL1,#0FDH
        ORL     PCON,#10000000B     ;SMOD = 1
        SETB    TR1
        MOV     SCON,#01010000B     ;串行口工作于模式1
        SETB    REN
LOOP:
        JBC     RI,REC
        JMP     LOOP
REC:
        MOV     A,SBUF
        MOV     P1,A
        JMP     LOOP
        END
```

程序实现：输入上述程序，存盘并命名为 6 - 4. ASM，建立名为 6 - 4 的工程，将 6 - 4. ASM 源程序加入，然后汇编、连接至完全正确。使用课题 2 任务 1 实验板来完成这一练习，将 ckjs. hex 写入芯片，用 DB9 串口线连接实验板与计算机的串行接口，在 PC 端运行一个串口通信软件，这类软件可以在网上找到很多，如图 6 - 12 所示是串口助手。

单击串口配置，打开对话框，按图示设定将波特率 19 200，数据位：8，停止位：1，检验位：无。单击 OK 按钮退出对话框，打开串口。在"HEX 发送"和"连续发送"两个多选项上打勾，然后在发送区写入数据，则数据将会被送往实验电路板，板上 P1 口所接 LED 按数据要求点亮。

图 6 - 12　使用串口助手来向实验板发送数据

3. 用计算机控制家电

使用开放式 PLC，可以体会一下使用计算机控制电器的成就感。如图 6 - 13 所示，将电视、打印机、电灯等设备分别接入开放式 PLC 的输出端，分别编写单片机程序和 PC 端程序，或在 PC 端直接使用串口助手来送出数据，就能控制这些设备的开关，这与仅在计算机上进行仿真练习的感受是完全不相同的。

图 6-13　使用开放式 PLC 来控制电器设备

6.2.3　串行口工作方式与波特率设置

任务 1 中用到了串行口的工作方式 0,它是同步移位寄存器输入/输出方式,专用于扩展并行输入/输出口。串行口还有其他一些工作方式,下面分别介绍。

1. 工作方式 1

串行通信口的工作方式 1 用于串行数据的发送和接收,为 10 位通用异步方式。引脚 TXD 和 RXD 分别用于数据的发送端和接收端。

注意:方式 0 需要 TXD 和 RXD 这 2 个引脚配合才能完成一次输入或输出工作,而以下的几种方式都是 1 个引脚线完成输入,另 1 个引脚线完成输出,输入与输出相互独立,可以同时进行,注意和方式 0 区分开。

在方式 1 中,一帧数据为 10 位:1 位起始位(低电平)、8 位数据位(低位在前)和 1 位停止位(高电平)。方式 1 的波特率取决于定时器 1 的溢出率和 PCON 中的波特率选择位 SMOD。

(1) 工作方式 1 发送

方式 1 发送时,数据由 TXD 端输出,利用写发送缓冲器指令就可启动数据的发送过程。发送时的定时信号即发送移位脉冲,由定时器 T1 送来的溢出信号经 16 分频或 32 分频(取决于 SMOD 的值)后获得。在发送完一帧数据后,置位发送中断标志 TI,并申请中断,置 TXD 为 1 作为停止位。

(2) 工作方式 1 接收

在 REN=1 时,方式 1 即允许接收。接收并检测 RXD 引脚的信号,采样频率为波特率的 16 倍。当检测到 RXD 引脚上出现一个从"1"到"0"的负跳变(就是起始位,跳变的含义可以参考前面关于中断下降沿触发的内容)时,就启动接收。如果接收不到有效的起始位,则重新检测 RXD 引脚上是否有信号电平的负跳变。

当一帧数据接收完毕后,必须在满足下列条件时,才可以认为此次接收真正有效。

● RI=0,即无中断请求,或在上一帧数据接收完毕时 RI=1 发出的中断请求已被响应,SBUF 中的数据已被取走。

● SM2=0 或接收到的停止位为 1(方式 1 时,停止位进行 RB8),则接收到的数据是有效的,并将此数据送入 SBUF,置位 RI。如果条件不满足,则接收到的数据不会装入 SBUF,该帧数据丢失。

2. 工作方式 2

串行口的工作方式 2 是 9 位异步通信方式,每帧信息为 11 位:1 位起始位,8 位数据位(低位在前,高位在后),1 位可编程的第 9 位和 1 位停止位。

(1) 工作方式 2 的发送

串行口工作在工作方式 2 发送时,数据从 TXD 端输出,发送的每帧信息是 11 位,其中附加的第 9 位数据被送往 SCON 中的 TB8,此位可以用作多机通信的数据、地址标志,也可用作数据的奇偶校验位,可用软件进行置位或清 0。

发送数据前,首先根据通信双方的协议,用软件设置 TB8,再执行一条写缓冲器的程序如:SBUF=Data,将数据 Data 写入 SBUF,即启动发送过程。串行口自动取出 SCON 中的 TB8,并装到发送的帧信息中的第 9 位,再逐位发送,发送完一帧信息后,置 TI=1。

(2) 工作方式 2 的接收

在工作方式 2 接收时,数据由 RXD 端输入,置 REN=1 后,即开始接收过程。当检测到 RXD 上出现从“1”到“0”的负跳变时,确认起始位有效,开始接收此帧的其余数据。在接收完一帧后,在 RI=0,SM2=0,或接收到的第 9 位数据是“1”时,8 位数据装入接收缓冲器,第 9 位数据装入 SCON 中 RB8,并置 RI=1。若不满足上面的两个条件,接收到的信息会丢失,也不会置位 RI。

工作方式 2 接收时,位检测器采样过程与操作同工作方式 1。

3. 工作方式 3

串行口被定义成工作方式 3 时,为波特率可变的 9 位异步通信方式。在工作方式 3 中,除波特率外,均与工作方式 2 相同。

4. 波特率的设计

在串行通信中,收、发双方对接收和发送数据都有一定的约定,其中重要的一点就是波特率必须相同。80C51 的串行通信的四种工作方式中,工作方式 0 和工作方式 2 的波特率是固定的,而工作方式 1 和工作方式 3 的波特率是可变的,下面就来讨论这几种通信方式的波特率。

(1) 工作方式 2 的波特率

工作方式 2 的波特率取决于 PCON 中的 SMOD 位的状态,如果 SMOD=0,工作方式 2 的波特率为 f_{osc} 的 1/64,而 SMOD=1,工作方式 2 的波特率为 f_{osc} 的 1/32,即

$$波特率=2^{SMOD}/64$$

(2) 工作方式 1 和工作方式 3 的波特率

工作方式 1 和工作方式 3 的波特率与定时器的溢出率及 PCON 中的 SMOD 位有关。如果 T1 工作于模式 2(自动重装初值的方式),则:

工作方式 1、工作方式 3 的波特率 $=2^{\text{SMOD}}/32\times f_{\text{osc}}/12/(2^8-x)$

其中 x 是定时器的计数初值。

由此可得,定时器的计数初值 $x=256-2^{\text{SMOD}}\times f_{\text{osc}}/(384\times 波特率)$。

为了方便使用,将常用的波特率、晶振频率、SMOD 和定时器计数初值列于表 6 - 6 中,供实际应用参考。

表 6 - 6 常用波特率与 f_{osc}、SMOD、TH1 表

常用波特率	f_{osc}/MHz	SMOD	TH1 初值
19 200	11.059 2	1	FDH
9 600	11.059 2	0	FDH
4 800	11.059 2	0	FAH
2 400	11.059 2	0	F4H
1 200	11.059 2	0	E8H

巩固与提高

1. 什么是串行异步通信?它有哪些特点?其一帧格式如何?

2. 某异步通信接口,其帧格式由一个起始位 0,8 个数据位,一个奇偶校验位和一个停止位 1 组成。当该接口每秒钟传送 1 800 个字符时,计算其传送波特率。

3. 为什么定时器 T1 用作串行口波特率发生器时,常用工作方式 2?若已知系统频率和通信选用的波特率,如何计算其初始值?

4. 在 80C51 应用系统中,时钟频率为 12 MHz,现用定时器 T1 方式 2 产生波特率为 1 200,请计算初值。实际得到的波特率有误差吗?

课题 7

认识 80C51 指令系统

学习和使用单片机的一个很重要的环节是理解和熟练掌握它的指令系统,不同的单片机指令系统一般是不同的,本课题将详细介绍 80C51 指令系统的寻址方式、各类指令的格式及功能,还将学习汇编语言程序的基本设计方法,为进一步掌握和应用 80C51 单片机奠定必要的软件基础。

任务 1 认识 80C51 指令

本书的课题 3～课题 6 已介绍了一些指令的用法,并且编写了一些程序,但什么是指令、什么是程序我们还不清楚,下面将介绍这些概念。

7.1.1 有关指令与程序的基本概念

指令是规定计算机进行某种操作的命令。一条指令只能完成有限的功能,为使计算机完成一个较为复杂的功能就必须要用一系列的指令。计算机所能执行的全部指令的集合称之为该计算机的指令系统。

程序是指人们按照自己的思维逻辑,使计算机按照一定的规律进行各种操作,以实现某种特定的控制功能而编制的有关指令的集合。编制程序的过程就叫做程序设计。

程序设计语言是实现人机相互交换信息(对话)的基本工具,它可分为机器语言、汇编语言和高级语言 3 种。

1. 机器语言

由于计算机只能识别二进制数,所以计算机的指令均由二进制代码组成,为了阅读和书写方便,常把它写成十六进制形式,通常称这样的指令为机器指令。用机器指令的形式编写的程序称为机器语言程序或指令程序,又因为计算机最终只能识别和执行这种形式的程序,故也称为目标程序。

2. 汇编语言

由于机器指令用一系列二进制编码表示,即便写成十六进制形式也不易记忆,不易查错,不易修改。为了克服这些缺点,人们用一系列有定义的符号来表示这些二进制编码指令,这种符号称之为助记符。助记符是用英文缩写来描述指令的特征,便于记忆。这种用助记符形式来表示的机器指令称为汇编语言指令。用汇编语言指令编写的程序称为汇编语言程序。

作为对比,下面是用机器指令形式和汇编语言指令写的两行程序:

```
机器指令          汇编语言指令
74  02           MOV    A,＃02H
21  17           ADD    A,＃17H
```

显然,右侧的汇编语言程序比左侧的两组数字要容易理解和容易记忆,目前单片机开发基本不再直接使用机器语言进行编程了。

汇编语言属于某种计算机所独有,而且与计算机内部硬件结构密切相关,与高级语言相比,其通用性较差,但由于其具有占用存储空间少、执行速度快等优点,在单片机开发中仍占有重要的位置。

汇编语言方便了人们的记忆和理解,但是计算机不能够直接执行这种形式的指令,最终还是要把汇编语言形式的程序转换成计算机可以执行的机器语言形式的指令,这一转换过程称为汇编过程。完成转换通常有两种方式:

● 手工汇编:即当人们写完汇编形式的程序后,通过一定的方法(如查表),将汇编形式的指令转换为机器码。

● 机器汇编:由计算机软件完成从汇编程序到机器码的转换,就称之为机器汇编,用于机器汇编的软件称为汇编程序。

3. 高级语言

高级语言是一种面向过程而独立于计算机硬件结构的通用计算机语言,如BASIC,C 语言等。这些语言是参照数学语言而设计的近似于日常会话的语言,使用者不必了解计算机的内部结构,因此它比汇编语言更易学、易懂,而且通用性强,易于移植到不同类型的计算机上去。

高级语言不能被计算机直接识别和执行,也需要翻译为机器语言,这一翻译工作通常称为编译或解释,进行编译或解释的程序称为编译程序或解释程序。

7.1.2　汇编语言格式

80C51 单片机的汇编指令由操作码和操作数两大部份组成,其基本的格式可以表示为:

[标号:]操作码助记符　[操作数 1]　[,操作数 2]　[,操作数 3][;注释]

例如:

MOV　A,＃12H　;把立即数 12 送入 A

● 标号:用于表示该指令所在的地址。标号以字母开始的 1～8 个字符或数字

串组成,以冒号":"结尾;

- 操作码助记符:由英文缩写组成的字符串,它规定了 CPU 应当执行何种操作。一条指令中,这部分一定存在。
- [ ]:括号中的内容是可(能)选项,也就是说,根据指令的不同,有些指令中可能会有这一部分内容,有些则没有。
- 操作数部分:它规定了参与指令操作的数据、数据存放的存储单元地址或寄存器等。有些指令没有操作数,另一些指令有 1 个、2 个或 3 个操作数,如果有 1 个以上的操作数,各操作数之间用","分开。
- 注释部分:编写程序时为该条指令作的说明,便于阅读。

巩固与提高

1. 简述下列基本概念:

指令,指令系统,程序,程序设计,机器语言,汇编语言。

2. 在单片机应用领域,我们广泛应用何种语言?这种语言单片机能直接执行吗?为什么?在单片机应用领域中,什么语言越来越占有重要的位置?

任务2 认识指令的寻址方式

指令的操作对像大多是各类数据,而数据在寄存器、存储器中可以用多种方式存取。指令执行过程中寻找操作数的方式,称为指令的寻址方式。

7.2.1 寻址的概念

为弄清楚什么是寻址方式,从一些学过的指令着手进行研究:

```
MOV        P1,♯0FFH
MOV        R7,♯0FFH
```

这些指令都是将一些数据送到相应的位置中去,分析:"MOV P1,♯0FFH"这条指令,可以看到,MOV 是命令动词,决定做什么事情,这条指令的用途是数据传递。数据传递必须要有一个"源"——要送什么数,还要有一个"目的"——要把这个数送到什么地方去。在上述指令中,要送的数(源)是 0FFH,而要送达的地方(目的地)是 P1 这个寄存器。在数据传递类指令中,目的地址总是紧跟在操作码助记符的后面,而源操作数在最后。

在这条指令中,送给 P1 的是这个数本身。换言之,执行完这条指令后,我们可以明确地知道,P1 中的值是 0FFH。但在实际工作中,并不是任何情况下都可以直接给出数本身。如图 7 - 1(a)中所示是 3.2 节中出现过的延时程序,从程序来分析,每次调用延时程序其延时的时间都是相同的(系统采用 12 MHz 晶振时,延时时间大致都是 0.13 s）。如果提出这样的要求：LED 亮之后延时 0.13 s，然后 LED 熄灭；LED 熄灭后延时 0.1 s 灯亮。如此循环，这段程序就不能够满足要求了。为达到这样的要求，把延时程序改成如图 7-1(b)所示（调用这个程序的主程序也写在其中）。比较两个程序可以看出，主程序在调用子程序之前，把一个数送入 30 H，而在子程序中 R7 中的值并不是一个定值，是从 30 H 单元中获取的。在两次调用子程序时给 30 H 中送不同的数值，使得延时程序中"DJNZ R6，D2"这条指令的执行次数不同，从而实现了不同的延时要求，这样就可以满足上述要求。

　　从这个例子可以看出，有时指令中的操作数直接给出一个具体的数并不能满足要求，这就引出了一个问题：如何用多种方法寻找操作数。因此，寻址就是寻找操作数存放地点。

MAIN:	SETB	P1.0	；（1）
	LCALL	DELAY	；（2）
	CLR	P1.0	；（3）
	LCALL	DELAY	；（4）
	AJMP	MAIN	；（5）
；以下子程序			
DELAY:	MOV	R7，#250	；（6）
D1:	MOV	R6，#250	；（7）
D2:	DJNZ	R6，D2	；（8）
	DJNZ	R7，D1	；（9）
	RET		；（10）
	END		；（11）

MAIN:	SETB	P1.0	；（1）
	MOV	30H，#255	
	LCALL	DELAY	
	CLR	P1.0	；（3）
	MOV	30H，#200	
	LCALL	DELAY	；（4）
	AJMP	MAIN	；（5）
；以下子程序			
DELAY:	MOV	R7，30H	；（6）
D1:	MOV	R6，#250	；（7）
D2:	DJNZ	R6，D2	；（8）
	DJNZ	R7，D1	；（9）
	RET		；（10）
	END		；（11）

(a) 固定延时的延时子程序　　　　　　　　(b) 可变延时的延时子程序

图 7-1　两种延时程序的比较

7.2.2　寻址方式

　　80C51 单片机有多种寻址方式，下面分别介绍。

1. 立即寻址(立即数寻址)

　　在这种方式中，指令中直接给出参与操作的 8 位或 16 位二进制常数，并在此常数前面加"＃"作为标识。该常数是没有存放地点的数，称为立即数，应立即取走。例如：

MOV	A，＃3AH	；将立即数 3AH 送到 A 中
MOV	DPTR，＃1000H	；将立即数 1000H 送到 DPTR 中

2. 直接寻址

在这种寻址方式中,指令直接给出操作数所在的存储单元地址。例如:

```
MOV    A,34H
```

就是把内存地址为 34H 单元中的数送到 A 中去。

注意:编写这条指令时,对执行完这条指令后,A 中的值究竟是多少并不知道,但可以肯定执行完这条指令以后,A 中的值一定和 34H 中的值相同。在形式上,34H 前面没有加"#"号。

3. 寄存器寻址

寄存器寻址是指操作数放在指令中给出的工作寄存器中。例如:

```
MOV    A,R1         ;将 R1 中的内容送到 A 中去。
MOV    R1,A         ;将 A 中的内容送到 R1 中
```

4. 寄存器间接寻址

从一个问题谈起:某程序要求从片内 RAM 的 30H 单元开始,取 20 个数,分别送入 A 累加器。也就是从 30H、31H、32H、33H、…、44H 单元中取出数据,依次送入 A 中。

就目前掌握的办法而言,要从 30H 单元取数,就用:"MOV A,30H"指令,下一个数在 31H 单元中,只能用"MOV A,31H"指令。因此,取 20 个数,就要用 20 条指令才能写完,这个例子中只有 20 个数,如果要送 200 个数,就要写上 200 条指令。用这种方法未免太笨了,所以应当避免用这样的方法。出现这种情况的原因是,到目前为止我们只会把地址的具体数值写在指令中。

从前面学过的指令可以找到解决问题的思路。直接寻址解决了把操作数直接写在指令中(立即寻址)而带来的问题——调用过程中参数要能够发生变化。这种寻址方式把操作数放在一个内存单元中,然后把这个内存单元的地址写在指令中,绕了一个弯,解决了问题。这里遇到的问题是把内存地址的具体数值直接放在指令中而造成的,所以要解决问题,就要设法把这个具体的数值去掉。一种办法是把代表地址的数值不放在指令中,而是放入另外一个内存单元中,那就有可能解决问题。

寄存器间接寻址就是为了解决这一类问题而提出的。

寄存器间接寻址是以指令中给出某一寄存器的内容作为操作数的存放单元地址,从而获得操作数的方式。寄存器间接寻址方式的指令中,寄存器前面用符号"@"作为标识。如:

```
MOV    A,@R0        ;将 R0 中的值作为地址,到这个地址中取数,然后送到 A 中去
```

以下是解决上面问题的程序:

```
        MOV     R7,#20          ;(1)
        MOV     R0,#30H         ;(2)
LOOP:MOV     A,@R0           ;(3)
        INC     R0              ;(4)
        DJNZ    R7,LOOP         ;(5)
```

这个例子中：

第 1 条指令是将立即数 20 送到 R7 中,执行完后本条指令后,R7 中的值是 20。

第 2 条指令是将立即数 30H 送入 R0 中,执行完本条指令后,R0 单元中的值是 30H。

第 3 条指令是应用寄存器间接寻址的方式写的一条指令。其用途是取出 R0 单元中的值,把这个值作为地址,取这个地址单元的内容送入 A 中。

第一次执行这条指令时,工作寄存器 R0 中的值是 30H,因此执行这条指令的结果就相当于执行：

```
MOV     A,30H
```

第 4 条指令的用途是把 R0 中的值加 1,这条指令执行完后,R0 中的值变成 31H。

第 5 条指令的执行过程是将 R7 中的值减 1,然后判断该值是否等于 0,如果不等于 0,转到标号 LOOP 处继续执行。由于 R7 中的值是 20,减 1 后是 19,不等于 0。因此,执行完这行程序后,将转去执行第 3 条指令,就相当于执行：

```
MOV     A,31H
```

因为此时 R0 中的值已是 31H 了,然后 R7 中的值再次减 1 并判断是否等于 0。如不等于 0 又转去执行(3)……如此不断循环,直到 R7 中的值经过逐次相减后等于 0 为止。

也就是说,第 3、4、5 条指令一共会被执行 20 次,实现了上述要求:将从 30H 单元开始的 20 个数据送入 A 中。这样,仅用了 5 条指令,就替代了 20 行程序。这里,R0 是用来存放"放有数据的内存单元的地址"的,称之为"间址寄存器"。

注意:在寄存器间址寻址方式中,只能用 R0 和 R1 作为间址寄存器。

5. 变址寻址(基址寄存器+变址寄存器间接寻址)

变址寻址也称基址变址寻址,即寻找的地址有一个固定的偏移量。要寻找的操作数的地址由指令中给出的 16 位寄存器(DPTR 或 PC)中的内容作为基本地址,加上指令中给出的累加器 A 中的地址偏移量形成。例如：

```
MOVC    A,@A+DPTR;
MOVC    A,@A+PC
```

变址寻址方式是专门针对这两条指令而提出的。关于这两条指令将在 7.3.1 小节作详细的介绍,可以从该节的分析中理解变址寻址的含义。

6. 相对寻址

相对寻址所寻找的地址用相对于本指令所在地址的偏移量来表示。这种寻址方式出现在转移指令中,用来指定程序转移的目标地址。目前在单片机的程序设计中,一般采用机器汇编,通常用标号来表示目标位置,基本不需要人工计算相对寻址的值,因此本书不详细分析相对寻址的原理,如有需要,请参考其他单片机教材。

7. 位寻址

寻找某一位地址的状态。采用位寻址的指令,其操作数是 8 位二进制数中的某一位,指令中给出的是位地址。它与直接寻址方式的不同是位寻址方式指令中给出的是位地址。如:"SETB 20H"的作用是将位地址 20H 单元置 1。而指令:"CLR 20H"的作用是将位地址 20H 单元清 0。

前面用到的一些符号如 P1.0 等实际是位寻址的另一种表达方式,即用字节地址加"."的方法来表示,这种表达方式便于人们的记忆和使用。

7.2.3 指令中的操作数标记

在描述 80C51 指令系统的功能时,我们会经常使用下面的符号,其意义如下:

● Rn 当前选中的工作寄存器组 R0~R7($n=0$~7)。它在片内数据存储器中的地址由 PSW 中的 RS1 和 RS0 确定,可以是 00H~07H(第 0 组)、08H~0FH(第 1 组)、10H~17H(第 2 组)、18H~1FH(第 3 组)。

● Ri 当前选中的工作寄存器组中可作为地址指针的两个工作寄存器 R0 和 R1(i=0 或 1)。

● ♯data 8 位立即数,即包含在指令中的 8 位常数。

● ♯data 16 16 位立即数,即包含在指令中的 16 位常数。

● direct 8 位片内 RAM 单元(包括 SFR)的直接地址。

● bit 片内 RAM 或特殊功能寄存器的直接寻址位地址。

● @ 间接寻址方式中,表示间址寄存器的符号。

● / 位操作指令中,表示对该位的值先取反然后再参与操作,但不影响该位原来的值。

● → 指令操作流程,将箭头左边的内容送入箭头右边的单元格内。

巩固与提高

1. 简述 80C51 单片机的寻址方式。

2. 查找资料,看一看其他单片机或者 CPU 有些什么样的寻址方式。

任务 3　认识数据传送类指令

数据传送类指令是指令系统中最基本的、编程时使用最频繁的一类指令。

数据传送类指令的功能是将指令中的源操作数传送到目的操作数。指令执行后，源操作数不改变，而目的操作数修改为源操作数；或者是源操作数与目的操作数互换，即源操作数变成目的操作数，目的操作数变成源操作数。

数据传送类指令不影响标志位，即不影响 C、AC 和 OV，但不包括检验累加器 A 奇偶性的标志位 P。

7.3.1　数据传送类指令

80C51 的指令系统给用户提供了丰富的数据传送指令。除了 POP 指令、直接将数据送入 PSW 的指令和以 A 为目的地址的传送指令影响 PSW 中的 P 标志位外，这类指令一般不影响 PSW 的其他相关标志位。

1. 通用传送指令 MOV(16 条)

这类指令的格式为：

```
MOV      [目的地址],[源地址]
```

这类指令的功能是将源地址所指定的操作数(源操作数)传送到目的地址所指定的存储单元或寄存器中，而源操作数保持不变。它们主要用于对片内 RAM 的操作。

(1) 以 A 为目的地址的指令

```
MOV      A,Rn            ;(A)←(Rn)
MOV      A,direct        ;(A)←(direct)
MOV      A,@Ri           ;(A)←((Ri))
MOV      A,#data         ;(A)←data
```

【例 7-1】　R0＝21H,(21H)＝40H,执行如下指令(结果如注释所示)。

```
MOV      A,#10H          ;A = 10H
MOV      A,R0            ;A = 21H
MOV      A,21H           ;A = 40H
MOV      A,@R0           ;A = 40H
```

(2) 以直接地址为目的地址的指令

```
MOV      direct,A        ;(direct)←(A)
MOV      direct,Rn       ;(direct)←(Rn)
MOV      direct,@Ri      ;(direct)←((Ri))
MOV      direct,#data    ;(direct)←data
MOV      direct1,direct2 ;(direct1)←(direct2)
```

其中 direct 代表直接地址,写在指令中是一种数字的形式,表示地址。

【例 7 - 2】 A=30H,R0=22H,(22H)=56H,执行如下指令:

MOV	10H,A	;(10H)=30H
MOV	10H,R0	;(10H)=22H
MOV	10H,@R0	;(10H)=56H
MOV	10H,♯23H	;(10H)=23H
MOV	10H,22H	;(10H)=56H

(3) 以 Rn 为目的地址的指令

MOV	Rn,A	;Rn←A
MOV	Rn,♯data	;Rn←data
MOV	Rn,direct	;Rn←(direct)

【例 7 - 3】 A=33H,(23H)=49H,执行如下指令:

MOV	R7,A	;R7 = 33H
MOV	R6,♯27H	;R6 = 27H
MOV	R0,23H	;R0 = 49H

(4) 以间接地址为目的地址的指令

MOV	@Ri,A	;((Ri))←A
MOV	@Ri,♯data	;((Ri))←A
MOV	@Ri,direct	;((Ri))←A

【例 7 - 4】 (20H)=47H,A=34H,R1=32H,R0=45H,执行如下指令:

MOV	@R0,A	;(45H) = 34H
MOV	@R1,♯23H	;(32H) = 23H
MOV	@R0,20H	;(45H) = 47H

(5) 十六位数传送(以 DPTR 为目的地址)指令

MOV	DPTR,♯data16	;(DPTR)←data16

这条指令是 51 单片机中仅有的一条 16 位数据传递指令。用途是将一个 16 位的立即数送到 DPTR 中去。

【例 7 - 5】

MOV	DPTR,♯1000H	;(DPH) = 10H,(DPL) = 00H

2. 累加器 A 与片外 RAM 之间传递数据指令 MOVX(4 条)

MOVX	A,@Ri	;A←((Ri))(片外 RAM)
MOVX	A,@DPTR	;A←((DPTR))(片外 RAM)
MOVX	@Ri,A	;(片外 RAM)((Ri))←A
MOVX	@DPTR,A	;(片外 RAM)((DPTR))←A

上述第 1、2 条是输入指令,第 3、4 条是输出指令。

● 对于第 2、4 条指令,DPTR 是 16 位的寄存器,而外部芯片的地址也是 16 位的,因此没有什么问题。

● 第 1、3 条指令中,由于 Ri 是 8 位寄存器,只能存放 8 位的地址宽度,因此,如果外部的地址超过了 8 位,地址的高 8 位就要由 P2 口输出。

【例 7 - 6】 若要将片外 RAM 中 2020H 单元中的内容送给累加器 A,可用下列两种方法来实现。

方法一:

```
MOV    P2,#20H
MOV    R0,#20H
MOVX   A,@R0
```

方法二:

```
MOV    DPTR,#2020H
MOVX   A,@DPTR
```

【例 7 - 7】 将单片机内部 RAM 30H 单元中的数送到外部 RAM 的 2000H 单元中,并将外部 RAM 单元 10FFH 单元中的数送到内部 RAM 的 2FH 单元。

```
MOV    DPTR,#2000H      ;将欲对其操作的外部 RAM 的地址送入 DPTR
MOV    A,30H            ;取欲送出的数到 A
MOVX   @DPTR,A          ;送出数据
MOV    DPTR,#10FFH      ;将欲对其操作的外部 RAM 的地址送入 DPTR
MOVX   A,@DPTR          ;从这个地址单元中获取数据
MOV    2FH,A            ;送入指定的内部 RAM 单元中
```

从上面的例子中可以看出,对外部 RAM 的操作必须要经过 A 累加器才能进行,外部的 RAM 不能够像内部 RAM 一样有各种寻址方式,所以对外部 RAM 的操作不如对内部 RAM 操作方便,很多的运算必须要借助于片内的 RAM 才能进行。

此外,51 单片机是一种统一编址的计算机系统,也就是扩展的 I/O 口和 RAM 是统一地址,因此,对于扩展的 I/O 口的访问也必须要用 MOVX 类指令来进行。

3. 程序存储器向累加器 A 传送指令 MOVC(2 条)

这类指令有时也被称为查表指令,被查的数据表格存放在程序存储器中。这类指令,源操作数用的是变址寻址方式。

```
MOVC   A,@A+PC
MOVC   A,@A+DPTR
```

本书不对第一条指令作解释,如果需要了解,请参考其他教程。

【例 7 - 8】 根据累加器 A 中的数(0～5),用查表的方法求平方值。

将0~5的平方值利用DB伪指令将其存放在程序存储器的平方值表中,将表的首地址送到DPTR中,将待查的数(设在R0中)送到A中,程序如下:

```
MOV    DPTR,#TABLE     ;(1)
MOV    A,R0            ;(2)
MOVC   A,@A+DPTR       ;(3)
    ⋮
TABLE: DB 0,1,4,9,16,25
```

要理解这段程序,要从程序的最后一行看起。

DB是一条伪指令,它的用途是将其后面的数,也就是0,1,4,9,16,25放在ROM中。

注意:这里的"放"不是在程序执行时,而是在程序被编译时就完成了。

表7-1是查表指令的ROM映像,其中已有这些数,并且这些数在ROM中是顺序存放的,而数0所在单元的地址就是TABLE。TABLE在这里只是一个符号,到了最终变成代码的时候(汇编时),TABLE就是一个确定的值,如1FFH或23FH等等。但在这里,用符号来表示更方便,所以就以TABLE来表示。

以下分析程序的执行情况。

① 执行第1条指令,即将TABLE送入DPTR中。

② 执行第2条指令,取出欲查表x的值,假设这个值是2。

③ 执行第3条指令,将DPTR中的值(现在是TABLE)和A中的值相加,得到结果TABLE+2,然后以这个值为地址,到ROM中相应单元中去取数,查看表7-1中这个单元的值是4,正是2的平方,这样就获得了正确的结果。

表7-1　ROM映像

内　容	地　址
⋮	⋮
25	TABLE+5
16	TABLE+4
9	TABLE+3
4	TABLE+2
1	TABLE+1
0	TABLE
⋮	⋮

读者可以设R0中是其他值再次分析,看一看是否能够得到正确的结果。

前面学过,标号的用途是给某一行起一个名字,从这个例子的说明中可以进一步地认识到,标号的真实含义是这一行程序所代表的指令在ROM中的起始位置(即存放该指令的ROM单元的地址)。

这里以求平方为例来讲解查表的操作,这个例子本身有一定意义,在51单片机指令中没有求一个数的平方的指令,所以用查表的方法来求平方函数。这种方法除了求平方操作以外,还可以求其他的很多函数。但是这里举这个例子,主要目的还不在于此,而是引导读者思考这样一个问题:学单片机时必须要从实际出发,不能和纯数学问题混为一谈。以此例而言,如果说用查表的方法来求平方值,或许很多人马上就会想,这不可能。为什么呢?因为在人们的习惯中,认为求数的平方值,就是要求全体自然数甚至是全体实数的平方值,这么多数,怎么可能放进一个单片机的存储器中呢? 所以不可能。事实上这种思维模式脱离了单片机开发中的实际情况,在任何实际问题中,数的取值总有个范围,这就是数学中所说的定义域,这个定义域往往是很窄的。例如,某程序的输入的数据由 8 位 A/D 转换得到,那么,这个数一定是在 0~255 之间的正整数,不可能是全体自然数,更不可能是全体实数。所以在这里举这个例子,用意在于告诉读者,学单片机时很多问题要从实际的可能出发来考虑,这在以后的学习中必须要注意,否则就会有很多事想不通。

4. 堆栈操作

(1) 进栈指令

```
PUSH    direct    ;((SP))←(direct)
```

(2) 出栈指令

```
POP     direct    ;(direct)←((SP))
```

【例 7 - 9】　(SP)=5FH,(30H)=50H,执行"PUSH 30H"指令后,(SP)=60H,(60H)=50H。

【例 7 - 10】　(SP)=61H,(61H)=32H,执行"POP ACC"指令后,(SP)=60H,A=32H。

【例 7 - 11】　交换片内 RAM 中 40H 单元与 57H 单元的内容。

假设 SP 的值是 5FH,其实 SP 的值具体是多少并没有多大的关系,这里给出一个具体数值是便于对程序执行的过程进行分析。

程序及执行进程如下:

```
PUSH    40H    ;(SP) + 1 = 60H,(60H) = (40H)
PUSH    57H    ;(SP) + 1 = 61H,(61H) = (57H)
POP     40H    ;(40H) = (61H),(SP) - 1 = 60H
POP     57H    ;(57H) = (60H),(SP) - 1 = 5FH
```

从上面的分析可以看到,通过堆栈的"先入后出,后入先出"的规律,实现了两个不同地址单元的内容的交换。

从这几个例子中不难发现,在压入堆栈时,首先是堆栈指针(SP)加 1,指向堆栈的下一个单元,然后将 PUSH 指令中操作数所指定地址单元中的值送到 SP 所指定的堆栈单元中去。而 POP 指令则正好相反,首先是根据 SP 的值将 SP 所指单元的内容送入 POP 指令中操作数指定的单元中去,然后再把 SP 的值减 1。

在 PUSH 和 POP 指令中都只有一个操作数,其中 PUSH 指令中的操作数实际是一个"源操作数",就是待传递的数,那么,还有一个操作数在什么地方呢? 有"源"就要有"目的",但这两条指令中并没有写出来,实际上"目的操作数"是隐含在指令中的,它就是堆栈指针(SP)所指的单元。

5．数据交换指令(4 条)

(1) 字节交换

XCH	A,Rn	;(A)←(Rn) (Rn)←(A)
XCH	A,direct	;(A)←(direct) (direct)←(A)
XCH	A,@Ri	;(A)←((Ri)) ((Ri)) ←(A)

(2) 半字节交换

XCHD	A,@Ri	;(A.3~A.0) ⇔ ((Ri.3~Ri.0))

在半字节交换操作中,交换的内容是 A 中低 4 位和 Ri 间址寻址的内存单元的低 4 位。A 和 Ri 间址寻址的高 4 位内容保持不变。

要快速地了解一个数的高、低 4 位的值,并不需要把它们化成二进制数,只要数是用 16 进制表示的,则这个数的前面一位就是高 4 位,后面一位就是低 4 位。如:18H,高 4 位是 1,低 4 位是 8,又如 7H,则高 4 位是 0,低 4 位是 7,读者可以自行验证。

【例 7 - 12】 设 A=23H,R0=45H,(23H)=36H,R1=39H,(39H)=17H,执行下列指令:

XCH	A,R0	;A = 45H,R0 = 23H
XCH	A,39H	;A = 17H,39H = 45H
XCH	A,@R0	;A = 36H,(23H) = 17H
XCHD	A,@R1	;A = 35H,(39H) = 46H

7.3.2 用仿真软件进行指令练习

掌握指令的最好的办法是多做编程练习,而练习是要有反馈的,可以通过模拟仿真的方法来了解学习的效果。这里仍用 Keil 软件作为指令练习的工具。

打开 μV4,单击 File→New 菜单项,键入以下程序:

MOV	A,#10H	;立即数 10H 送 A 累加器,A = 10H
MOV	R0,#34H	;立即数 34H 送 R0 寄存器,R0 = 34H
MOV	34H,#18H	;立即数 18H 送 RAM 的 34H 单元,(34H) = 18H
MOV	R1,A	;累加器 A 中的值送 R1,R1 = 10H
MOV	A,@R0	;R0 所指单元(即 34H 单元)中的值送入 A, A = 18H
MOV	@R1,#29H	;立即数 29H 送入 R1 所指单元(10H 单元),(10H) = 29H
MOV	SP,#5FH	;立即数 5FH 送入 SP,(SP) = 5FH
PUSH	34H	;34H 单元中的值入栈
PUSH	10H	;10H 单元中的值入栈
POP	34H	;栈中入内容弹到 34H
POP	10H	;栈中内容弹出到 10H
END		

输入完毕,以 exec41. ASM 为文件名保存,然后关闭该文件。

建立一个新的工程,选择 Atmel 公司的 89S51 为目标 CPU,加入 exec41. ASM。在左边工程管理窗口双击 exec41. ASM 在右边窗口打开该文件。

按 F7 功能键汇编、连接,获得目标文件。注意观察窗口的输出信息,如有错误请仔细检查修改,直到没有错误为止。

按组合键 Ctrl+F5 进入调试状态,如图 7 - 2 所示,接着可以使用单步运行命令来执行程序,并观察程序运行的结果。

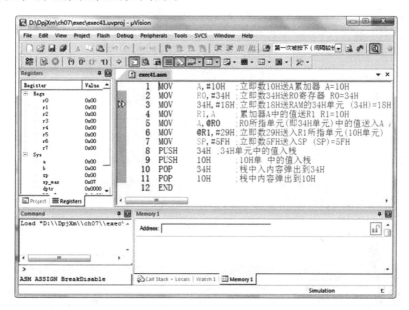

图 7 - 2　进入程序调试状态

窗口左侧的项目窗口在进入调试状态后显示寄存器页的内容,其上部显示工作寄存器 R0～R7 的内容,下部显示累加器 A、寄存器 B、堆栈指针 SP 等的内容。

Debug 菜单项中原来不能用的命令现在已可以使用了,工具栏多出一个用于运行和调试的工具条,如图 7 - 3 所示。Debug 菜单上的大部分命令可以在此找到对应的快捷按钮,从左到右依次是复位、运行、暂停、单步、过程单步、执行完当前子程序、运行到当前行、下一状态、打开跟踪、观察跟踪、反汇编窗口、观察窗口、代码作用范围分析、1♯串行窗口、内存窗口、性能分析、工具按钮等命令。

图 7 - 3　调试工具条

学习程序调试,必须明确两个重要的概念,即单步执行与全速运行。全速运行是指一行程序执行完以后紧接着执行下一行程序,中间不停止,这样程序执行的速度很快,并可以看到该段程序执行的总体效果,即最终的结果正确还是错误。但如果程序

单片机项目教程(第 2 版)

有错,则难以确认错误出现在哪些程序行。单步执行是每次执行一行程序,执行完该行程序以后即停止,等待命令执行下一行程序。此时可以观察该行程序执行完以后得到的结果,看一看是否与自己写该行程序所想要得到的结果相同,借此可以找到程序中问题所在。程序调试中,这两种运行方式都要用到。

使用 Debug 菜单下的 Step 命令或相应的命令按钮或使用快捷键 F11 可以单步执行程序;使用 Debug 菜单下的 Step Over 命令或功能键 F10 可以用过程单步形式执行命令。所谓过程单步,是指将汇编语言中的子程序或高级语言中的函数作为一个语句来全速执行,不跟踪进入子程序或函数的内部。

按下 F11 键,可以看到源程序窗口的左边出现了一个黄色调试箭头,指向源程序的程序行,如图 7-2 所示。每按一次 F11,即执行该箭头所指程序行,然后箭头指向下一行,不断按 F11 键,即可逐步执行程序。

程序执行之后的工作寄存器及 A 累加器的内容可以从左侧工程窗口看到,为观察执行之后的内存变化,要用到内存观察窗。该窗口位于下部的中间,从图 7-2 看该窗口内没有任何内容。可以通过在 Address 后的编辑框内输入"字母:数字"显示相应内存值,其中字母可以是 C、D、I、X,分别代表代码存储空间、直接寻址的片内存储空间、间接寻址的片内存储空间、扩展的外部 RAM 空间;数字代表想要查看的地址。这里输入"D:10H",表示要显示内部 RAM 10H 开始的内存单元地址,结果如图 7-4 所示。单步执行程序,观察内存单元值的变化是否如自己编写程序时所希望的那样。

图 7-4　在地址栏设定待显示区域及起始地址

巩固与提高

1. 在 80C51 片内 RAM 中, 已知 (30H)＝38H, (38H)＝40H, (40H)＝48H, (48H)＝90H, 请分析下面各是什么指令, 说明源操作数的寻址方式, 写出按序执行每条指令的结果, 在软件仿真器上验证。

```
MOV     A,40H
MOV     R0,A
MOV     P1,#0F0H
MOV     @R0,30H
MOV     DPTR,#3848H
MOV     40H,38H
MOV     R0,30H
MOV     18H,#30H
MOV     A,@R0
MOV     P2,P1
```

2. 设计一个程序, 其功能是将寄存器 R0 单元中的值送到 R1 单元中去。

3. 用交换指令实现累加器 A 与寄存器 B 的内容交换。再用堆栈指令实现这一功能。

4. 分析下面程序执行的结果, 用软件仿真器验证你的分析结果。

```
MOV     SP,#2FH
MOV     A,#30H
MOV     B,#31H
PUSH    A
PUSH    B
POP     A
POP     B
```

5. 逐条分析下面指令执行结果, 用软件仿真器验证你的分析结果。

```
MOV     A,#20H
MOV     B,#0DFH
MOV     20H,#0F0H
XCH     A,R0
XCH     A,@R0
XCH     A,B
```

任务 4　认识算术运算指令

80C51 的算术运算类指令包括加、减、乘和除基本四则运算。算术运算的结果将对程序状态字 PSW 中的进位 CY、半进位 AC、溢出位 OV 产生影响(置位或复位),只有加 1 和减 1 操作不影响这些标志位。

1. 加法指令(8 条)

(1) 不带进位的加法指令

ADD	A,Rn	;(A)←(A) + (Rn)
ADD	A,direct	;(A)←(A) + (direct)
ADD	A,@Ri	;(A)←(A) + ((Ri))
ADD	A,#data	;(A)←(A) + data

8 位二进制数加法运的一个加数固定在累加器 A 中,而另一个加数可由不同的寻址方式得到,相加的结果回送到 A。

加法运算影响 PSW 的状态位。如果位 3 有进位,则辅助进位标志 AC 置 1;否则 AC 为 0(不管 AC 原来是什么值)。如果位 7 有进位,则进位标志 CY 置 1;否则 CY 为 0(不管 CY 原来是什么值)。

【例 7 - 13】 设(A)=C2H,(R1)=AAH,执行指令:

ADD	A,R1

执行结果:(A)=6CH。

(2) 带进位位的加法指令

ADDC	A,Rn	;(A)←(A) + (Rn) + (CY)
ADDC	A,direct	;(A)←(A) + (direct) + (CY)
ADDC	A,@Ri	;(A)←(A) + ((Ri)) + (CY)
ADDC	A,#data	;(A)←(A) + data + (CY)

这些指令主要用于多字节加法中除最低字节外其余字节的加法。

【例 7 - 14】 设(A)= C2H,(R1)=AAH,CY=1,执行指令:

ADDC	A,R1

执行结果:(A)=6DH。

2. 带借位的减法指令(4 条)

SUBB	A,Rn	;(A)←(A) - (Rn) - (CY)
SUBB	A,direct	;(A)←(A) - (direct) - (CY)
SUBB	A,@Ri	;(A)←(A) - ((Ri)) - (CY)
SUBB	A,#data	;(A)←(A) - data - (CY)

这些指令的功能是从累加器中减去不同寻址方式的减数以及进位位 CY 状态。其差在累加器 A 中形成。

减法运算只有带借位的减法指令,而没有不带借位的减法指令,如果要进行不带

借位的减法运算,可以在运算前先清零 CY 位。以"SUBB A,Rn"为例,用

```
CLR    C
SUBB   A,Rn
```

的方法来实现。

3. 乘法运算指令(1 条)

```
MUL    AB
```

这条指令的功能是将 A 和 B 中的两个 8 位无符号数相乘,16 位乘积的低 8 位存放在 A 中,高 8 位存放于 B 中。

乘法指令影响 PSW 的状态。其中进位标志 CY 总是被清 0。溢出标志位状态与乘积有关,若乘积小于 FFH(高 8 位为 0),则 OV 清 0;否则 OV 置 1。

4. 除法运算指令(1 条)

```
DIV    AB
```

这条指令进行两个 8 位无符号数的除法运算,其中被除数置于累加器 A 中,除数置于寄存器 B 中。例如用 5 除以 3,结果就可以表示为商为 1,余数为 2。

除法执行指令后,商存于 A 中,余数存于 B 中。

【例 7－15】 做 5 除以 3 的除法操作。

```
MOV    A,#5      ;(A) = 5
MOV    B,#3      ;(B) = 3
DIV    AB        ;(A) = 1,(B) = 2
```

5. 加 1 指令(5 条)

```
INC    A         ;(A)←(A) + 1
INC    Rn        ;(Rn)←(Rn) + 1
INC    direct    ;(direct)←(direct) + 1
INC    @Ri       ;((Ri))←((Ri)) + 1
INC    DPTR      ;(DPTR)←(DPTR) + 1
```

这些指令的用途是把各种寻址方式中的数值加 1 然后再存回原来的位置。注意区分它们和加法指令之间的区别,这类指令可以用多种寻址方式对不同位置的数值进行加 1 的操作,而加法指令的目标地址只能是累加器 A。此外,这类指令在运算过程中不影响 PSW 的状态。因此这类指令的一个很大的用途是作"增量"处理,而不仅是作为加 1(ADD A,#1)指令的替代。

增量是实际工作中常会遇到的一种情况,同是加 1,在不同的场合却代表了不同的含义。例如,考试成绩 59 分,加 1 分,就是 60 分,这个 1 代表了值的增加。而学号

是 19 号,加 1 是 20 号,学号是 20 代表了另一位同学,这里加 1 显然没有什么"值"增加的意思,它实际上是序号的增加。又如,前面的一段程序:

```
        MOV     R7,#20          ;(1)
        MOV     R0,#30H         ;(2)
LOOP:   MOV     A,@R0           ;(3)
        INC     R0              ;(4)
        DJNZ    R7,LOOP         ;(5)
```

其中"INC R0"的用途是将 R0 中的值加 1。R0 中的值代表了地址,所以将 R0 中的值加 1,实际上就实现了在执行"MOV A,@R0"时找到下一个地址的目的。这里的加 1 也代表了一种"增量",它和数值也没有什么关系。

当这组指令用于对 P0~P3 口操作时,将从端口寄存器中读取数据,而不是从引脚读入。

6. 减 1 指令

```
DEC     A               ;(A)←(A)-1
DEC     Rn              ;(Rn)←(Rn)-1
DEC     direct          ;(direct)←(direct)-1
DEC     @Ri             ;((Ri))←((Ri))-1
```

此类指令的功能是将指定单元的内容减 1,其操作结果不影响 PSW 中标志位。若原单元内容为 00H,减 1 为 FFH,也不会影响标志位。但指令"DEC A"会影响 PSW 中的 P 标志。

当这组指令用于对 P0~P3 口操作时,将从端口寄存器中读取数据,而不是从引脚读入。

7. 二-十进制调整指令

二-十进制调整指令对 A 的 BCD 码加法结果进行调整,两个压缩型 BCD 码按二进制数方式相加之后,必须经本指令调整才能得到压缩型 BCD 码的和数。

```
DA      A       ;
```

以加法为例,介绍二-十进制调整指令的执行过程。在对十进制进行加法运算时,指令系统中并没有这样的一条指令,因此,只能借助于二进制的加法指令。换言之,CPU 是不能判断所要运算的是什么数的,它只是简单地按照二进制的加法规律执行。但是二进制数的运算规则并不适用于十进制,有时会产生错误,例如:

① 1+6=7	② 7+6=13	③ 9+7=16
0001	0111	1001
+ 0110	+ 0110	+ 0111
0111	1101	10000

其中①的运算结果是正确的;②的运算结果是不正确的,因为 BCD 编码中不存在 1101 这个编码;③的结果也是不正确的,正确的结果应当是 16(00010110),但这里是 10(其实 10 这正是 16 的十六进制表示法,可是我们就是要的 BCD 码的表示法,所以就说它不对了)。

这种情况表明,二进制数加法指令不能完全适用于 BCD 码的运算,因此,在运算后,要对结果进行修正。

出错的原因在于,BCD 码是 4 位二进制编码,而 4 位二进制编码共有 16 个编码,但 BCD 码只用了其中的前 10 个,剩下的 6 个没有用到。但在进行加法运算时,是按二进制规律进行运算的,所有的这 16 个码都有可能被得到,所以就会出错。

二–十进制的调整过程,是指令"DA A"根据加法运算后 A 中的值和 PSW 中的 AC、CY 标志位状态,自动选择 4 个修正值(00H、06H、60H 和 66H)中的一个与原运算结果相加,以获得正确的结果。

以②为例,如果给运算结果加上 06H 即 0110:1101+0110=10011。结果是 13 就对了。或许有些读者又糊涂了:10011 不是代表 19 吗?怎么还正确?你把 10011 不当成 13H(即 19),而是当作 13 不就行了吗?好好想一想,把这个关键问题想通了,有助于理解其他更多东西。

巩固与提高

1. 已知(R0)=30H,(30H)=C4H,试分析执行下列指令后,累加器 A 和各标志的结果及意义。

```
MOV    A,#0B9H
ADD    A,@R0
```

用软件仿真验证。

2. 分析执行下列程序后,累加器 A 和各标志位的结果及意义。

```
MOV    A,#0D5H
MOV    R1,#3DH
ADD    A,R1
```

用软件仿真验证。

3. 已知:(A)=D5H,(B)=99H,(CY)=1,执行指令:

```
ADDC   A,B
```

结果如何?用软件仿真验证。

4. 逐行写出下面程序执行后的结果。用软件仿真验证结果。

```
MOV     A,♯34H
ADD     A,♯0F8H
MOV     B,♯35H
SUBB    A,B
MOV     20H,♯88H
MOV     21H,♯70H
MOV     R0,♯20H
ADD     A,@R0
INC     R0
CLR     C
SUBB    A,@R0
```

任务5　认识逻辑运算类指令

80C51的逻辑运算指令可分为4大类:对累加器A和逻辑操作,对字节变量的逻辑"与"、逻辑"或"、逻辑"异或"操作。指令中的操作数都是8位,它们在进行逻辑运算操作时都不影响标志位。

1. 累加器A的逻辑操作

这类指令主要包括直接对累加器进行清0、求反、循环和移位操作,都是单字节指令。

CLR　　　A　　　;A←0

CPL　　　A　　　;A←A

RL　　　A　　　;循环左移

RLC　　　A　　　;带进位位的循环左移

RR　　　A　　　;循环右移

RRC　　　A　　　;带进位位的循环右移

SWAP　　A　　　;A高、低4位交换

在使用上述指令时,应该注意以下几点:

① "CPL A"是对A中内容按位取反,即原来为1变为0,原来为0变为1,不影响标志位。

例如:(A)=37H,即00110111B,执行指令"CPL A",就是对A中值按位求反,也就是变为11001000B,即(A)=C8H。

② "RL A"和"RLC A"指令相同处在于两者都是使A中内容左移一位,而两者不同点在于"RLC A"将CY连同A中内容一起左移循环,A7进CY,CY进A0,但不对其它标志位产生影响。"RLC A"指令通常可用作对A中内容乘2运算。

例如：无符号数 BDH 送入 A 中，(A)=10111101B，运算前先清 CY，即 CY=0，然后执行指令"RLC A"的结果是(A)=01111010B=7AH，(CY)=1。而 17AH 正是 BDH 的两倍。

③ "RR A"和"RRC A"指令的异同点类似于"RL A"和"RLC A"，仅是 A 中数据位移动方向向右。

④ "SWAP A"的操作为 A 的两个半字节(高 4 位和低 4 位)内容交换。

【例 7-16】 (A)=F5H，执行指令：

```
SWAP    A
```

结果：(A)=5FH。

2. 逻辑"与"指令

```
ANL    A,Rn          ;A 与 Rn 中的值按位"与"
ANL    A,direct      ;A 和直接地址中的数据按位"与"
ANL    A,@Ri         ;A 和间接寻址得到的数据按位"与"
ANL    A,#data       ;A 和立即数按位"与"
ANL    direct,A      ;直接地址中的数据与 A 中的值相"与"，并送到该地址单元中
ANL    direct,#data  ;直接地址中的数据与立即数相"与"，并送到该地址单元中
```

这组指令中的前 4 条指令是将 A 的内容和指定单元的内容或立即数按"位"进行逻辑"与"操作，结果放在 A 中。这 4 条指令仅影响 P 标志。

后 2 条指令是将直接地址单元中的内容和 A 或立即数按"位"进行逻辑"与"操作，结果存放至该地址单元中。若直接地址为 P0～P3 端口时，则指令对端口进行"读—改—写"操作。

【例 7-17】 (A)=C8H，(R1)=A9H，执行指令：

    ANL   A,R1
    1 1 0 0 1 0 0 0
    1 0 1 0 1 0 0 1
    ─────────────────
    1 0 0 0 1 0 0 0

结果：(A)=88H，(R1)不变，仍为 A9H。

逻辑"与"指令可用于对 A、直接寻址的片内 RAM 单元以及特殊功能寄存器进行清 0 操作，也可以对指定的位进行清 0(屏蔽指定位)。比如，前一章曾提到要置00H 的第 0 位为"低"，就可以用"ANL 00H，#11111110B"来实现，执行这条指令不会影响 00H 单元的其它各位，却可以使最低变为 0。

3. 逻辑"或"指令

```
ORL    A,Rn          ;A 与 Rn 中的值按位"或"
ORL    A,direct      ;A 和直接地址中的数据按位"或"
ORL    A,@Ri         ;A 和间接寻址得到的数据按位"或"
```

ORL	A,#data	;A 和立即数按位"或"
ORL	direct,A	;直接地址中的数据与 A 中的值相"或",并送到该地址单元中
ORL	direct,#data	;直接地址中的数据与立即数相"或",并送到该地址单元中

这组指令中的前 4 条指令是将 A 的内容和指定单元的内容或立即数按位进行逻辑"或"操作,结果放在 A 中。这 4 条指令仅影响 P 标志。

后 2 条指令是将直接地址单元中的内容和 A 中的数值或者是立即数按位进行逻辑"或"操作,结果存放至该地址单元中。若直接地址为 P0~P3 端口时,则指令对端口进行"读—改—写"操作。

【例 7-18】 根据累加器 A 中位 4~0 的状态,利用逻辑"与"、逻辑"或"指令,控制 P1 口位 4~0 的状态。

ANL	A,#00011111B	;A 的高 3 位清 0
ANL	P1,#1110000B	;P1 口的低 5 位清 0
ORL	P1,A	;A 的低 5 位送 P1 口,P1 口的高 3 位变

上面的例子中,是先把 P1 口的低 5 位清 0,然后再送 A 的低 5 位到 P1 口,如果某一位原来输出是 1,清零后就会变为 0,然后还是输出 1,这就会产生一个"毛刺",这在某些场合是不允许的,可能会引起逻辑错误,可以改成这样:

ANL	A,#00011111B	;A 的高 3 位清 0
ORL	P1,A	;如果 A 的低 5 位中某位为 1,将 P1.4~P1.0 相应位置 1
ORL	A,#11100000B	;A 的高 3 位置 1
ANL	P1,A	;如果 A 的低 5 位中某位为 0,将 P1.4~P1.0 相应位清 0

4. 逻辑"异或"指令

XRL	A,Rn	;A 与 Rn 中的值按位"异或"
XRL	A,direct	;A 和直接地址中的数据按位"异或"
XRL	A,@Ri	;A 和间接寻址得到的数据按位"异或"
XRL	A,#data	;A 和立即数按位"异或"
XRL	direct,A	;直接地址中的数据与 A 中的值"异或",并送到该地址单元中
XRL	direct,#data	;直接地址中的数据与立即数"异或",并送到该地址单元中

所谓"异或",简言之就是(参加运算的 2 个值)相异为 1,相同为 0,这也是一种常用的逻辑运算。

这组指令中的前 4 条指令是将 A 的内容和指定单元的内容或立即数按位进行逻辑"异或"操作,结果放在 A 中。这 4 条指令仅影响 P 标志。

后 2 条指令是将直接地址单元中的内容和 A 或立即数按位进行逻辑"异或"操作,结果存放至该地址单元中。若直接地址为 P0~P3 端口时,则指令对端口进行"读—改—写"操作。

【例 7-19】 (A)=43H,执行指令:

```
XRL    A，#17H
```

用二进制表示就是做如下操作：

$$
\begin{array}{r}
0\,1\,0\,0\,0\,0\,1\,1 \\
\underline{0\,0\,0\,1\,0\,1\,1\,1} \\
0\,1\,0\,1\,0\,1\,0\,0
\end{array}
$$

结果：(A)＝54H。

巩固与提高

1. 逐行分析下列程序的执行结果，用软件仿真验证。

```
MOV    A，#47H
RL     A
SETB   C
RRC    A
SWAP   A
ANL    A，#0FH
```

2. 逐行分析下列程序的执行结果，用软件仿真验证。

```
MOV    A，#68H
MOV    30H，#78H
MOV    31H，#28H
MOV    R0，#30H
SETB   C
RLC    A
ANL    30H，#6EH
ORL    31H，#031H
XRL    A，@R0
INC    R0
ANL    A，@R0
```

任务 6　认识控制转移类指令

在执行程序的过程中，有时需要改变程序的执行流程。即并不是将程序一行接一行地执行，而是要跳过一些程序行继续往下执行，或跳回原来已执行的某程序行，重新执行这些程序行。要实现程序的转移，需要用到控制转移类指令，这些指令通过修改程序计数器 PC 的值来实现。只要使 PC 中的值有条件地、或者无条件地、或通过其他方式改为另一个数值（待执行指令所在单元的地址），就能改变程序的执行方向。

1. 无条件转移指令

无条件转移指令是指当程序执行到该指令时,程序立即无条件转移到指令所指定的目的地址去执行后面的程序。

(1) 短转移指令

```
AJMP    addr11
```

本条指令的用途是跳转到程序中的某行去执行,详见下面的分析。

(2) 长转移指令

```
LJMP    addr16
```

本条指令直接提供了 16 位目标地址,执行该指令后,16 位目标地址被送入 PC,程序无条件转向目标地址。

现在我们书写程序,通常都是在 AJMP 或者 LJMP 后面跟上一个标号,例如:

```
LJMP    NEXT
⋮
NEXT:   MOV    A,#10H
⋮
```

这样的程序意义很明确,就是在执行"LJMP   NEXT"时跳转到标号为 NEXT 处继续执行程序,如果把 LJMP 换成是 AJMP 效果也是一样。

从最终生成的代码来看,AJMP 是一条双字节指令,而 LJMP 是一条三字节指令。从指令执行的情况来看,AJMP 是一条短转移指令,它跳转的范围只有 2 KB 程序空间,直观地说,如果"AJMP NEXT"指令和标号"NEXT:"之间隔了很多行,那么 AJMP 就有可能跳不到 NEXT 处,会产生错误,这个错误汇编器会提示你,所以不用担心出了错自己还不知道。如果汇编器提示"TARGET OUT OF RANGE",这时就要用 LJMP 来替代 AJMP,因为 LJMP 可以在 64 KB 的范围内跳转,在大部分场合,如果搞不清应当是用 LJMP 还是用 AJMP,那么就用 LJMP 好了——仅仅是比用 AJMP 多用了一个字节的程序量。但在例 7-20 中,用 AJMP 是比较恰当的,所以这里仍对 AJMP 指令作了介绍。

(3) 相对转移指令

```
SJMP    rel
```

如果从原理上来来进行分析,相对转移指令和前面的两条指令相差甚远,但从使用的角度来看,也没有多少区别,一般都是采用标号来使用这条指令,看下面的例子:

```
SJMP    NEXT
⋮
NEXT:   MOV   A,#10H
⋮
```

如果不去深究这条指令的原理,直观地说,就是在程序行"SJMP NEXT"和标号 NEXT 之间的程序要更短一些,如果按字节数来算,最终生成目标代码后,在"SJMP NEXT"和 NEXT 之间的目标代码量不能超过－128～＋127。否则也会出现"TARGET OUT OF RANGE"这样的错误。这里出现了负数,其意义是:NEXT 标号既可以出现在 SJMP 指令的前面,也可以在出现在 SJMP 指令的后面。

（4）间接转移指令

```
JMP          @A＋DPTR
```

这条指令的目标地址是将累加器 A 的 8 位无符号数和数据指针 DPTR 中的 16 位数相加后形成的。执行该指令时,将相加后形成的目标地址送给 PC,使程序产生转移。在指令执行过程中对 DPTR、A 和标志位的内容均无影响。这条指令的特点是便于实现多分支转移,只要把 DPTR 的内容固定,而给 A 赋予不同的值,即可实现多分支转移。

键盘处理是这条指令的典型应用之一,下面通过一个例子来说明。

【例 7-20】　设有一个键盘共有 5 个键,其功能分别如表 7-2 所列,要求编写键盘处理程序。这其中键值是由键盘处理程序获得的,关于键盘的处理在本书课题 9 中有分析,这里可以理解为当按下某一个键后,就能在累加器 A 中获得相应的键值。

表 7-2　键名与功能对照表

键　名	键　值	处理该键的子程序标号
切换	00H	SWITCH
移位	01H	SHIFT
加 1	02H	INCREASE
减 1	03H	DECREASE
清 0	04H	CLEAR

程序如下:

```
      ⋮
      MOV     DPTR,♯TAB     ;TAB 是散转表的起始地址
      CLR     C
      RLC     A             ;这两条指令的用途是将 A 中值乘以 2
      JMP     @A＋DPTR       ;散转
TAB:  AJMP    SWITCH        ;散转表
      AJMP    SHIFT         ;TAB＋2
      AJMP    INCREASE      ;TAB＋4
      AJMP    DECREASE      ;TAB＋6
      AJMP    CLEAR         ;TAB＋8
      ⋮
```

```
SWITCH:   …                    ;实现切换功能的程序段
SHIFT:    …                    ;实现移位功能的程序段
INCREASE: …                    ;实现加 1 功能的程序段
DECREAWE: …                    ;实现减 1 功能的程序段
CLEAR:    …                    ;实现清零功能的程序段
     ⋮
```

AJMP 是一条双字节指令,这样散转表中每个元素就都占用了两个字节,因此在指令执行前要先将 A 中的值乘 2。下面简要分析一下程序执行的过程。

设在执行本程序之前,A 中的值是 2,也就是按下了加 1 键,要转到 INCREASE 子程序处执行。"AJMP INCREASE"这条指令在 ROM 中所在的位置是 TAB+4。执行本段程序时,先将 TAB 送到 DPTR 中,然后,将 A 中的值乘 2,A 中的值是 2,乘 2 后就是 4,然后执行:"JMP @A+DPTR",即转到由(A)和(DPTR)中的值相加后形成的地址中去,也就是转到 TAB+4 处执行程序,在 TAB+4 处的指令是:"AJMP INCREASE"。执行这条指令,跳转到标号为:INCREASE 的程序段处继续执行。

这样,只要给出 A 中的键值,就可以转到相应的程序段中去执行并完成相应的功能。这段程序是也是 AJMP 指令的一个典型应用。

2. 条件转移指令

条件转移指令是指指令在满足一定条件时才转移。在条件满足时,程序转移到由 PC 当前值与指令给出的相对地址偏移量相加后得到的地址处执行;在条件不满足时,程序则顺序执行下一条指令。

(1) 判 A 内容是否为 0 转移指令

```
JZ    rel    ;如果 A 中的值是 0 则转移,否则顺序执行(本指令的下一条指令)
JNZ   rel    ;如果 A 中的值不是 0 则转移,否则顺序执行(本指令的下一条指令)
```

上述 2 条指令产生转移的条件分别为 A 中的内容为 0 和不为 0,在执行过程中,不改变 A 中内容,也不影响任何标志位。

在实际书写例子时,常用如下形式:

```
JZ        NEXT
```

也就是用标号的形式,至于 rel 的值就交给汇编程序去计算,用不着自己去计算了。因此,这里不介绍如何计算 rel 的值,如有兴趣可参考其他教材。

(2) 比较转移指令

比较转移指令是把两个数相比,根据比较的结果来决定是否转移。如果两个数相等,就顺序执行;否则转移。一共有 4 条指令。

```
CJNE    A,#data,rel      ;(A)和 data 比较,如果 A=data,顺序执行,否则
                         ;转移,如果(A)>data,则 C=0 否则 C=1
CJNE    A,direct,rel     ;(A)和(direct)比较,如果(A)=(direct),顺序
                         ;执行,否则转移,如果(A)>(direct),则 C=0,
                         ;否则 C=1
CJNE    Rn,#data,rel     ;(Rn)与 data 比较,如果(Rn)=data,顺序执行,
                         ;否则转移,如果(Rn)>data,则 C=0,否则 C=1
CJNE    @Ri,#data,rel    ;((Ri))与 data 比较,如果((Ri))=data,顺序执行,
                         ;否则转移,如果((Ri))>data,则 C=0,否则 C=1
```

这 4 条指令是 80C51 单片机中仅有的 4 条具有 3 个操作数的指令。在实际书写时一般用标号来表示待转移的位置。下面以第 1 条指令为例来说明程序执行的经过。

【例 7-21】 设有一温度控制器,如果温度高于 35 ℃,则打开风扇,如果温度低于 35 ℃,则打开加热器,如果温度等于 35 ℃,则关闭加热器和风扇。设温度传感器测得温度后置于 A 中,P1.0 用于控制风扇开关,置 1 为打开风扇,清零关闭风扇,P1.1 用于控制加热器,置 1 打开加热器,清零关闭加热器。

```
        :
        CJNE    A,#35,NEXT
        CLR     P1.1         ;(A)=35 关闭加热器
        CLR     P1.0         ;关闭风扇
        AJMP    LOOP         ;转去循环再测温
NEXT:JC         HOT          ;如果(A)的值小于 35,则比较后,C=1,转去加热
                            ;如果(A)的值大于 35,则比较后,C=0,执行本条语句后
                            ;将会顺序执行
        CLR     P1.1         ;关闭加热器
        SETB    P1.0         ;打开风扇
        :                    ;其他工作
HOT:CLR         P1.0         ;关闭风扇
        SETB    P1.1         ;打开加热器
        :                    ;其他工作
```

程序分析:这段程序用到了一条新的指令:JC,这条指令的用法是"JC 标号"。含义是如果进位位 CY=1,就转到标号的程序处继续执行。

CJNE 指令把 A 中的数值和立即数比较,如果两者相等即(A)=35,那么顺序执行程序,即执行"AJMP LOOP"语句;如果不等,就转到 NEXT 处。如果这条指令仅能判断两数是否相等,用途不大,因为很多场合我们还需要知道两个数哪个大,哪个小。为此需要借助于进位位 CY,执行该指令后,如果 A 中的数值大,则 CY=0;如果 A 中的数值小,则 CY=1。

注意:这条指令条件较多,记忆时可以认为两数比较是用前面的减去后面的值,如果前面的数大,不用借位,所以 CY=0,如果后面的数大,就需要借位,所以 CY=1。当然,仅是这样来理解,在做比较的时候并不把两数相减之后的差送到 A 中去。

(3) 循环转移指令

这是一组把减 1 和条件转移两种功能结合在一起的指令,只有 2 条。

```
DJNZ    Rn,rel
DJNZ    direct,rel
```

第 1 条指令我们已相当熟悉,第 2 条只是将寄存器 Rn 改为直接内存地址,其他功能是一样的。在实际使用中一般使用标号来表示待转移的位置,例如:

```
DJNZ    30H,NEXT
```

或

```
DJNZ    B,NEXT
```

这条指令的执行过程就不再分析了。

3. 调用与返回指令

子程序和主程序:在计算机程序设计中,常常会出现在不同程序或同一程序的不同地方都需要进行功能完全相同的处理和操作。为了简化程序设计、缩短程序的长度和设计周期,便于共享软件资源,常将这种需要频繁使用的基本操作设计成相对独立的程序序段,这就是子程序。而主程序则是指用户为完成特定任务的、可以调用子程序的程序。必须注意,子程序只能被主程序调用,而不能调用主程序。

调用及返回过程:主程序调用子程序及子程序的返回过程如图 7-5 所示。当主程序执行到 A 处,执行调用子程序 SUB 时,CPU 将 PC 当前值(下一条指令的第一个字节地址)保存到堆栈区,将子程序 SUB 的起始单元地址送给 PC,从而转去执行子程序 SUB。这是主程序对子程序的调用过程。

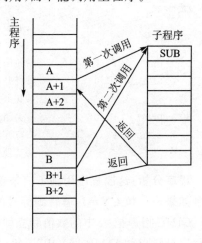

图 7-5 子程序调用与返回示意图

当子程序 SUB 被执行到位于结束处的返回指令时,CPU 将保存存在堆栈区中的原 PC 当前值返回给 PC,于是 CPU 又返回到主程序(A+1)处继续执行,这就是子程序的返回过程。

若主程序执行到 B 处时又需要调用子程序 SUB,则再次重复执行上述过程。这样,子程序 SUB 便可被主程序多次调用。

在程序设计过程中,往往还会出现在子程序中要调用其他子程序的情况,称为子程序的嵌套。

以下是 4 条与子程序有关的指令:

(1) 短调用指令

```
ACALL          addr11
```

(2) 长调用指令

```
LCALL          addr16
```

(3) 返回指令

```
RET
```

(4) 中断返回指令

```
RETI
```

第 1 条指令是短调用指令,实际书写程序时常这样写:

```
ACALL          SUB
```

即用标号的形式来指出调用的位置。

第 2 条指令是长调用指令,实际书写程序时常这样写:

```
LCALL          SUB
```

同样用标号的形式来指出调用的位置。这两条指令的区别在于:第 1 条指令是双字节指令,第 3 条是 3 字节指令;第 1 条指令与其调用的子程序之间不能相距太远,如果相距太远,同样会出现“TARGET OUT OF RANGE”的错误。而第 2 条指令可以调用存放在 ROM 任意位置的子程序。

第 3 条指令是返回指令,在子程序中必须有这样的一条指令,当执行这条指令时,就从子程序返回到主程序继续执行。

第 4 条指令是中断返回指令,除了具有 RET 指令的功能外,还有开放中断逻辑的功能,具体的内容在 4.2.3 节中介绍。

4. 空操作指令

```
NOP
```

这是一条单字节的命令,除 PC 加 1 外,不影响其他寄存器和标志。这条指令常用来实现短暂的延时。

上面的这些控制转移类指令,除 CJNE 外,其他的指令都不影响标志。

巩固与提高

1. 说明 RET 指令和 RETI 指令执行过程的区别。

2. 例 7 - 21 用来说明 CJNE 的用法,但它并不实用,把温度绝对地控制在一个点上,理论上可行,实际中却行不通,由于物体的热惯性,加热的停止并不意味着温升的终止,同样,风扇的停止也不意味着温度下降的停止,所以被控制装置将会在 35 ℃左右摆动,很少会停止在 35 ℃,在实际工作中使用这个程序不能达到预期的效果。请编程将温度控制在 34~36 ℃之间。

任务7　认识位操作类指令

80C51 单片机的硬件结构中,有一个位处理器(布尔处理器),它有一套位变量处理的指令子集。在进行位操作时,CY 位称为位累加器。位存储器是片内 RAM 字节地址 20H~2FH 单元中连续的 128 个位(位地址 00H~7FH)和特殊功能寄存器中字节地址能被整除的那部分 SFR,这些 SFR 都具有可寻址的位地址。其中累加器 A、寄存器 B 和片内 RAM 中 128 个位都可作为软件标志或存储位变量,而其他特殊功能寄存器中的位则有特定的用途,不可以随便使用。

1. 位传送指令

```
MOV    C,bit    ;(C)←(bit)
MOV    bit,C    ;(bit)←(C)
```

这 2 条指令的主要功能在于实现进位位 CY 和其它可寻址位之间的数据传送,不影响其他标志位。

【例 7 - 22】　片内 RAM(20H)=10101111B,执行指令:

```
MOV    C,07H    ;把位地址 07H 单元的值送到 CY(07H 就是字节 20H 的最高位)
```

结果:(CY)=1。

又如把 P3.3 的状态传递到 P1.3,指令如下:

```
MOV    C,P3.3
MOV    P1.3,C
```

在位操作指令中,位地址有 4 种表示方法:直接使用位地址(如"MOV C,06H"),位寄存器名(如"MOV TR0,C"),字节寄存器名加位数(如"MOV C,P1.0"),字节地址加位数(如"MOV C,21H.7")。

2. 位修正指令

(1) 位清 0 指令

```
CLR    C      ;(C)←(0)
CLR    bit    ;(bit)←(0)
```

（2）位置 1 指令

```
SETB    C      ;(C)←(1)
SETB    bit    ;(bit)←(1)
```

（3）位取反指令

```
CPL    C      ;(C)←(C̄)
CPL    bit    ;(bit)←(b̄it)
```

这组指令的功能分别是清除、取反、置 1 进位位标志或直接寻址位,执行结果不影响其他标志。当直接地址是端口的某一位时,具有“读—改—写”功能。

3. 位逻辑运算指令

（1）位与指令

```
ANL    C,bit     ;(C)←(C&bit)
ANL    C,/bit    ;(C)←(C&b̄it)
```

（2）位或指令

```
ORL    C,bit     ;(C)←(C˄bit)
ORL    C,/bit    ;(C)←(C˄b̄it)
```

这组指令的功能是把进位位 CY 的内容和直接位寻址的内容进行逻辑与、或,操作的结果返回到 C。斜杠“/”表示用这个位的值取“反”然后再与 CY 进行运算。注意,只是用这个位的取反的结果与 C 运算,并不改变这个位本身。

【例 7-23】　设 CY=1,P1.0=1,则执行指令:

```
ANL    C,/P1.0
```

结果:　　C=0,而 P1.0 仍为“1”,并不变为“0”。

4. 位条件转移指令

（1）判 CY 转移指令

```
JC     rel     ;如果 C=1,则转移,否则顺序执行
JNC    rel     ;如果 C=0,则转移,否则顺序执行
```

（2）判位变量转移指令

```
JB     bit,rel    ;如果 bit=1,则转移,否则顺序执行
JNB    bit,rel    ;如果 bit=0,则转移,否则顺序执行
```

（3）判位变量且清 0 转移指令

```
JBC    bit,rel    ;如果 bit=1,则转移,同时将 bit 清 0,否则顺序执行
```

这组指令的功能是分别判进位 CY 或直接寻址位是"1"还是"0",条件符合则转移,否则继续执行程序。当直接位地址是端口的某一位时,作"读—改—写"操作。一般采用标号形式来表示待转移的位置。

【例 7 - 24】 比较片内 RAM 中,Number1 和 Number2 两个单元内的无符号数的大小,大数存入 Max 单元,小数存入 Min 单元,如果两数相等,置位标志位 F0。

```
        Number1     EQU     21H
        Number2     EQU     22H
        Max         EQU     23H
        Min         EQU     24H
        MOV         A,Number1           ;取第 1 个数
        CJNE        A,Number2,BIG       ;和第 2 个数比较,不等转 BIG 处
        SETB        F0                  ;相等设置标志返回
        RET
BIG:JC              LESS                ;(A)中的数小,则转移到 LESS 处
        MOV         Max,A               ;否则是(A)中的数大
        MOV         Min,Number2
        RET
LESS:
        MOV         Min,A
        MOV         Max,Number2
        RET
```

任务8 程序设计实例练习

指令系统是熟悉单片机功能、合理应用单片机的基础,掌握单片机的指令关键在于多看多练,多上机练习,然后在现有程序的基础上进行模仿性的编程。下面举一些单片机程序设计中常用到的功能子程序进行分析,以便读者可以更好地熟悉单片机的指令,这些程序本身也可以应用在实际工作中。

1. 数制转换子程序的设计

数据转换程序是单片机开发中常用的一类程序。在单片机的内部进行数据处理时,一般用二进制,但是在进行数据的输入或数据的输出时,要转换成十进制,这样才符合人们的习惯。数据转换子程序有两大类,一类是把十进制数字转化为二进制,另一类是把二进制数据转化为十进制,下面分别说明。

(1)把十进制数据转化为二进制

这类程序通常应用在键盘等输入数据的场合,以键盘为例,某键盘上印有 0~9 十个数字和一些符号,在编写键盘处理程序时,首先开辟一个输入缓冲区,就是在单片机的内部 RAM 单元中指定若干个单元,用于暂时存放由键盘输入的数据,因为很

多时候并不是按下一个数字键立即要求进行操作,而是要输入若干个数字后才算完成一次输入,以前面的温度控制器为例,其中 35 需要由操作者设定,由于键盘上只有 0~9 这十个数字键,不存在 35 这样一个键,所以要按下两个数字键,才算完成一次输入,那么怎样才能知道输入完毕呢? 通常可以用一个键代表"回车",如果按下了这个键,刚才输入的数字就是有效的,单片机在检测到回车键被按下后就调用十进制转换为二进制的程序,把输入数据转换成二进制。

假设我们用 FIFO0 和 FIFO1 代表键盘的缓冲区,程序设计为每按下一次数字键,先把 FIFO1 单元中的数据送到 FIFO0 中去,然后把这个数字送到 FIFO1,这样,就用了两个字节的键盘缓冲区。现假设按下了"3",然后再按下"5",那么 FIFO0 中的值是 3,FIFO1 中的值就是 5,即十进制的 35,调用下面的这段程序,可以把放在两个字节中的数字合并成一个二进制数,这样才能进行计算和进一步的处理,否则 3 和 5 放在两个单元中又怎么能代表 35 并参加运算呢? 这里所要做的工作是把放在两个 RAM 单元中的数据合成到一个 RAM 单元中去,这个单元最终的结果应当是 35 (23H)。

【例 7 - 25】　双字节十进制转化为单字节二进制。

如果用于存储十进制的字节数只有 2 个,那么它们能够表达的数据最大就是 99,所以只要用一个字节就可以存放了。

```
;双字节十进制转化为单字节二进制(以子程序的形式出现)
;程序入口:BCD 码的低位在 BCD1 单元中,高位在 BCD0 单元中
;程序出口:二进制数在 BIN0 单元中
;资源占用:A,B
BCD0    EQU    40H
BCD1    EQU    41H
BIN0    EQU    50H
BCD2BIN:
MOV    A,BCD0         ;将十位数送到 A 中
MOV    B,#10          ;乘以 10
MUL    AB
ADD    A,BCD1         ;加上个位数,由于最大为 99,所以不会有溢出
MOV    BIN0,A         ;送入输出单元(BIN0)中
RET                   ;返回
```

实际编程中,应当开辟的缓冲区的数量与具体问题有关,比如,这里只要求输入两位数,那么可以只开辟两个字节的缓冲区,更具体地,如果缓冲区只是用来存放数字,由于数字不超过 9,所以只要用 4 位就可以保存了,那么就可以用一个字节的高 4 位和低 4 位分别来保存两个十进制数字(这就是所谓的压缩型的 BCD 码),这样只要 1 个字节的键盘缓冲就可以了。仍以输入 35 为例,保存在一个字节中就是 00110101B,请读者自行编程写出一个字节的压缩型 BCD 码转换为 1 个字节的二进

制码的程序。

（2）二进制码向 BCD 码转化

二进制码向 BCD 码转化往往用于输出，将运算的结果显示之前，需要先把结果由二进制转化为 BCD 码，然后再显示，这样才符合人们的阅读习惯。

【例 7 - 26】 设计一台仪器，用于显示测量所得的温度，其范围是 0～99，进行硬件设计时，可以用 2 位显示器来显示这个温度，软件设计时，要在内部 RAM 中开辟 2 个字节的显示缓冲区，分别用来存放待显示的 2 位数字。设某次测得的温度为 45 ℃，这是以二进制形式保存在计算机内部的某个 RAM 单元中的，比如存于 TMP 单元中，该单元中的值是 2DH，在显示之前，必须先把 2DH 变成 4 和 5，并将 4 和 5 分别存入显示缓冲区（设为 DISP0，DISP1）中。调用以下程序可以实现二进制向十进制的转换。

```
;单字节转化为双字节十进制
;程序入口:二进制数码存放于 TMP 单元中
;程序出口:十进制数分别放于 DISP0 和 DISP1 单元中
;资源占用:A、B
TMP     EQU     20H
DISP0   EQU     30H
DISP1   EQU     31H
BIN2BCD:
    MOV     A,TMP
    MOV     B,    #10
    DIV     AB
    MOV     DISP0,A
    MOV     DISP1,B
    RET
```

2. 双字节数运算

双字节数的运算也是编程中常用到的，由于一个字节只能够表示 0～255 这么狭小的范围，而很多实际问题都会超过这个范围，所以就要用两个字节来表示一个数，数的表达范围可以扩大到 0～65 535。

（1）双字节加法

将（R2R3）和（R6R7）两个双字节无符号数相加，结果送（R4R5）。

```
NADD:   MOV     A,R3
        ADD     A,R7
        MOV     R5,A
        MOV     A,R2
        ADDC    A,R6
        MOV     R4,A
        RET
```

（2）双字节数的减法

将(R2R3)和(R6R7)两个双字节数相减,结果送(R4R5)。

```
NSUB:   MOV    A,R3
        CLR    C
        SUBB   A,R7
        MOV    R5,A
        MOV    A,R2
        SUBB   A,R6
        MOV    R4,A
        RET
```

（3）双字节数的乘法

将(R2R3)和(R6R7)两个双字节无符号数相乘,结果送(R4R5R6R7)。

双字节数的乘法参考图 7-6,可以看出：

$$(R2R3) \times (R6R7) = [(R2) \times (R6)] \times 2^{16} +$$
$$[(R2) \times (R7) + (R3) + (R6)] \times 2^8 + (R3) \times (R7)$$

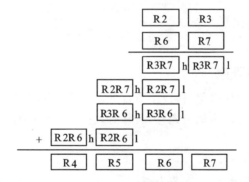

图 7-6　双字节乘法示意图

可以写出如下程序：

```
NMUL:   MOV    A,R3
        MOV    B,R7
        MUL    AB         ;R3×R7
        XCH    A,R7       ;R7=(R3×R7)的低 8 位
        MOV    R5,B       ;R5=(R3×R7)的高 8 位
        MOV    B,R2
        MUL    AB         ;R2×R7
        ADD    A,R5
        MOV    R4,A
        CLR    A
        ADDC   A,B
```

```
        MOV     R5,A            ;R5=(R2×R7)的高 8 位
        MOV     A,R6
        MOV     B,R3
        MUL     AB              ;R3×R6
        ADD     A,R4
        XCH     A,R6
        XCH     A,B
        ADDC    A,R5
        MOV     R5,A
        MOV     F0,C            ;暂存 CY
        MOV     A,R2
        MUL     AB              ;R2×R6
        ADD     A,R5
        MOV     R5,A
        CLR     A
        MOV     ACC.0,C
        MOV     C,F0            ;加以前加法的进位
        ADDC    A,B
        MOV     R4,A
        RET
```

3. 多字节移位程序

要将多个字节连续地移位,移位字节首地址在 R1 中,字节长度在 R2 中,当左移时,它为低字节的地址,因为低位先移,右移时,它为高字节地址,因为高位先移,程序如下:

(1) 左移一位

功能如图 7-7 所示,以 3 字节为例:

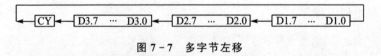

图 7-7　多字节左移

```
LEFT: CLR     C
CONL: MOV     A,@R1
      RLC     A
      MOV     @R1,A
      INC     R1
      DJNZ    R2,CONL
```

(2) 右移一位

功能如图 7-8 所示,以 3 字节为例:

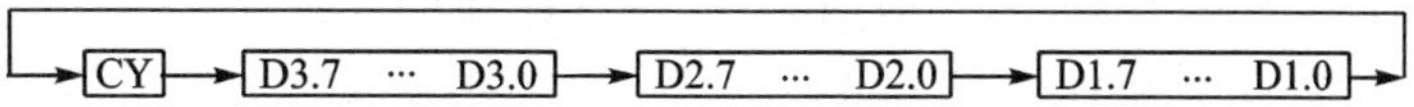

图 7-8　多字节右移

```
RIGHT: CLR    C
CONR:  MOV    A,@R1
       RRC    A
       MOV    @R1,A
       DEC    R1
       DJNZ   R2,CONR
```

以上列举了部分程序的编制实例,其中用到了程序设计中的顺序结构、分支结构、循环结构等等。有关程序设计的知识,就不在本书中再作介绍了,请自行参考有关教材。另需要说明,以上程序可以实用,但并不"通用",主要是使读者熟悉指令,另外使读者感受真实的工程设计的氛围。通用的数学及常用子程序集国内已有多位专家论述,读者可以参考有关资料。

4. 子程序设计

(1) 子程序结构

一个主程序可以多次调用同一个子程序,也可以调用多个子程序,子程序也可能调用其他子程序。在 80C51 指令系统中,使用 ACALL、LCALL 进行子程序的调用,在子程序中,用 RET 指令返回。

为了做到软件资源共享,子程序应具有通用性。因此,主程序在调子程序前,应将子程序所需要的参数放至某约定的位置,供子程序在运行时从这个约定的位置取用。同样,子程序在返回主程序前也应将结果送到约定的位置,以便返回主程序后,主程序能从这些约定的位置取得所需的结果。这一过程称为"参数传递"。

(2) 子程序设计

子程序在设计时应注意以下基本事项:

● 每个子程序都应该有一个唯一的入口,并以标号作为标识,以便主程序调用。子程序通常以 RET 指令作为结束,以便正确地返回主程序。

● 为使子程序具有通用性,子程序的操作对象通常采用寄存器或寄存器间址寻址方式,立即寻址方式和直接寻址方式只用在一些简单的子程序中。

● 为使子程序不论存放在存储器的任何区域都能被正确地执行,在子程序中一般用相对转移指令,不用绝对转移指令。

● 进入子程序时,应对那些在主程序中使用并又在子程序中继续使用的寄存器的内容进行保护(即保护主程序现场),在返回主程序时应恢复它们的原来状态。

80C51 单片机独特的工作寄存器组的设计为数据保护提供了便利,在程序编制中,常常会使用一些暂存单元,一般的 CPU 均设计为将这些暂存单元中的内容送入栈保护,但 80C51 单片机却使用了另一种方法。80C51 单片机中一共有四组工作寄存器,每组的名称均为 R0～R7,如果主程序和子程序中均使用工作寄存器作为暂存单元,那么,在进行子程序调用时,不必将这些暂存单元都送入堆栈,只要切换一下工作寄存器组,就可以避免相互干扰了。

如:主程序中有如下代码:

```
MOV     R1,♯25H
MOV     R2,10H
CALL    SUB1
    ⋮
```

而子程序的代码中有:

```
SUB1:
        ⋮
    MOV     R1,♯33H
    MOV     R2,♯10H
        ⋮
```

如果不作任何处理,则当子程序返回时,R1、R2 中的值已发生变化,就会引起错误。如果在子程序的开始使用这样的两条命令:

```
PUSH        PSW
SETB        RS0
```

那么,子程序中的 R1 和 R2 就不会对主程序的 R1 和 R2 产生影响了,因为它们的名称虽都是 R1、R2,而实际所用的地址却各不相同,主程序中的 R1、R2 对应的地址是 01H 和 02H(设主程序使用第 0 组工作寄存器),而子程序中的 R1 和 R2 对应的地址则是 09H 和 0AH。

当然,除了工作寄存器以外,其他的暂存单元必须用堆栈进行保存。

综上所述,子程序设计的步骤为:

- 确定子程序的名称(标号);
- 确定子程序的入口参数及出口参数;
- 确定所使用的寄存器和存储单元及其使用目的;
- 确定子程序的算法,编写源程序。

(3) 子程序举例

4 位 BCD 码整数转换成二进制整数。

入口:BCD 码字节地址指针 R0,位数存于 R2 中;

出口:二进制数存于 R3R4 中。

```
BCDA:  PUSH  PSW
       PUSH  ACC
       PUSH  B
       SETB  RS0        ;选择工作寄存器组 1
       MOV   R3,＃00H
       MOV   A,@R0
       MOR   R4,A
BCDB:  MOV   A,R4
       MOV   B,＃10
       MUL   AB
       MOV   R4,A
       XCH   A,B
       MOV   B,＃10
       XCH   A,R3
       MUL   AB
       ADD   A,R3
       XCH   A,R4
       INC   R0
       ADD   A,@R0
       XCH   A,R4
       ADDC  A,＃0
       MOV   R3,A
       DJNZ  R2,BCBD
       POP   B
       POP   ACC
       POP   PSW
       RET
```

巩固与提高

1. 试编写程序，其功能实现双字节加法，要求：（R0R1）＋（R2R3）送到（30H31H）

2. 试用三种不同的方法将累加器 A 中无符号 8 位二进制数乘以 2。

3. 使用位操作指令实现下列逻辑操作

（1）P1.7＝ACC.0×(B.0＋P2.0)＋P3.0

（2）PSW.5＝P1.0×ACC.2＋B.6×P1.5

（3）PSW.4＝P1.1×B.3＋C＋ACC.3×P1.0

4. 把外部 RAM 中 8000H 开始的 30H 个字节数据传送到 8100H 开始的单元中，编程实现。

课题 **8**

显示接口技术

单片机被广泛地应用于工业控制、智能仪表、家用电器等领域,由于实际工作的需要和用户的不同要求,单片机应用系统常常需要配接键盘、显示器、模/数转换器、数/模转换器等外设,接口技术就是解决计算机与外设之间相互联系的问题。本课题介绍单片机中常用的显示接口技术。

任务1 使用 LED 数码管显示数字

在单片机控制系统中,常用 LED 显示器来显示各种数字或符号。这种显示器显示清晰,亮度高,接口方便,广泛应用于各种控制系统中。本任务将通过"单个数码管显示 0~9 循环""数码管显示 1~8""秒表"等例子来学习数码管显示的相关知识。

8.1.1 用单片机控制单个 LED 数码管

下面通过在一个数码管上轮流显示 0~9 这一任务来学习用单片机控制单个 LED 数码管的方法。

1. 单个 8 段 LED 数码管的结构

图 8-1 是 8 段 LED 显示器的结构示意图,从图中可以看出,一个 8 段 LED 数码管由 8 个发光二极管组成。其中 7 个长条形的发光管排列成"日"字形,另一个小圆点形的发光管在显示器的右下角作为显示小数点用。这种组合的显示器可以显示 0~9 十个数字及部分英文字母。

图 8-1 LED 数码管

图 8-2 是 LED 数码管的电路原理图,从图中可以看出:LED 数码管在电路连接上有两种形式:一种是 8 个发光二极管的阳极都连在一起的,称为共阳极型的 LED 显示器,如图 8-2(a)所示;另一种是 8 个发光二极管的阴极都连在一起的,称为共阴极型 LED 显示器。如图 8-2(b)所示。

共阴和共阳结构的 LED 显示器各笔段名的位置及名称是相同的,当二极管导通时,相应的笔划段发亮,由发亮的笔划段组合而显示出各种字符。

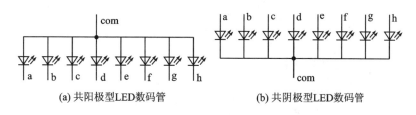

(a) 共阳极型LED数码管   (b) 共阴极型LED数码管

图 8-2 LED 数码管电路原理图

2. 数码管与单片机的连接

共阴极型和共阳极型数码管分别需要驱动器能够"吐出"电流和"吸收"电流,因此它们与单片机的连接方式各不相同,下面分别叙述。

(1) 共阳极型数码管与单片机的连接

80C51 单片机的引脚可以"吸收"较强的电流,可以直接将共阳极型数码管的各笔段与单片机的引脚相连,为编程简单,通常都是将 8 个引脚接到同一个输出端的 8 位上,如接到 P0 口等,当然,在连接时必须加上限流电阻。如图 8-3 所示是共阳型数码管与单片机的连接示意图。图中 com 端使用了 PNP 型三极管作为电子开关来控制,虽然对于这个图来说这并非必要,直接将 com 端接 V_{CC} 即可,但考虑到与后续电路的一致性,故此作了这样的安排。

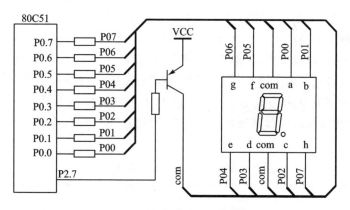

图 8-3 共阳极型数码管与单片机连接图

从图中可以看到,P0.0~P0.7 分别接数码管的 a~h 这 8 个引脚。

(2) 共阴极型数码管与单片机的连接

当采用共阴型数码管时,不能直接将数码管的各笔段与单片机引脚相连,这是因为 80C51 单片机的端口设计使其不能"吐出"足够的电流,即便将其引脚与地短接,电流也不到 1 mA,如此小的电流不足以点亮 LED。因此,如果要采用共阴型的数码管,应在笔段和单片机的并行 I/O 口之间加入驱动电路。驱动电路可以使用能够"吐出"电流的各种常用芯片,如 74HC244、74HC06 等,如图 8-4 所示是使用 74HC244 芯片做驱动的电路。

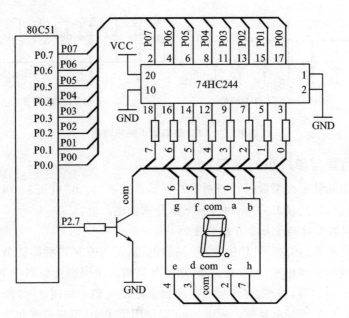

图 8 - 4   使用 74HC244 驱动共阴型数码管的电路

3. 字形码的确定

如果将数码管的 8 个笔划段 h、g、f、e、d、c、b、a 对应于一个字节（8 位）的 D7、D6、D5、D4、D3、D2、D1、D0，那么用 8 位二进制码就可以表示欲显示字符的字形代码。参考图 8 - 3 可以看出，如果要显示数字 0，字段 a、b、c、d、e、f 必须点亮，而其他字段则不能被点亮。由于这是一个共阳极型的数码管，欲要某个笔段点亮，该笔段对应的 I/O 引脚必须输出为低电平。将字段与单片机 I/O 的关系列表如表 8 - 1 所列，按要求将相应位清"0"，其他各位置"1"，可得到数据 C0H，这个数据就是字符"0"的字形码。

表 8 - 1   字符 0 的字形

引　脚	P07	P06	P05	P04	P03	P02	P01	P00	字形码
字　段	H	G	F	E	D	C	B	A	
0	1	1	0	0	0	0	0	0	C0H

同样的方法，可以写出其他字符的字形码，如表 8 - 2 所列。从表中可以看出，设计表格时，第一行将引脚按从高位到低位列出，便于最后写字形码，第二行写入对应连接的笔段，便于确定该引脚的高或低电平，填表时，根据字形笔段的亮灭，写出对应引脚应处的状态。然后根据第一行的对应关系，即可写出字形码。

表8-2　根据数码管连接方法写出字形码

引　脚	P07	P06	P05	P04	P03	P02	P01	P00	字形码
字　段	H	G	F	E	D	C	B	A	
0	1	1	0	0	0	0	0	0	C0H
1	1	1	1	1	1	0	0	1	F9H
2	1	0	1	0	0	1	0	0	A4H
3	1	0	1	1	0	0	0	0	B0H
4	1	0	0	1	1	0	0	1	99H
5	1	0	0	1	0	0	1	0	92H
6	1	0	0	0	0	0	1	0	82H
7	1	1	1	1	1	0	0	0	F8H
8	1	0	0	0	0	0	0	0	80H
9	1	0	0	1	0	0	0	0	90H

当数码管与单片机的连接与图8-3不同时,根据以上原则不难写出字形码。

4. 程序实现

从图8-3可以看到,除了笔段所接I/O口必须按表8-2输出外,还必须使com端为高电平,com端接到PNP型三极管的集电极,只有该三极管导通才能使com端为高电平,要使该三极管导通,就要让P2.7为低电平。

【例8-1】　电路如图8-1所示,要求数码管循环显示0~9。

```
        ORG     0000H          ;从 0000H 单元开始
        LJMP    START          ;跳转到真正的程序起点
START:
        MOV     SP,#5FH        ;堆栈初始化
        MOV     20H,#00H       ;20H 作为计数器
LOOP:
        ACALL   DISP           ;调用显示程序
        ACALL   DELAY          ;调用延时程序
        INC     20H            ;计数器加 1
        MOV     A,20H          ;将计数器中的值送到 A 中
        CJNE    A,#0AH,L1      ;A 中的值到了 10 吗? 未到转 L1
        MOV     20H,#00H       ;A 中的值到了 10 让其回 0
L1:
        AJMP    LOOP           ;转 LOOP 继续循环
;主程序到此结束
DISP:                          ;显示子程序
```

```
        CLR     P2.7            ;由硬件电路要求,该引脚为 0,PNP 型三极管导通
        MOV     A,20H           ;取出计数器中的值送 A
        MOV     DPTR,#50H       ;将字形码表的首地址送到 DPTR 中
        MOVC    A,@A+DPTR       ;根据 A 中的值查表
        MOV     P0,A            ;查出的对应字形码送到 P0 口
        RET                     ;返回
DELAY:                          ;延时程序
        MOV     R7,#10          ;R7 = 10
D1:
        MOV     R6,#250         ;R6 = 250
D2:
        MOV     R5,#250         ;R5 = 250
D3:
        DJNZ    R5,D3           ;R5 中的值不等于 0 转本身循环
        DJNZ    R6,D2           ;R6 中的值不等于 0 转 D2
        DJNZ    R7,D1           ;R7 中的值不等于 0 转 D1
        RET                     ;返回

        ORG     50H             ;从 50H 单元开始存放字形码表
        DB      0C0H,0F9H,0A4H,0B0H,99H,92H,82H,0F8H,80H,90H
        END
```

程序分析:在名为 DISP 的显示子程序中,用"CLR P2.7"语句让 P2.7 引脚变为低电平,PNP 型三极管导通;取出作为计数器使用的 20H 单元中的值,送入累加器 A,将立即数 50H 送入 DPTR 中,这个 50H 从哪里来的呢?注意程序的倒数第三行:"ORG 50H",这是一条伪指令,其用途是指定地址,即"通知"asm51 汇编器,将下面的代码写入从 50H 开始的 ROM 单元中。

图 8 - 5 是这一程序的机器码在内存中的存放情况,从图中可以看到,"ORG 50H"伪指令的前一程序行:RET 的代码(22H)存放在 31H,但紧接在其后的 DB 0C0H,0F9H 等并没有紧接着放在 32H,而是被存放在 50H 开始的单元。既然已知这些数据从 ROM 的 50H 开始存放,那么将数 50H 送入 DPTR 就不难理解了,这是将表格的首地址送入 DPTR 中,准备根据累加器 A 中的值查表。累加器 A 中的值从计数单元 20H 中送来,其值是 0～9(这由主程序保证),这样查到的值就是表格中 10 个数据之一,也就是累加器 A 中数值所对应的字形码。查到字形码以后,用"MOV P0,A"将查到的字形码送到 P0 口,以便显示出来。

从这个程序可以看到,如果将字形码固定存放在 ROM 的某一个位置,必须用 ORG 命令来确定这一位置,如果预先不能估算 ORG 前面的代码究竟需要占用多大的空间,必然会导致 ORG 后面的数值不合理,太大会造成大量的浪费,如图 8 - 5 所示在 32H～4FH 都未被用到;太小会出现更严重的后果,将"ORG 50H"改为"ORG

30H"并重新汇编、链接,结果如图 8-6 所示。对照两图可以看到,原本应该在 30H
和 31H 的程序代码 F6H 和 22H 被 C0H 和 F9H 取代,这相当于 DELAY 程序不完
整了,当然会导致出错,实际执行一下这段程序,可以发现程序已不能正确执行。

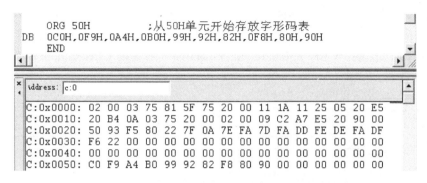

图 8-5　从 50H 开始存放字形码的 ROM 映像图

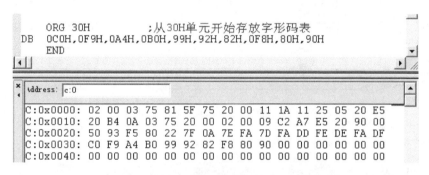

图 8-6　从 30H 开始存放字形码的 ROM 映像图

事实上究竟应该把表格放在何处是很难估计的,并且程序总是在不断改变,第一
次估算正确的结果可能会随着程序的变化而变得不合理,因此,使用"ORG 地址值"
这种方式确定表格的位置并不合理,合理的方法是使用标号,可参考例 8-2。

8.1.2　用单片机控制多个 LED 数码管

很多应用中单片机必须连接多个 LED,这时有两种连接方法,即静态显示接口
与动态显示接口。

1. 静态显示接口

所谓静态显示,是指当显示器显示某一个字符时,相应段的发光二极管处于恒定
的导通或截止状态,直到需要显示另一个字符为止。

这种工作方式 LED 的亮度高,软件编程也比较容易,但是它占用比较多的 I/O
口的资源,常用于显示位数不多的情况。

LED 静态显示方式的接口有多种不同形式,图 8-7 是以 74HC164 组成的静态

显示接口的电路图。80C51 单片机串行口工作于方式 0,外接 6 片 74HC164 作为 6 位 LED 显示器的静态显示接口。74HC164 是 HCMOS 型 8 位移位寄存器,实现串行输入、并行输出,其中 A、B(第 1、2 引脚)为串行输入端,2 个引脚按逻辑与运算规律输入信号,如果只有一个输入信号,这两个引脚可以并接,第一片 74HC164 的 A、B 端接到 80C51 的 RXD 端,后面的 74HC164 芯片的 A、B 端则接到前一片 74HC164 的 Q7 端。CLK 为时钟端,所有 74HC164 芯片的 CLK 端并联并接到单片机的 TXD 端。

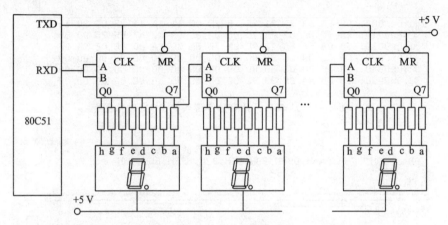

图 8-7　用 74HC164 扩展静态显示接口

【例 8-2】　串行显示接口电路的子程序清单。

```
DISP:    MOV    R7,#6              ;共有6位
         MOV    R0,#4FH            ;4AH～4FH是显示缓冲区
D0:      MOV    A,@R0              ;将待显示的数字送往A
         MOV    DPTR,#DISPTAB      ;将字形码表首地址送DPTR
         MOVC   A,@A+DPTR          ;根据A中的内容查表得字形码
         MOV    SBUF,A             ;将字形码送往SBUF,从串口送出
D1:      JNB    TI,D1              ;等待发送完毕
         CLR    TI                 ;发送往毕后清TI,准备下次发送
         DEC    R0                 ;调整R0指向下一个待显示数据
         DJNZ   R7,D0              ;判断6个数据是否全部发送完毕
         RET                       ;返回
DISPTAB:DB 0C0H,0F9H,……           ;字形码表
```

程序分析:这段程序中的字形码使用 DB 伪指令将其存放在 ROM 中,但在 DB 伪指令前未使用 ORG 伪指令,而是使用了标号 DISPTAB,而在查表指令:"MOV DPTR,#DISPTAB"中并非直接将一个数值送入 DPTR 中,而是将 DISPTAB 这个符号当成一个立即数送入 DPTR 中。这样,不论在 DISPTAB 标号前加入或者删除多少程序,数据 0C0H、0F9H 总是会紧跟在 RET 代码后面放入存储器,而不管这个

标号的具体数值是多少,它总是会被正确地送入 DPTR 中,这个工作在该段程序汇编时被完成,不需要人工干预,由此可见,使用标号可以方便地解决例 8-1 中使用 ORG 进行绝对地址定位时所遇到的问题。

图示 74HC164 都是串连的,数据会依次往前传,第一次送出来的数会先在第一个 LED 数码管点亮,然后依次在第二、三、四、五个数码管点亮,在送了第六个数据后,第一个送出的数据最终被传送到右边的那个数码管并显示出来。

如果系统的串口已被占用,也可以用这个电路进行显示的扩展,其中一种做法是把这 74HC164 的 A,B 和 CLK 引脚分别接到单片机的任意两个 I/O 引脚上去,用并口来模拟串口,只要把上面程序中:"MOV SBUF,A"换成"ACALL SEND",然后把下面这段 SEND 程序加入即可。

```
SEND:   CLR    CLK          ;时钟脉冲端拉为低电平
        MOV    R7,#8         ;一次发送 8 位
SLOOP:  RRC    A            ;先送低位
        MOV    DAT,C         ;最低位已移到 C 中,把 C 中值送数据端
        SETB   CLK          ;形成上升沿
        NOP                 ;空操作,延时 1 个机器周期
        CLR    CLK          ;拉低时钟端
        DJNZ   R7,SLOOP      ;如果没有发送完 8 个数据转 SLOOP 循环
        RET                 ;返回
```

这段程序里的 DAT 和 CLK 是任意两个 I/O 引脚,在程序的开头用"bit"伪指令进行定义。

【例 8-3】　用两根 I/O 口线模拟串行接口。

```
        DAT    BIT    P3.0
        CLK    BIT    P3.1
DISP:   MOV    R7,#6         ;共有 6 位
        MOV    R0,#4FH       ;4DH~4FH 是显示缓冲区
D0:     MOV    A,@R0         ;将待显示的数字送往 A
        MOV    DPTR,#DISPTAB ;将字形码表首地址送 DPTR
        MOVC   A,@A+DPTR     ;根据 A 中的内容查表得字形码
        CALL   SEND          ;调用送数的子程序
        DEC    R0
        DJNZ   R7,D0
        RET
DISPTAB:DB     0C0H,0F9H,……  ;字形码表
        ⋮

                             ;其他程序
SEND:……                      ;送数子程序
```

这个例子的另一个用途是帮助读者进一步理解 P3 口第二功能的含义,所以特

地仍是用 P3.0 作为数据端,P3.1 作为时钟端。从这个例子我们可以了解到,P3 口第一功能和第二功能并不需要进行特殊的设置。

2.动态显示接口

LED 显示器动态接口的基本原理是利用人眼的"视觉暂留"效应,接口电路把所有数码管的 8 个笔段 a~h 分别并联在一起,构成"字段口",每一个数码管的公共端 COM 各自独立地受 I/O 线控制,称"位扫描口"。CPU 向字段口送出字形码时,所有的数码管的 a~h 都处于同一电平,但是究竟点亮哪一只数码管,取决于此时位扫描口的输出端接通了哪一只数码管的公共端。所谓动态,就是利用循环扫描的方式,分时轮流选通各数码管的公共端,使各个数码管轮流导通。当扫描的速度达到一定的程度的时候,人眼就分辨不出来了,认为是各个数码管同时发光。

动态显示时可以使用单个的数码管组合起来使用,另外还可以使用组合式数码管。由于动态显示是一种常用的显示方式,因此市场上有很多 LED 显示模块将多个 8 段数码管组合在一起构成组合式数码管,如图 8-8 所示是市场上一种常见的 4 位组合

图 8-8 组合式数码管外形图

式数码管外形图,图 8-9(a)是其引脚图,图(b)是其内部电路图,图中 a,b,c,d,e,f,g,h 分别表示各笔段的引脚,而 1,2,3,4 分别表示第 1,2,3,4 位数码管的公共端。

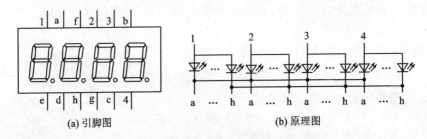

(a) 引脚图　　　　　　　(b) 原理图

图 8-9 组合式数码管的引脚图和原理图

这种组合式数码管只需要较少的引脚个数,以 4 位组合式数码管为例,需要 8+4=12(个)引脚,而如果每个数码管都要单独引脚,至少需要 4×9=36(个)引脚。引脚数减少使得印刷线路板布置等变得更为简单,因此,在需要使用多位数码管时,使用这种组合式的数码管较为方便。

不论使用组合式数码管还是使用单个数码管进行组合,对于单片机显示接口电路并无区别,仅在印刷线路的设计时有区别。因此下面说明时并不区分究竟使用何种数码管,只用示意图的方式表示数码管与单片机的连接。如图 8-10 所示,P0 口作为段控制,P2 口作为位控制,它们均通过 74HC245 芯片隔离,以提高电流驱动能力。

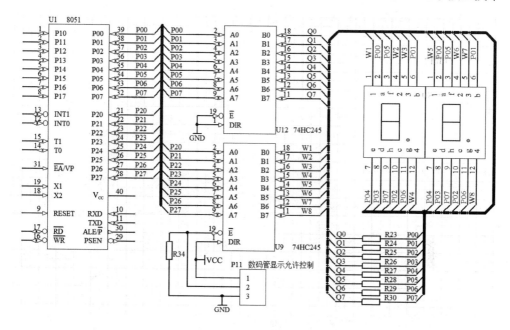

图 8-10 动态方式使用数码管

按图所示,如果要点亮第一位数码管,P2.0 必须输出"1",通过 74HC245 缓冲后向第 1 位数码管的 COM 供电,如果要点亮第 2 位数码管,P2.1 必须输出"1",通过 74HC245 缓冲后向第 2 位数码管的 COM 供电。以此类推可以分时点亮这 8 个数码管。当然,编程时要注意,不能让 P2.0～P2.7 引脚中的两个或两个以上同时为"1",否则会造成显示的混乱。

【例 8-4】 用实验板上的 8 位数码管显示 1、2、3、4、5、6、7、8。

Counter	EQU	57H	;计数器,显示程序通过它得知现正显示哪个数码管
DISPBUF	EQU	58H	;显示缓冲区从 58H 开始
ORG	0000H		
AJMP	START		
ORG	30H		
START:			
MOV	SP,#5FH		;设置堆栈
MOV	P1,#0FFH		
MOV	P0,#0FFH		
MOV	P2,#0FFH		;初始化,所显示器,LED 灭
MOV	DISPBUF,#1		;第 1 位显示 1
MOV	DISPBUF+1,#2		;第 2 位显示 2
MOV	DISPBUF+2,#3		;第 3 位显示 3
MOV	DISPBUF+3,#4		;第 4 位显示 4
MOV	DISPBUF+4,#5		;第 5 位显示 5

```
        MOV     DISPBUF + 5, #6         ;第 6 位显示 6
        MOV     DISPBUF + 6, #7         ;第 7 位显示 7
        MOV     DISPBUF + 7, #8         ;第 8 位显示 8
LOOP:
        ACALL   DISP                    ;调用显示程序
        ;ACALL  Delay2                  ;用于验证两次调用显示程序时间过长会出现的现象
        AJMP    LOOP
;主程序到此结束
DISP:                                   ;显示子程序
        PUSH    ACC                     ;ACC 入栈
        PUSH    PSW                     ;PSW 入栈
        MOV     R1, #DISPBUF            ;R1 作为数据指针指向显示缓冲区首地址
        MOV     Counter, #0
D_L1:
        MOV     P2, #0                  ;关显示
        MOV     A, Counter              ;取显示位数计数器
        MOV     DPTR, #BitTab
        MOVC    A, @A + DPTR            ;取位
        MOV     P2, A                   ;驱动位
        MOV     A, R1                   ;显示缓冲区首地址
        MOV     R0, A
        MOV     A, @R0                  ;根据计数器的值取相应的显示缓冲区的值
        MOV     DPTR, #DISPTAB          ;字形表首地址
        MOVC    A, @A + DPTR            ;取字形码
        MOV     P0, A                   ;将字形码送 P0 位(段口)
        ACALL   DELAY                   ;延时一段时间
        INC     R1                      ;调整数据指针
        INC     Counter                 ;计数器加 1
        MOV     A, Counter              ;将计数器的值送往 A
        CJNE    A, #8, D_L1             ;计数值如果未到 8,则 8 位数码管尚未显示完毕
        POP     PSW                     ;否则已显示完 8 位数码管,退出
        POP     ACC
        RET
BitTab: DB 01H,02H,04H,08H,10H,20H,40H,80H
DISPTAB: DB 0C0H,0F9H,0A4H,0B0H,99H,92H,82H,0F8H,80H,90H
DELAY:                                  ;显示程序中用的延时程序
        PUSH    PSW
        SETB    RS0
        MOV     R7, #50
D1: MOV     R6, #20
D2: DJNZ    R6, $
```

```
        DJNZ     R7,D1
        POP      PSW
        RET
Delay2:                          ;较长的延时时间
        PUSH     PSW
        SETB     RS0
        MOV      R7,#150
D61:
        MOV      R6,#200
        DJNZ     R6,$
        DJNZ     R7,D61
        POP      PSW
        RET
        END
```

程序分析:主程序通过"ACALL DISP"调用显示程序,随后即是"AJMP LOOP"不断地循环,以保证持续不断的显示。如果有其他工作需要完成,可以把代码写在"ACALL DISP"与"AJMP LOOP"之间。

上面的程序可以实现数字的显示,但不太实用,这里仅显示 8 个数字,因此,8 个数码管轮流显示一段时间,这没有问题,在用单片机解决实际问题时,当然不可能只显示 8 个数字,还要做其他工作,这样在两次调用显示程序之间的时间间隔就不一定了,如果两次调用显示程序的时间间隔比较长,会使显示不连续,LED 有闪烁的感觉,可以在两次调用显示程序的中间插入一段延时程序,看一看效果,把上面那段程序中的:

```
ACALL     Delay2
```

前面的分号去掉重新编译一下,然后运行,就会看到显示器有明显的闪烁现象。

要保证不出现闪烁,则在两次调用显示程序中间所用的时间必须很短,但实际工作中很难保证所有工作都能在很短时间内完成。况且这个显示程序也太"浪费"了,每个数码管的显示都要占用 CPU 约 2.5 ms 的时间,为此可借助定时器解决这一问题。设定时器每 2.5 ms 产生一次中断,当定时时间到之后,进入中断服务程序,在中断服务程序中点亮数码管。图 8 - 11 用定时中断写的显示程序流程图,从图中可以看到,中断程序将点亮一个数码管,然后返回,这个数码管一直亮,下一次定时时间到则熄灭第一个数据管并点亮第二个数码管,然后下一次再熄灭第二个数码客并点亮第一个数码管……这样轮流显示,不需要调用延时程序,很少浪费。

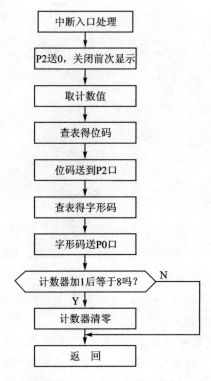

图 8 - 11　动态扫描流程图

【例 8 - 5】　用定时器中断做的显示程序。

```
        Counter   EQU     57H         ;计数器,显示程序通过它得知现正显示哪个数码管
        DISPBUF   EQU     58H         ;显示缓冲区为 58H～5FH
        ORG       0000H
        AJMP      START
        ORG       000BH               ;定时器 T0 的中断程序入口
        AJMP      DISP                ;显示程序
        ORG       30H
START:
        MOV       SP,#5FH             ;设置堆栈
        MOV       P1,#0FFH
        MOV       P0,#0FFH
        MOV       P2,#0FFH            ;初始化,所显示器,LED 灭
        MOV       TMOD,#00000001B     ;定时器 T0 工作于模式 1(16 位定时/计数模式)
        MOV       TH0,#HIGH(65538 - 3000)
        MOV       TL0,#LOW(65538 - 3000)
        SETB      TR0
        SETB      EA
        SETB      ET0
```

```
        MOV     Counter,#0              ;计数器初始化
        MOV     DISPBUF,#0              ;前七位始终显示 0
        MOV     DISPBUF+1,#0
        MOV     DISPBUF+2,#0
        MOV     DISPBUF+3,#0
        MOV     DISPBUF+4,#0
        MOV     DISPBUF+5,#0
        MOV     DISPBUF+6,#0
        MOV     A,#0
LOOP:
        MOV     DISPBUF+7,A             ;第八位轮流显示 0~9
        INC     A
        LCALL   DELAY
        CJNE    A,#10,LOOP
        MOV     A,#0
        AJMP    LOOP                    ;在此中间可以按排任意程序,这里仅作示范
;主程序到此结束
DISP:                                   ;定时器 T0 的中断响应程序
        MOV     P2,#0                   ;关显示
        PUSH    ACC                     ;ACC 入栈
        PUSH    PSW                     ;PSW 入栈
        MOV     TH0,#HIGH(65538-3000)   ;定时时间为 3000 个周期
        MOV     TL0,#LOW(65538-3000)
        MOV     A,Counter               ;取计数器的值
        MOV     R0,A
        MOV     DPTR,#BitTab
        MOVC    A,@A+DPTR               ;取位码
        MOV     P2,A                    ;驱动位
        MOV     A,#DISPBUF              ;显示缓冲区首地址
        ADD     A,Counter               ;加上计数值,确定本次显示的位
        MOV     R0,A                    ;将结果送到 R0 中
        MOV     A,@R0                   ;根据计数器的值取相应的显示缓冲区的值
        MOV     DPTR,#DISPTAB           ;字形表首地址
        MOVC    A,@A+DPTR               ;取字形码
        MOV     P0,A                    ;将字形码送 P0 位(段口)
        INC     Counter                 ;计数器加 1
        MOV     A,Counter
        CJNE    A,#8,DISPEXIT
        MOV     Counter,#0              ;如果计数器计到 8,则让它回 0
DISPEXIT:
        POP     PSW
```

```
        POP    ACC
        RETI
DELAY:                           ;延时
        PUSH   PSW
        SETB   RS0
        MOV    R7,#255
D1: MOV    R6,#255
D2: NOP
        NOP
        NOP
        NOP
        DJNZ   R6,D2
        DJNZ   R7,D1
        POP    PSW
        RET
BitTab:DB 01H,02H,04H,08H,10H,20H,40H,80H
DISPTAB:DB 0C0H,0F9H,0A4H,0B0H,99H,92H,82H,0F8H,80H,90H
END
```

　　说明:这是一个通用性较好的串口中断显示程序,对于同样的硬件,不需要改动中断处理部分,只要将待显示的数据送入显示缓冲区就不再需要关心了。如果硬件与图 8-10 不同,只需要对程序略作修改即可。

　　从这两个动态显示程序可以看出,和静态显示相比,动态扫描的程序有些复杂,不过,这是值得的,因为动态扫描的方法节省了硬件的开支。

8.1.3　秒表的实现

　　学习了动态显示的实现方法后,下面来完成秒表这一任务。这个 0~59 s 不断运行的秒表每 1 s 钟到,数码管显示的秒数加 1,加到 59 s,再过 1 s,又回到 0,从 0 开始加。电路如图 8-10 所示,为实现这样的功能,程序中要有这样的几个部分:

　　① 秒信号的产生,这可以利用定时器来做,但直接用定时器产生 1 s 的信号行不通,因为定时器没有那么长的定时时间,所以要稍加变化。

　　② 计数器,用一个内部 RAM 单元,每 1 s 时间到,该 RAM 单元的值加 1,加到 60 就回到 0,这个功能用一条比较指令不难实现。

　　③ 把计数器的值转换成十进制并显示出来,由于这里的计数值最大只到 59,也就是一个两位数,所以只要把这个数值除以 10,得到的商和余数就分别是十位和个位了。如:计数值 37 在内存中以十六进制数 25H 表示,该数除以 10,商是 3,而余数是 7,分别把这两个值送到显示缓冲区的高位和低位,然后调用显示程序,就会在数码管上显示 37。此外,在程序编写时还要考虑到首位"0"消隐的问题,即十位上如果是 0,那么应该不显示,在进行了十进制转换后,对首位进行判断,如果是"0",就送一

个消隐码到累加器 A,再将 A 中的值送往显示缓冲区首位,否则将累加器 A 中的值直接送往显示缓冲区首位,图 8-12 是秒表主程序流程图。

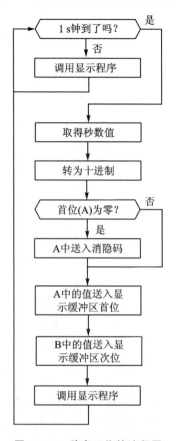

图 8-12 秒表工作的流程图

【例 8-6】 秒表的实现。

```
;***************************************************
;sec.asm
;秒表程序,每到 1 s,显示值加 1,有高位 0 消隐功能
;***************************************************
    Counter     EQU    57H        ;计数器,显示程序通过它得知现正显示哪个数码管
    DISPBUF     EQU    58H        ;显示缓冲区为 58H~5FH

    SEC         BIT    00H        ;1 秒到的标记
    SCOUNT      EQU    21H        ;
    TCOUNT      EQU    22H        ;软件计数器
    TCOUNTER    EQU    20
;软件计数器的计数值,该值乘以定时器的定时值(50 ms),即得到 1 s 的定时值
```

```
        TMRVAR    EQU       16857     ;(65538-50000)*12/11.0592  定时器初值
        HIDDEN    EQU       10H
        ORG       0000H
        JMP       START
        ORG       0*8+3             ;INT0 中断入口
        RETI
        ORG       1*8+3             ;TIMER0 中断入口
        JMP       INT_T0            ;转去定时器 0 中断服务程序入口
        ORG       2*8+3             ;INT1 中断入口
        RETI
        ORG       3*8+3             ;TIMER1 中断入口
        JMP       DISP
        RETI
        ORG       4*8+3             ;串行中断入口
        RETI
START:
        MOV       SP,#60H           ;设置堆栈指针初值
        MOV       SCOUNT,#0         ;秒计数器
        MOV       DISPBUF,#HIDDEN;
        MOV       DISPBUF+1,#HIDDEN;
        MOV       DISPBUF+2,#HIDDEN;
        MOV       DISPBUF+3,#HIDDEN;
        MOV       DISPBUF+4,#HIDDEN;
        MOV       DISPBUF+5,#HIDDEN;
        CALL      INIT_T            ;T0 和 T1 的中断初始化处理
        CLR       SEC               ;清除 1 秒时间到的标志
        SETB      EA                ;开总中断
LOOP:
        JBC       SEC,NEXT          ;1 秒到,清除 1 秒时间到的标志,并转 Next 处执行
        CALL      DISP              ;调用显示子程序
        JMP       LOOP              ;1 秒未到,继续循环
NEXT:
        MOV       A,SCOUNT          ;获得秒的数值
        MOV       B,#10             ;将 10 送到 B,准备将秒的数值除以 10 分离出 10 位和个位
        DIV       AB                ;二进制转化为十进制,十位和个位分送显示缓冲区
        JZ        NEXT1             ;如果 A 中值是 0,转 NEXT1 执行
        JMP       NEXT2             ;否则直接送去显示
NEXT1:
        MOV       A,#HIDDEN         ;如果 A 中的值是 0,则将消隐码送到 A 中去
NEXT2:
        MOV       DISPBUF+6,A       ;将 A 中的值送入显示缓冲单元
```

```
        MOV     DISPBUF + 7,B          ;个位送显示缓冲单元
        JMP     LOOP                   ;继续循环
;主程序到此结束
;定时器 T1 中断处理程序用于显示
DISP:                                  ;定时器 T1 的中断响应程序
        MOV     P2,#00H                ;关显示
        PUSH    ACC                    ;ACC 入栈
        PUSH    PSW                    ;PSW 入栈
        MOV     TH1,#HIGH(65538 - 3000);定时时间为 3000 个周期
        MOV     TL1,#LOW(65538 - 3000)
;省略,此处显示程序部分,与例 8 - 5 相同
        POP     PSW
        POP     ACC
        RET
DISPTAB:DB 0C0H,0F9H,0A4H,0B0H,99H,92H,82H,0F8H,80H,90H,
DB      88H,83H,0C6H,0A1H,86H,8EH,0FFH
        BitTab:DB 01H,02H,04H,08H,10H,20H,40H,80H
;初始化 T0 和 T1
INIT_T:
        MOV     TMOD,#11H              ;初始化 T0 为 50 ms 的定时器,T1 为 3 ms 定时器
        MOV     TH0,#HIGH(TMRVAR)
        MOV     TL0,#LOW(TMRVAR)
        SETB    ET0                    ;开 T0 中断
        SETB    TR0                    ;定时器 0 开始运行
        SETB    TR1
        SETB    ET1
        RET                            ;返回
;定时器 T0 的中断处理程序
INT_T0:
        PUSH    ACC
        PUSH    PSW                    ;中断保护
        MOV     TH0,#HIGH(TMRVAR)
        MOV     TL0,#LOW(TMRVAR)
        INC     TCOUNT                 ;软件计数器加 1
        MOV     A,TCOUNT
        CJNE    A,#TCOUNTER,INT_RET
        MOV     TCOUNT,#0              ;计到 20,软件计数器清 0
        SETB    SEC                    ;将秒标志置为 1
        INC     SCOUNT                 ;秒的值加 1
        MOV     A,SCOUNT
        CJNE    A,#60,INT_RET
        MOV     SCOUNT,#0
```

```
INT_RET:
    POP     PSW
    POP     ACC
    RETI
END
```

程序分析：

① 在程序的开始部分，使用 EQU 伪指令定义一些符号变量和符号常量，便于理解程序。如用 HIDDEN 代替 11，实现消隐，用 TMRVAR 代替定时器初值 54685，用 VALUE 代替内存单元地址 21H 等。

② 程序段：

```
ORG     1*8+3
RETI
```

的用途是设置定时器 T0 的中断入口，相当于是"ORG 0BH"。

③ 秒信号的形成：由于单片机外接晶振是 11.059 2 MHz，即使定时器工作于方式 1(16 位的定时/计数模式)，最长定时时间也只有 71 ms 左右，不能直接利用定时器来实现 1 s 时间的定时值，为此利用软件计数器的概念，设置一个计数单元(COUNT)并置初值为 0，把定时器 T0 的定时时间设定为 10 ms，每次定时时间一到，COUNT 单元中的值加 1，当 COUNT 加到 100，说明已有 100 次 10 ms 的中断，也就是 1 s 时间到了。1 s 时间到后，置位 1 s 时间到的标记 (SEC)后返回，图 8-13 是定时中断处理的流程图。

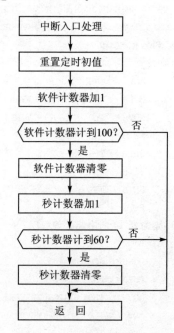

图 8-13　秒信号形成流程图

主程序是一个无限循环，不断判断(SEC)标志是否为 1，如果为 1，说明 1 s 时间已到，首先把 SEC 标志清 0，避免下次错误判断，然后把用作秒计数的内存单元(VALUE)加 1，再把 VALUE 单元中的数据变换成 BCD 码，送入显示缓冲区，这样，就可以把这个值显示出来。

④ 程序中有：

```
MOV     TH0,#HIGH(TMRVAR)
MOV     TL0,#LOW(TMRVAR)
```

这样的两行程序，其中 HIGH 和 LOW 分别是两条伪指令，HIGH 的用途是取其后面括号中数值的高 8 位,而 LOW 则是取其后面括号中数值的低 8 位。例如 TMRVAR=FE08H,那么 HIGT(TMRAVR)=FEH,而 LOW(TMRAVR)=08H。利用这两条伪指令,可以简化计算,明确变量的含义,防止出错。

⑤ 程序中有如下程序行:

```
JMP      START
CALL     DISP
```

其中 JMP 和 CALL 并不是 80C51 的指令,而是 Keil 所支持的两条伪指令,在对源程序汇编时,Keil 软件中的汇编程序会根据实际情况自动选择 LJMP、AJMP、SJMP 中的某一条指令替代 JMP,选择 LCALL、ACLL 中的某一条指令替代 CALL。

巩固与提高

1. 串行显示接口电路如图 8 - 7 所示,请编程显示"HELLO"字样。

2. 为秒表加上计分钟的功能,使用第 3 和第 4 位数码管记录分钟数,最长 99 分钟。

任务 2 使用字符型液晶显示器显示字符

液晶显示器由于体积小、重量轻、功耗低等优点,日渐成为各种便携式电子产品的理想显示器件。从液晶显示器显示内容来分,可分为段式、字符式和点阵式三种。其中字符式液晶显示器以其价廉、显示内容丰富、美观、无须定制、使用方便等特点被广泛使用,图 8 - 14 是某 1602 型字符液晶的外形图。本节将通过"在 LCD 显示器上显示 Welcome!"这一例子来学习字符型 LCD 基本知识、LCD 驱动程序、驱动程序使用等相关知识。

图 8 - 14 某 1602 字符型液晶显示器外形图

8.2.1 字符型液晶显示器的基本知识

字符型液晶显示器用于显示数字、字母、图形符号并可显示少量自定义符号,这类显示器均把 LCD 控制器、点阵驱动器、字符存贮器等做在一块板上,再与液晶屏一起组成一个显示模块,因此,这类显示器安装与使用都较简单。

这类液晶显示器的型号通常为×××1602、×××1604、×××2002、×××2004 等,其中×××为商标名称,16 代表液晶每行可显示 16 个字符,02 表示共有 2 行,即这种显示器可同时显示 32 个字符,20 表示液晶每行可显示 20 个字符,02 表示共可显示 2 行,即这种液晶显示器可同时显示 40 个字符,其余型号以此类推。

这类液晶显示器通常有 16 根接口线,表 8-3 是这 16 根线的定义。

表 8-3 字符型液晶接口说明

编 号	符 号	引脚说明	编 号	符 号	引脚说明
1	Vss	电源地	9	D2	数据线 2
2	VDD	电源正	10	D3	数据线 3
3	VL	液晶显示偏压信号	11	D4	数据线 4
4	RS	数据/命令选择端	12	D5	数据线 5
5	R/W	读/写选择端	13	D6	数据线 6
6	E	使能信号	14	D7	数据线 7
7	D0	数据线 0	15	BLA	背光源正极
8	D1	数据线 1	16	BLK	背光源负极

图 8-15 是字符型液晶显示器与单片机的接线图,这里用了 P0 口的 8 根线作为液晶显示器的数据线,用 P2.5、P2.6、P2.7 作为三根控制线,与 VL 端相连的电位器的阻值为 10 kΩ,用来调节液晶显示器的对比度,5 V 电源通过一个电阻与 BLA 相连用以提供背光,该电阻可用 10 Ω、1/2 W。

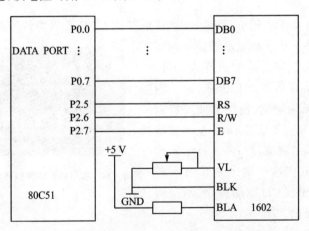

图 8-15 字符型液晶显示器与单片机的接线图

8.2.2 字符型液晶显示器的使用

字符型液晶一般均采用 HD44780 及兼容芯片作为控制器,因此,其接口方式基本是标准的。为便于使用,编写了驱动程序软件包。

这个驱动程序适用于 1602 型字符液晶显示器,提供了这样的一些命令:

(1) 初始化液晶显示器命令(RSTLCD)

设置控制器的工作模式,在程序开始时调用。

参数:无

(2) 清屏命令(CLRLCD)

清除屏幕显示的所有内容。

参数:无

(3) 光标控制命令(SETCUR)

用来控制光标是否显示及是否闪烁。

参数:1个,用于设定显示器的开关、光标的开关及是否闪烁。程序中预定义了四个符号常数,只要使用四个常数作为参数即可,这四个常数的定义如下:

```
NoDisp        EQU      0          ;关显示
NoCur         EQU      1          ;开显示无光标
CurNoFlasH    EQU      2          ;开显示有光标但光标不闪烁
CurFlasH      EQU      3          ;开显示有光标且光标闪烁
```

(4) 写字符命令(WRITECHAR)

在指定位置(行和列)显示指定的字符。

参数:共有 3 个,即行值、列值及待显示字符,分别存放在 XPOS、YPOS 和 A 中。其中行值与列值均从 0 开始计数,A 中可直接写入字符的符号,编译程序会自动转化为该字符的 ASCII 值,例如,要在第一行第一列显示字符 X 可写为:

```
MOV     XPOS, #0
MOV     YPOS, #0
MOV     A, #'X'
CALL    WRITECHAR
```

有了以上四条命令,已可以使用液晶显示器,但为使用方便,再提供一条写字符串命令。

(5) 字符串命令(WRITESTRING)

在指定位置显示指定的一串字符。

参数:共有 3 个,即行值、列值,R0 指向待显示字符串的内存首地址,字符串须以"0"结尾,如果字符串的长度超过了从该列开始可显示的最多字符数,则其后字符被截断,并不在下一行显示出来。

以下是完整的驱动程序源程序。

```
WriteString:
    MOV     A,@R0
    JZ      WS_RET
    CALL    WriteCHar
    MOV     A,XPOS
    CJNE    A,#15,WS_1        ;如果 XPOS 中的值未到 15(可显示的最多位)
    JMP     WS_RET
```

```
WS_1:  INC      R0
       INC      XPOS
       JMP      WriteString
WS_RET:         RET
SetCur:                          ;光标设置命令
       MOV      A,CUR
       JZ       S_1             ;参数为 0,转关显示
       DEC      A
       JZ       S_2             ;参数为 1,转开显示,但无光标
       DEC      A
       JZ       S_3             ;参数为 2,转开显示且有光标,无闪烁
       DEC      A
       JZ       S_4             ;参数为 3,转开显示,光标闪烁
       JMP      S_RET           ;否则返回
S_1:   MOV      A,#00001000B    ;关显示
       CALL     LCDWC
       JMP      S_RET
S_2:   MOV      A,#00001100B    ;开显示但无光标
       CALL     LCDWC
       JMP      S_RET
S_3:   MOV      A,#00001110B    ;开显示有光标但不闪烁
       CALL     LCDWC
       JMP      S_RET
S_4:   MOV      A,#00001111B    ;开显示有光标且闪烁
       CALL     LCDWC
S_RET:          RET


ClrLcd:                          ;清屏命令
       MOV      A,#01H
       CALL     LCDWC
       RET
;在指定的行与列显示的字符,xpos 表示行,ypos 表示列 A 中放待显示字符
WriteCHar:
       CALL     LCDPOS
       CALL     LCDWD
       RET


WaitIdle:                        ;检测 LCD 控制器状态
       PUSH     ACC
       MOV      DPORT,#0FFH
       CLR      RS
       SETB     RW
```

```
        SETB    E
        NOP
W_1:MOV A,DPORT
        ANL     A,#80H
        JZ      W_2
        JMP     W_1
W_2:CLR E
        POP     ACC
        RET


LcdWd:                          ;写字符子程序
        CALL    WAITIDLE
        SETB    RS
        CLR     RW
        MOV     DPORT,A          ;以 A 为数据传递
        SETB    E
        NOP
        CLR     E
        RET
LcdWc:                          ;送控制字子程序(检测忙信号)
        CALL    WaitIdle
LcdWcn:                         ;送控制字子程序(不检测忙信号)
        CLR     RS
        CLR     RW
        MOV     DPORT,A
        SETB    E
        NOP
        CLR     E
        RET


LCDPOS:                         ;设置第(XPOS,YPOS)个字符的 DDRAM 地址
        PUSH    ACC
        MOV     A,XPOS
        ANL     A,#0FH           ;X 位置范围(0~15)
        MOV     XPOS,A
        MOV     A,YPOS
        ANL     A,#01H           ;Y 位置范围(0~1)
        MOV     YPOS,A
        CJNE    A,#00,LPS_LAY    ;(第一行)X:第 0~15 个字符
        MOV     A,XPOS           ;DDRAM:0H~0FH
        JMP     LPS_LAX
```

```
LPS_LAY:
    MOV     A,XPOS              ;(第二行)X:第 0~15 个字符
    ADD     A,#40H              ;DDRAM:   40H~4FH
LPS_LAX:
    ORL     A,#80H              ;设置 DDRAM 地址
    CALL    LCDWC
    POP     ACC
    RET


RSTLCD:
    MOV     R6,15
    CALL    DELAY               ;延时 15 ms
    MOV     A,#38H
    CALL    LCDWCN
    MOV     R6,#5               ;延时 5 ms
    CALL    DELAY
    CALL    LCDWCN
    MOV     R6,#5               ;延时 5 ms
    CALL    DELAY
    CALL    LCDWCN


    MOV     A,#38H              ;显示模式设置
    CALL    LCDWC
    MOV     A,#08H              ;显示关闭
    CALL    LCDWC
    MOV     A,#01H              ;显示清屏
    CALL    LCDWC
    MOV     A,#06H              ;显示光标移动位置
    CALL    LCDWC
    MOV     A,#0CH              ;显示开及光标设置
    CALL    LCDWC
    RET
;以下是延时 1 ms 的延时程序,用于液晶显示,该段延时时间不要求精确,这里以 12MHz
;晶振为例来设计,可用于低于 12 MHz 晶振的场合,如果晶振频率高于 12 MHz,适当修改
DELAY:                          ;延时 1 ms 的子程序
D_1:MOV     R5,#25              ;如果 12 MHz 以上晶振,将这个数值改为 50
D_2:MOV     R4,#20
    DJNZ    R4,$
    DJNZ    R5,D_2
    DJNZ    R6,D_1              ;R6 用作参数传递
    RET
```

该通用软件包可以设置在程序存储器的任何空间。

该通用软件包占用的资源有 A、R0、R4、R5、R6 等。

8.2.3　任务实现

【例 8 - 7】　字符型液晶的接线如图 8 - 15 所示,要求从第一行第一列开始显示 "Welcome!",打开光标并闪烁显示。

根据要求,既可以用写字符的方式实现要求,也可以用写字符串的方法实现要求,这里用写字符串的方法来实现。程序如下:

```
;根据硬件连线,对引脚作如下定义:
RS      bit     P2.5            ;P2.5 接 RS 端
RW      bit     P2.6            ;P2.6 接 RW 端
E       bit     P2.7            ;P2.7 接 E 端
DPORT   EQU     P0              ;8 根数据线接到 P0 口
ORG     0000H
JMP     START
ORG     30H
START:
        MOV     SP,#5FH
        CALL    RSTLCD          ;复位液晶显示器
        MOV     CUR,#CURFLASH
        CALL    SETCUR          ;开光标显示并闪烁
        MOV     20H,#'W'
        MOV     21H,#'e'
        MOV     22H,#'l'
        MOV     23H,#'c'
        MOV     24H,#'o'
        MOV     25H,#'c'
        MOV     26H,#'e'
        MOV     27H,#0
;作为演示,这里直接把字符串写入 RAM 中,实际工作中可能会有各种生成字符串的
;方法,但不要忘记在字符串的最后要多用一个单元并送入数值 0 作为结束
        MOV     XPOS,#0         ;第一行
        MOV     YPOS,#0         ;第一列
        CALL    WRITESTRING     ;调用写字符串函数
        ;这里写其他部分程序
         ⋮
        ;在这里加入驱动程序,统一汇编即可
```

任务 3　使用点阵型液晶屏显示汉字和图形

点阵型液晶显示屏既可以显示数据,又可以显示包括汉字在内的各种图形。点阵型液晶显示屏与 LED 点阵屏相比,其功耗低、体积小,适用于各种仪器、便携式设备等。随着其用量越来越大,价格的不断降低,应用场合也越来越多。点阵式液晶显示屏驱动较为复杂,人们常用的是由液晶显示板和控制器部分组合而成的一个模块,因此,人们也往往称之为 LCM(Liquid Crystal Module)即液晶模块。

目前,市场上的 LCM 产品非常多,从其接口特征来分可以分为通用型和智能型两种。智能型 LCM 一般内置汉字库,具有一套接口命令,使用方便。通用型 LCM 必须由用户自行编程来实现各种功能,使用较为复杂,但其成本较低。LCM 的功能特点主要取决于其控制芯片,目前常用的控制芯片有 T6963、HD61202、SED1520、SED13305、KS0107、ST7920、RA8803 等。其中使用 ST7920 和 RA8803 控制芯片的 LCM 产品一般都内置汉字库,而使用 RA8803 控制芯片的 LCM 产品一般都具有触摸屏功能。

由于 LCM 产品众多,本课题只能选择其中的一部分作介绍。从系统地理解 LCM 产品及学习单片机知识的角度出发,本课题选择了较为传统的控制芯片制作的一款 LCM 产品 FM12864I 作介绍。通过"用点阵液晶屏显示电子技术四个汉字"这个例子来学习字模生成、LCM 模块控制芯片、液晶驱动等相关知识。

8.3.1　字模生成

使用 LCM 点阵显示器的重要工作之一是获得待显示汉字的字模,手工编写字模很费事,很多人编写了各种各样的字模软件。为用好这些字模软件,有必要学习字模的一些基本知识,这样才能理解字模软件中一些参数设置的方法,以获得正确的结果。

1. 字模生成软件

如图 8-16 所示是某字模生成软件,其中用黑框圈起来的是其输出格式及取模方式设定部分。

使用该软件生成字模时,按需要设定好各种参数,单击"参数确认"按钮。界面下方的"输入字串"按钮变为可用,在该按钮前的文本框中输入需要转换的汉字,单击"输入字串"按钮,即可按所设定的输出格式及取模方式来获得字模数据。如图 8-17 所示即按所设置方式生成"电子技术"这 4 个字的字模表。

从图 8-16 中可以看到该软件有 4 种取模方式,实用时究竟应选择何种取模方式,取决于 LED 点阵屏与驱动电路之间的连接方法,以下就来介绍一下这 4 种取模方式的具体含义。

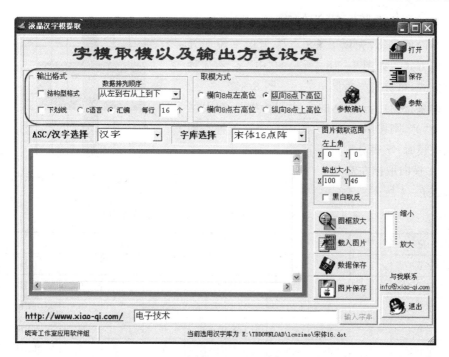

图 8－16 某种字模提取软件取模方式的设置

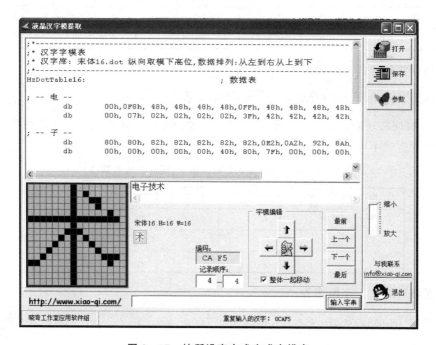

图 8－17 按所设定方式生成字模表

2. 8×8点阵字模的生成

为简单起见,先以8×8点阵为例来说明几种取模方式。如图8-18 所示的"中"字,有4种取模方式,可分别参考图8-19~图8-22。

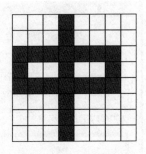

图8-18 在8×8点阵中显示"中"字

如果将图中有颜色的方块视为"1",空白区域视为"0",则按图8-19~图8-22这4种不同方式取模时,字模分别如下:

① 横向取模左高位 字形与字模的对照关系如表8-4所列。

表8-4 字形与字模的对照关系表(横向取模左高位)

位	7	6	5	4	3	2	1	0	
字节1	0	0	0	1	0	0	0	0	10H
字节2	0	0	0	1	0	0	0	0	10H
字节3	1	1	1	1	1	1	1	0	0FEH
字节4	1	0	0	1	0	0	1	0	92H
字节5	1	1	1	1	1	1	1	0	0FEH
字节6	0	0	0	1	0	0	0	0	10H
字节7	0	0	0	1	0	0	0	0	10H
字节8	0	0	0	1	0	0	0	0	10H

即在该种方式下字模表为:

```
ZM    DB:10H,10H,0FEH,92H,0FEH,10H,10H,10H
```

② 横向取模右高位 这种取模方式与表8-4类似,区别仅在于表格的第一行,即位排列方式不同,如表8-5所列。

表8-5 字形与字模的对照关系表(横向取模右高位)

位	0	1	2	3	4	5	6	7	
字节1	0	0	0	1	0	0	0	0	80H
⋮				⋮					⋮
字节8	0	0	0	1	0	0	0	0	80H

在该种方式下字模表为:

```
ZM    DB:08H,08H,7FH,49H,7FH,08H,08H,08H
```

③ 纵向取模下高位 在该种方式下字模表为:

```
ZM    DB:1CH,14H,14H,0FFH,14H,14H,1CH,00H
```

④ 纵向取模上高位　在该种方式下字模表为：

`ZM    DB:38H,28H,28H,0FFH,28H,28H,38H,00H`

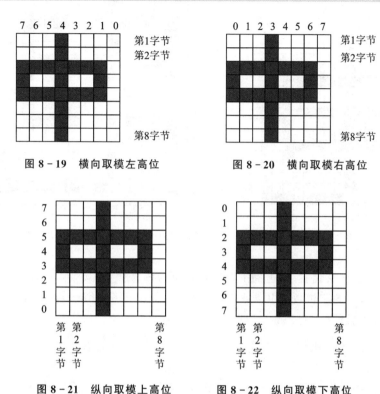

图 8-19　横向取模左高位　　　　图 8-20　横向取模右高位

图 8-21　纵向取模上高位　　　　图 8-22　纵向取模下高位

究竟应该采取哪一种取模方式，取决于硬件电路的连接及编程算法。

3. 16 点阵字模的产生

通常用 8×8 点阵来显示汉字太过粗糙，为显示一个完整的汉字，至少需要 16×16 点阵的显示器。这样，每个汉字就需要 32 个字节的字模，这时就需要考虑字模数据的排列顺序。图 8-16 所示软件中有两种数据排列顺序，如图 8-23 所示。

要解释这两种数据排列顺序，就要了解 16 点阵字库的构成。如图 8-24 所示，是"电"字的16 点阵字形。

这个 16×16 点阵的字形可以分为 4 个 8×8 点阵，如图 8-25 所示。

图 8-23　数据排列方式

对于这 4 个 8×8 点阵的每一部分的取模方式由上述的 4 种方式确定，并且一定相同，每个部分有 8 个字节的数据。各部分数据的组合方式有两种：

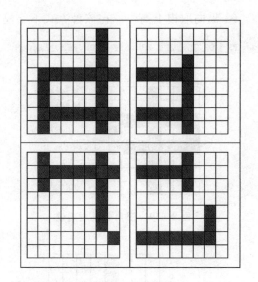

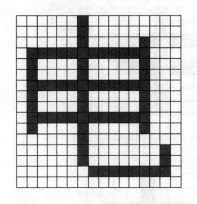

图 8-24 "电"字的 16 点阵字形 图 8-25 将 16×16 点阵分成 4 个 8×8 点阵

第一种是"从左到右，从上到下"，字模数据应该按照 、、、 的顺序排列，即先取第 1 部分的字模数据共 8 个字节，然后取第 2 部分的 8 个字节放在第 1 部分的 8 个字节之后，剩余的 2 部分以此类推。这种方式不难理解。

第二种是"从上到下，从左到右"，字模数据按照 、、、 的顺序排列，但其排列方式并非先取第 1 部分 8 个字节，然后将第 2 部的 8 个字节加在第 1 部分的 8 个字节之后，而是第 1 部分的第 1 个字节后是第 2 部分的第 1 个字节，然后是第 1 部分的第 2 个字节，后面接着的是第 2 部分的第 2 个字节，以此类推。如果按此种方式取模，则部分字模如下：

```
        db      00H, 00H,0F8H, 07H, 48H, 02H, 48H, 02H
......
```

读者可以对照字形来看，其中第 1 和第 2 个字节均为 00H，从图 8-25 中可以看到这正是该字形左侧的上下两个部分的第 1 个字节。而 0F8H 和 07H 则分别是左侧上下两个部分的第 2 个字节，余者以此类推。

这两种方法获得的字模并无区别，究竟采用哪种方式取决于编程者的编程思路。

目前在网络上可以找到的字模软件非常多，参数设置包括参数名称等也各不相同，但理解了上述原则就不难进行相关参数的设定了。

8.3.2 认识 FM12864I 及其控制芯片 HD61202

1. FM12864I 外形及内部结构图

如图 8-26 所示是 FM12864I 产品的外形图。

这款液晶显示模块使用的是 HD61202 控制芯片,内部结构示意图如图 8-27 所示。由于此芯片只能控制 64×64 点,因此产品中使用了 2 块 HD61202,分别控制屏的左、右两个部分。也就是这块 128×64 的显示屏实际上可以看作是 2 块 64×64 显示屏的组合。除了这两块控制

图 8-26 FM12864I 外形图

芯片外,图中显示还用到了一块 HD61203A 芯片,但该芯片仅供内部使用以提供列扫描信号,没有与外部的接口,因此,这里不对这块芯片进行分析。

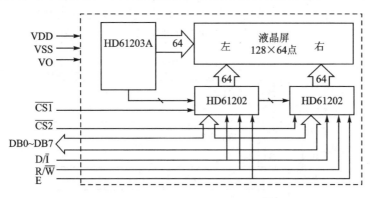

图 8-27 FM12864I 的内部结构示意图

图 8-27 中一共展示了 16 根引脚,除此之外,还有 RST 引脚、VEE 引脚、背光源引脚也被引出,这样,这块液晶显示器共有 20 根引脚,其引脚排列如表 8-6 所列。

表 8-6 FM12864I 接口

编 号	符 号	引脚说明	编 号	符 号	引脚说明
1	VSS	电源地	15	CSA	片选 IC1
2	VDD	电源正极(+5 V)	16	CSB	片选 IC2
3	VO	LCD 偏压输入	17	RST	复位端(H:正常工作;L:复位)
4	RS	数据/命令选择端(H/L)	18	VEE	LCD 驱动负压输出(-4.8 V)
5	R/W	读写控制信号(H/L)	19	BLA	背光源正极
6	E	使能信号	20	BLK	背光源负极
7~14	DB0~DB7	数据输入口			

2. HD61202 及其兼容控制驱动器的特点

HD61202 及其兼容控制驱动器是一种带有列驱动输出的液晶显示控制器,它可与行驱动器 HD61203 配合使用组成液晶显示驱动控制系统。HD61202 芯片具有如下一些特点:

● 内藏 64×64 位共 4 096 位显示 RAM,RAM 中每位数据对应 LCD 屏上一个

点的亮暗状态。

- HD61202 是列驱动,具有 64 路列驱动输出。
- HD61202 读写操作时序与 68 系列微处理器相符,因此它可直接与 68 系列微处理器接口相连,在与 80C51 系列微处理接口时要做适当处理,或使用模拟口线的方式。
- HD61202 占空比为 1/32～1/64。

图 8 - 28 所示是 HD61202 内部 RAM 结构示意图。从图中可以看出每片 HD61202 可以控制 64×64 点,为方便 MCU 控制,每 8 行称为 1 页,这样,一页内任意一列的 8 个点对应一个字节的 8 个位,并且是高位在下。由此可知,如果要进行取字模的操作,应该选择"纵向取模、高位在下"的方式。

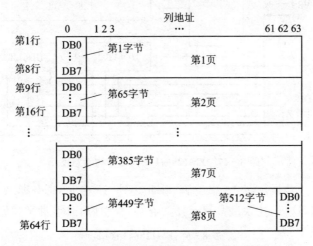

图 8 - 28　HD61202 内部 RAM 结构示意图

3. HD61202 及其兼容控制驱动器的指令系统

HD61202 的指令系统比较简单,总共只有 7 种,如表 8 - 7 至表 8 - 13 所列。

表 8 - 7　显示开/关指令

R/W	D/I	DB7	DB6	DB5	DB4	DB3	DB2	DB1	DB0
0	0	0	0	1	1	1	1	1	1/0

注:表中前两列是此命令所对应的引脚电平状态,后 8 位是读/写字节。以下各指令表中的含义相同,不再重复说明。

该指令中,如果 DB0 为 1 则 LCD 显示 RAM 中的内容,DB0 为 0 时关闭显示。

表 8 - 8　显示起始行 ROW 设置指令

R/W	D/I	DB7	DB6	DB5	DB4	DB3	DB2	DB1	DB0
0	0	1	1	显示起始行 0～63					

该指令设置了对应液晶屏最上面的一行显示 RAM 的行号,有规律地改变显示起始行,可实现显示滚屏的效果。

表 8 - 9 页 PAGE 设置指令

R/W	D/I	DB7	DB6	DB5	DB4	DB3	DB2	DB1	DB0
0	0	1	0	1	1	1	页号 0~7		

显示 RAM 可视作 64 行,分 8 页,每页 8 行对应一个字节的 8 位。

表 8 - 10 列地址设置指令

R/W	D/I	DB7	DB6	DB5	DB4	DB3	DB2	DB1	DB0
0	0	0	1	显示列地址 0···63					

设置了页地址和列地址,就唯一地确定了显示 RAM 中的一个单元。这样 MCU 就可以用读指令读出该单元中的内容,用写指令向该单元写进一个字节数据。

表 8 - 11 读状态指令

R/W	D/I	DB7	DB6	DB5	DB4	DB3	DB2	DB1	DB0
1	0	BUSY	0	ON/OFF	REST	0	0	0	0

该指令用来查询 HD61202 的状态,执行该条指令后,得到一个返回的数据值,根据数据各位来判断 HD61202 芯片当前的工作状态。各参数含义如下:

- BUSY :1 为内部在工作,0 为正常状态;
- ON/OFF:1 为显示关闭,0 为显示打开;
- REST:1 为复位状态,0 为正常状态。

如果芯片当前正处在 BUSY 和 REST 状态,除读状态指令外其他指令均无操作效果。因此,在对 HD61202 操作之前要查询 BUSY 状态,以确定是否可以对其进行操作。

表 8 - 12 写数据指令

R/W	D/I	DB7	DB6	DB5	DB4	DB3	DB2	DB1	DB0
0	1	写数据指令							

该指令用以将显示数据写入 HD61202 芯片中的 RAM 区中。

表 8 - 13 读数据指令

R/W	D/I	DB7	DB6	DB5	DB4	DB3	DB2	DB1	DB0
1	1	读数据指令							

该指令用以读出 HD61202 芯片 RAM 中指定单元的数据。

读写数据指令每执行完一次,读写操作列地址就自动增 1。必须注意的是进行读操作之前,必须要有一次空读操作,紧接着再读,才会读出所要读的单元中的数据。人们使用点阵式液晶屏(LCM)往往需要显示汉字,因此本任务以使用 LCM 显示汉字为例来学习 LCM 的使用方法。

8.3.3 任务实现

图 8-29 是 80C51 系列 MCU 与 FM12864I 型 LCM 接口电路图,这里采用的是非总线接口方式。由图可以看到,P0 口与数据口连接,各控制引脚分别由一根 I/O 口线控制。V0 端用于对比度调整,由于本模块内置了负电源发生器,因此连接非常方便,只要外接一只电阻和一只电位器即可。

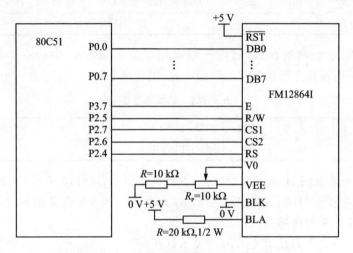

图 8-29 液晶显示屏与 80C51 的连接

【例 8-8】 在 LCM 模块中显示汉字。

```
DispOn    EQU    3FH            ;开显示
DispOff   EQU    3EH            ;关显示
ColAdd    EQU    40H            ;列地址
PageAdd   EQU    0B8H           ;页地址


Epin      EQU    P2.7
RW        EQU    P2.6
RS        EQU    P2.5
CSL       EQU    P2.4
CSR       EQU    P2.3


ORG       0000H
JMP       START
ORG       30H
```

```
START:

    MOV     A,#3Fh              ;初始化液晶屏
    CALL    WriteCmdL
    MOV     A,#3Fh
    CALL    WriteCmdR
    MOV     A,#0Ch
    CALL    WriteCmdL
    MOV     A,#0Ch
    CALL    WriteCmdR
    CALL    ClearRAML           ;清左侧屏幕
    CALL    ClearRAMR           ;清右侧屏幕
;以下显示"电子技术"四个汉字
    MOV     R7,#1
    MOV     R6,#0
    MOV     R5,#0
    CALL    CHineseDispL        ;显示"电"

    MOV     R7,#1
    MOV     R6,#16
    MOV     R5,#1
    CALL    CHineseDispL        ;显示"子"

    MOV     R7,#1
    MOV     R6,#32
    MOV     R5,#2
    CALL    CHineseDispL        ;显示"技"

    MOV     R7,#1
    MOV     R6,#48
    MOV     R5,#3
    CALL    CHineseDispL        ;显示"术"
    JMP     $
;主程序到此结束
BusyCHkL:                       ;检测忙状态左
    PUSH    ACC
    CLR     RS
    SETB    RW
    SETB    CSL
    SETB    Epin
BL:
```

```
        MOV     A,P0
        JB      ACC.7,BL        ;如果读到的最高位是 1,转去继续检测
        CLR     Epin
        CLR     CSL
        POP     ACC
        RET                     ;返回
BusyCHkR:                       ;检测忙状态右
        PUSH    ACC
        CLR     RS
        SETB    RW
        SETB    CSR
        SETB    Epin
BR:
        MOV     A,P0
        JB      ACC.7,BR        ;如果读到的最高位是 1,转去继续检测
        CLR     Epin
        CLR     CSR
        POP     ACC
        RET                     ;返回
WriteCmdL:                      ;写命令左,A 中为命令字
        CALL    BusyCHkL        ;等待上一命令结束
        MOV     P0,A            ;命令字先送到数据端口
        CLR     RS
        CLR     RW
        SETB    CSL
        SETB    Epin
        NOP
        CLR     Epin
        CLR     CSL
        RET
WriteCmdR:                      ;写命令右,A 中为命令字
        CALL    BusyCHkR        ;等待上一命令结束
        MOV     P0,A
        CLR     RS
        CLR     RW
        SETB    CSR
        SETB    Epin
        NOP
        CLR     Epin
        CLR     CSR
        RET
```

```assembly
WriteDataL:                              ;写数据,A 中为待写入数据
    CALL    BusyCHkL
    MOV     P0,A
    SETB    RS
    CLR     RW
    SETB    CSL                          ;RS = 1,RW = 0,CSL = 1
    SETB    Epin
    NOP
    CLR     Epin
    CLR     CSL
    RET
WriteDataR:                              ;写数据,A 中为待写入数据
    CALL    BusyCHkR
    MOV     P0,A
    SETB    RS
    CLR     RW
    SETB    CSR                          ;RS = 1,RW = 0,CSR = 1
    SETB    Epin
    NOP
    CLR     Epin
    CLR     CSR
    RET


/ * 参数:R7 表示行,R6 表示列 * /
ClrScrL:
    MOV     R1,#0
ClrL_L1:
    MOV     A,#PageAdd
    ADD     A,R1
    ADD     A,R7
    CALL    WriteCmdL
    MOV     A,#ColAdd
    ADD     A,R6
    CALL    WriteCmdL
    ;第二层循环开始
    MOV     R2,#8
ClrL_L2:
    MOV     A,#00H                       ;清零用的数据
    CALL    WriteDataL
    DJNZ    R2,ClrL_L2
    INC     R1
```

```
        CJNE    R1,#2,ClrL_L1           ;不等于2转去循环
        RET                             ;等于2退出
/*参数:R7表示行,R6表示列*/
ClrScrR:
        MOV     R1,#0
ClrR_L1:
        MOV     A,#PageAdd
        ADD     A,R1
        ADD     A,R7
        CALL    WriteCmdR
        MOV     A,#ColAdd
        ADD     A,R6
        CALL    WriteCmdR
        ;第二层循环开始
        MOV     R2,#8
ClrR_L2:
        MOV     A,#0
        CALL    WriteDataR
        DJNZ    R2,ClrR_L2
        INC     R1
        CJNE    R1,#2,ClrR_L1           ;不等于2转去循环
        RET                             ;等于2退出


ClearRamL:                              ;清内存左
        MOV     A,#PageAdd
        ADD     A,#0
        CALL    WriteCmdL
        MOV     A,#ColAdd
        ADD     A,#0
        CALL    WriteCmdL
        MOV     R7,#0                   ;行
C_L1:
        MOV     A,#PageAdd
        ADD     A,R7
        CALL    WriteCmdL
        ;以下第二层循环
        MOV     R6,#0                   ;COL
C_L2:
        CALL    ClrScrL
        INC     R6
        CJNE    R6,#64,C_L2             ;未到64,循环
        INC     R7
```

```
        CJNE    R7,#8,C_L1          ;未到8,转 C_L1 循环
        RET
ClearRamR:                          ;清内存右
        MOV     A,#PageAdd
        ADD     A,#0
        CALL    WriteCmdR
        MOV     A,#ColAdd
        ADD     A,#0
        CALL    WriteCmdR
        MOV     R7,#0
C_R1:
        MOV     A,#PageAdd
        ADD     A,R7
        CALL    WriteCmdR
        ;以下第二层循环
        MOV     R6,#0               ;COL
C_R2:
        CALL    ClrScrR
        INC     R6
        CJNE    R6,#64,C_R2         ;未到64,循环
        INC     R7
        CJNE    R7,#8,C_R1          ;未到8,转 C_R1 循环
        RET
/*汉字显示,参数 R7 为行,R6 为列,R5 为序号*/
CHineseDispL:                       ;汉字显示左
        MOV     R1,#0
;以下根据传入的序号计算该序号所对应的字符的首地址
        MOV     DPTR,#CHTAB
        MOV     A,R5                ;送入序号
        MOV     B,#32
        MUL     AB
        ADD     A,DPL
        MOV     DPL,A               ;回送到 DPL 中
        MOV     A,B                 ;取高8位数据
        ADDC    A,DPH
        MOV     DPH,A
;DPTR+n*32,指向了序号所对应的字符的首地址
CH_L1:
        MOV     A,#PageAdd
        ADD     A,R7
        ADD     A,R1
```

```
        CALL    WriteCmdL
        MOV     A,#ColAdd
        ADD     A,R6
        CALL    WriteCmdL
        ;第一层循环结束
        MOV     R2,#0                    ;R2作为第二层循环的指针
        ;开始第二层循环
CH_L2:
        MOV     A,R1
        MOV     B,#16
        MUL     AB
        ADD     A,R2
        MOVC    A,@A+DPTR
        CALL    WriteDataL
        INC     R2
        CJNE    R2,#16,CH_L2
        INC     R1
        CJNE    R1,#2,CH_L1
        RET
/*汉字显示,参数R7为行,R6为列,R5为序号*/
CHineseDispR:                            ;汉字显示左
        MOV     R1,#0
;以下根据传入的序号计算该序号所对应的字符的首地址
        MOV     DPTR,#CHTAB
        MOV     A,R5                     ;送入序号
        MOV     B,#32
        MUL     AB
        ADD     A,DPL
        MOV     DPL,A                    ;回送到DPL中
        MOV     A,B                      ;取高8位数据
        ADDC    A,DPH
        MOV     DPH,A
;DPTR+n*32,指向了序号所对应的字符的首地址
CH_R1:
        MOV     A,#PageAdd
        ADD     A,R7
        ADD     A,R1
        CALL    WriteCmdR
        MOV     A,#ColAdd
        ADD     A,R6
        CALL    WriteCmdR
        ;第一层循环结束
```

```
        MOV      R2,#0              ;R2 作为第二层循环的指针
        ;开始第二层循环
CH_R2:
        MOV      A,R1
        MOV      B,#16
        MUL      AB
        ADD      A,R2
        MOVC     A,@A+DPTR
        CALL     WriteDataR
        INC      R2
        CJNE     R2,#16,CH_R2
        INC      R1
        CJNE     R1,#2,CH_R1
        RET
Delay:
        SETB     RS0
        MOV      R7,#20
D_L1:
        MOV      R6,#200
        DJNZ     R6,$
        DJNZ     R7,D_L1
        CLR      RS0
        RET
CHTAB:
; ------------------------------------------------ *
;汉字字模表
;汉字库:宋体16.dot 纵向取模下高位,数据排列:从左到右,从上到下
; ------------------------------------------------ *
; -- 电 --
        DB   00H,0F8H,48H,48H,48H,48H,0FFH,48H,48H,48H,48H,0FCH,08H,00H,
00H,00H
        DB   00H,07H,02H,02H,02H,02H,3FH,42H,42H,42H,42H,47H,40H,70H,00H,00H
; -- 子 --
        DB   80H,80H,82H,82H,82H,82H,82H,0E2H,0A2H,92H,8AH,86H,80H,0C0H,
80H,00H
        DB   00H,00H,00H,00H,00H,40H,80H,7FH,00H,00H,00H,00H,00H,00H,00H,00H
; -- 技 --
        DB   10H,10H,10H,0FFH,10H,10H,88H,88H,88H,0FFH,88H,88H,8CH,08H,00H,00H
        DB   04H,44H,82H,7FH,01H,80H,81H,46H,28H,10H,28H,26H,41H,0C0H,40H,00H
; -- 术 --
        DB   20H,20H,20H,20H,20H,20H,0A0H,0FFH,0A0H,22H,24H,2CH,20H,30H,
20H,00H
        DB   10H,10H,08H,04H,02H,01H,00H,0FFH,00H,01H,02H,04H,08H,18H,08H,00H
        END
```

程序实现：输入源程序，命名为 8-8. ASM，在 Keil 软件中建立名为 8-8 的工程文件。将该文件加入工程中，编译、链接获得 HEX 文件，将代码写入，运行结果如图 8-30 所示。

图 8-30　实验板插入图形液晶的运行效果

巩固与提高

　　1. 编写程序在 1602 液晶显示屏上第 2 行第 1 列开始显示"DPJ-2016"，打开光标，关闭闪烁。

　　2. 查找资料，使用总线方式编写 1602 液晶显示屏的显示程序。

　　3. 编写程序在 12864 液晶显示屏左半屏上显示汉字。

　　4. 编写程序在 12864 液晶显示屏上显示图案。

　　5. 查找资料，使用 Proteus 中提供的另外几种液晶显示屏。

课题 9

键盘接口

在单片机应用系统中,通常都要有人机对话功能,如将数据输入仪器、对系统运行进行控制等,这时就需要键盘。

单片机中一般使用的键盘只是简单地提供行和列的矩阵,其他工作都靠软件来完成。本节将通过"键控流水灯"、"可预置倒计时钟"和"智能仪器输入键盘"等任务来学习键盘相关知识。

任务 1　键控风火轮的制作

9.1.1　键盘工作原理

图 9 - 1 是单片机键盘的一种接法,单片机引脚作为输入使用,在软件中将其置"1",当键没有被按下时,单片机引脚上为高电平,而当键被按下去后,引脚接地,单片机引脚上为低电平,通过编程即可获知是否有键按下,被按下的是哪一个键。

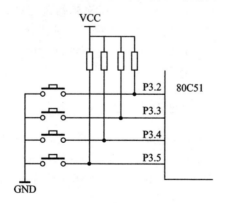

图 9 - 1　键盘接法

组成键盘的按键有触点式和非触点式两种,单片机中应用的键盘一般是由机械触点构成的。在图 9 - 1 中,当最上面的键未被按下时,P3.2 输入为高电平,该键被按下后,P3.2 输入为低电平。由于按键是机械触点,当机械触点断开、闭合时,会有抖动,如图 9 - 2 所示是按下 P3.2 引脚所连接的按键后,P3.2 引脚上的输入波形。

前沿和后沿抖动对于人来说是感觉不到的,但对单片机来说,则是完全可以检测到的,因为计算机处理的速度是在 μs 级,而机械抖动的时间至少是 ms 级,对单片机而言,这已是一个"漫长"的时间了。在本书 4.1.2 小节的中断实验中提到一个问题,即按键有时灵,有时不灵,就是这个原因。你只按了一次按键,可是单片机却已执行了多次中断的过程,如果执行的次数正好是奇数次,那么结果正如你所料,如果执行的次数是偶数次,那就不对了。

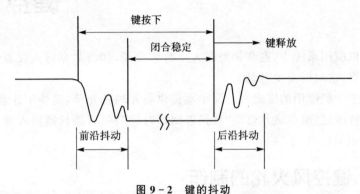

图 9-2　键的抖动

为使单片机能正确地读出键盘所接 I/O 的状态,对每一次按键只作一次响应,必须考虑如何去除抖动,常用的去抖动的方法有两种:硬件方法和软件方法。单片机中常用软件法,这里对于硬件去抖动的方法不作介绍。软件法去抖动的思路是,在单片机获得某 I/O 口为低电平的信息后,不是立即认定该键已被按下,而是延时 10 ms 或更长一些时间后再次检测该 I/O 口,如果仍为低,说明这个键的确被按下了,这实际上是避开了按键按下时的前沿抖动。而在检测到按键释放后(该 I/O 口为高)再延时 5~10 ms,消除键释放时的后沿抖动,然后对键值处理。当然,实际应用中,键的机械特性各不相同,对按键的要求也是千差万别,要根据不同的需要来编制处理程序,但以上是消除键抖动的原则。

9.1.2　使用按键来控制风火轮

在课题 3 任务 5 中实现了风火轮玩具,但那个风火轮程序只能显示固定的花样、流动方向等,如果需要更改,必须重写程序,并将代码写入芯片才可以,如果需要在现场对这些内容进行修改,那就需要加入键盘,以便向单片机"发布命令",使其按预先编好的程序运行。

将每个按键的一端接到单片机的 I/O 口,另一端接地,这是最简单的方法。图 9-1 所示是四个按键分别接到 P3.2、P3.3、P3.4 和 P3.5。对于这种键程序中可采用不断查询的方法,即:检测是否有键闭合,如有键闭合,则去除键抖动,判断键号并转入相应的键处理。下面给出一个键控流水灯的程序,四个键定义如下:

● P3.2:开始,按此键则灯开始流动;

● P3.3：停止，按此键则停止流动，所有灯为暗；

● P3.4：顺转，按此键则灯顺时针流动；

● P3.5：逆转，按此键则灯逆时针流动。

【例 9 - 1】　键控风火轮程序。

```
        UpDown      BIT     00H             ;上下行标志
        StartEnd    BIT     01H             ;启动及停止标志
        LAMPCODE    EQU     21H             ;存放流动的数据代码
        ORG     0000H
        AJMP    MAIN
        ORG     30H
MAIN:
        MOV     SP,#5FH
        MOV     P1,#0FFH
        CLR     UpDown                      ;启动时处于向上的状态
        CLR     StartEnd                    ;启动时处于停止状态
        MOV     LAMPCODE,#0FEH              ;单灯流动的代码
LOOP:
        ACALL   KEY                         ;调用键盘程序
        JNB     F0,LNEXT                    ;如果无键按下,则继续
        ACALL   KEYPROC                     ;否则调用键盘处理程序
NEXT:
        ACALL   LAMP                        ;调用灯显示程序
        AJMP    LOOP                        ;反复循环,主程序到此结束
        ;延时程序,键盘处理中调用
DELAY:  MOV     R7,#100
D1:     MOV     R6,#100
        DJNZ    R6,$
        DJNZ    R7,D1
        RET
KEYPROC:
        MOV     A,B                         ;从B寄存器中获取键值
        JB      ACC.2,KeyStart              ;分析键的代码,某位被按下,则该位为1
        JB      ACC.3,KeyOver
        JB      ACC.4,KeyUp
        JB      ACC.5,KeyDown
        AJMP    KEY_RET
KeyStart:
        SETB    StartEnd                    ;第一个键按下后的处理
        AJMP    KEY_RET
KeyOver:
        CLR     StartEnd                    ;第二个键按下后的处理
```

```
        AJMP      KEY_RET
KeyUp:
        SETB      UpDown                    ;第三个键按下后的处理
AJMP KEY_RET
KeyDown:
        CLR       UpDown                    ;第四个键按下后的处理
KEY_RET:
        RET
KEY:
        CLR       F0                        ;清 F0,表示无键按下
        ORL       P3,#00111100B             ;将 P3 口的接有键的四位置 1
        MOV       A,P3                      ;取 P3 的值
        ORL       A,#11000011B              ;将其余 4 位置 1
        CPL       A                         ;取反
        JZ        K_RET                     ;如果为 0 则一定无键按下
        ACALL     DELAY                     ;否则延时去键抖
        ORL       P3,#00111100B
        MOV       A,P3
        ORL       A,#11000011B
        CPL       A
        JZ        K_RET
        MOV       B,A                       ;确实有键按下,将键值存入 B 中
        SETB      F0                        ;设置有键按下的标志
K_RET:
        ORL       P3,#00111100B             ;此处循环等待键的释放
        MOV       A,P3
        ORL       A,#11000011B
        CPL       A
        JZ        K_RET1                    ;读取的数据取反后为 0 说明键释放了
        AJMP      K_RET
K_RET1:
        ACALL     DELAY                     ;消除后沿抖动
        RET

D500MS:                                     ;流水灯的延迟时间(自行编写)
     ⋮
        RET
LAMP:
        JB        StartEnd,LampStart        ;如果 StartEnd = 1,则启动
        MOV       P1,#0FFH
        AJMP      LAMPRET                   ;否则关闭所有显示,返回
LampStart:
```

```
        JB          UpDown,LAMPUP        ;如果 UpDown = 1,则顺时针
        MOV         A,LAMPCODE
        RL          A                    ;实际就是左移位而已
        MOV         LAMPCODE,A
        MOV         P1,A
        ACALL       D500MS
        AJMP        LAMPRET
LAMPUP:
        MOV         A,LAMPCODE
        RR          A ;逆时针流动实际就是右移
        MOV         LAMPCODE,A
        MOV         P1,A
        LCALL       D500MS
        LAMPRET:    RET                  ;返回
        END
```

程序实现:输入上述源程序,命名为 9 - 1. ASM,建立名为 9 - 1 的工程。设置工程,在 Debug 选项卡左侧最下面 Parameter 下的文本框中输入"- dfhl"。全速运行并调出仿真板,如图 9 - 3 所示。单击 P3.2 按钮,风火轮顺时针旋转;单击 P3.5 按钮,旋转方向改为逆时针,此时单击 P3.4 按钮,则旋转方向又改回顺时针;单击 P3.3 按钮,停止旋转。

配套资料\exam\ch09\9 - 1 文件夹中的 9 - 1.avi 记录了使用 fhl 实验仿真板的演示过程。

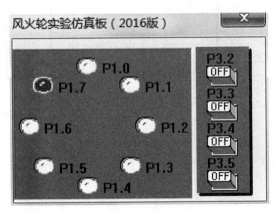

图 9 - 3　使用风火轮实验仿真板演示运行结果

程序分析:以上程序演示了一个键盘处理程序的基本思路,程序本身很简单,也不很实用,实际工作中还会有一些要考虑的因素,比如主循环每次都调用灯的循环程序,会造成按键反应"迟钝",而且如果一直按着键不放,灯就不会再流动,一直要到手松开为止,等等,读者可以仔细考虑一下这些问题,再想想有什么好的解决办法。下

一节将给出一个更为实用的例子。

任务2 制作可预置数的倒计时时钟

9.2.1 功能分析

该任务是制作一个用键盘设置的 60 s 倒计时时钟。其功能是:从一个设置值开始倒计时到 0,然后回到这个设置,再次开始倒计时,如此不断循环。该设置值可以用键盘来设定,共有四个按键 S1、S2、S3 和 S4,其功能分别是:

- S1:开始运行;
- S2:停止运行;
- S3:高位加 1,按一次,数码管的十位加 1,从 0~5 循环变化;
- S4:低位加 1,按一次,数码管的个位加 1,从 0~9 循环变化。

实验电路板相关部分的电路如图 9-4 所示。

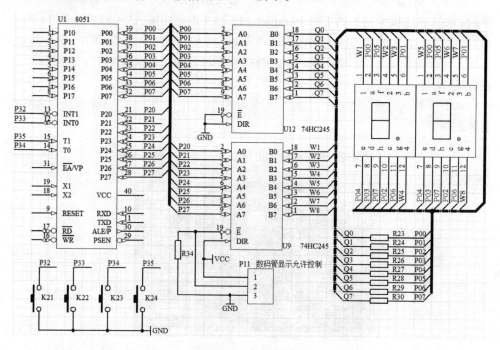

图 9-4 用实验板实现可预置倒计时时钟

9.2.2 任务实现

通过对硬件电路及所需实现功能的分析,可以发现,大部分的功能都在前面的各个例子中出现过,这里仅仅需要将这些功能做一个组合,并适当加上完成本任务所需要的代码即可。实际上这是单片机开发的一种常态,每个新任务总是在以前所掌握知识的基础上更进一小步。

【例9-2】 有设置功能的倒计时时钟。

```
;***************************************************
;功能描述:带键盘设置的秒计时器
;功能:倒计时的秒计时器,从59倒计到0,然后又从59开始倒计到0
;各个键的功能:
;S1:开始运行
;S2:停止运行
;S3:高位加1,按一次,数码管的十位加1,从0~5循环变化
;S4:低位加1,按一次,数码管的个位加1,从0~9循环变化
;***************************************************
        KEYOK      BIT     00H        ;有键按下的标志
        STARTRUN   BIT     01H        ;开始运行的标志
        SCOUN      EQU     21H        ;秒计数器
        SETVAL     EQU     22H        ;预置的秒值存储单元
        TCOUNT     EQU     24H        ;秒计数器
        TCOUNTER   EQU     250
   ;软件计数器的计数值,该值乘以定时器的定时值(4 ms),即得到1 s的定时值
        KEYVAL     EQU     25H        ;键值存储单元
        DISPBUF    EQU     58H        ;显示器缓冲区为58H~5FH
        COUNTER    EQU       57H      ;计数器,显示程序通过它得知现正显示哪个数码管
        HIDDEN     EQU     10H        ;消隐码
        TMRVAR     EQU     61195      ;65539-4000*12/11.0592定时器初值5 ms

        ORG     0000H
        JMP     START
        ORG     0*8+3              ;INTO中断入口
        RETI
        ORG     1*8+3              ;TIMER0中断入口
        JMP     INT_TO             ;转去定时器0中断服务程序入口
        ORG     2*8+3              ;INT1中断入口
        RETI                       ;中断返回
        ORG     3*8+3              ;TIMER1中断入口
        RETI                       ;中断返回
        ORG     4*8+3              ;串行中断入口
        RETI                       ;中断返回
START:
        MOV     SP,#60H            ;初始化堆栈
        MOV     SCOUNT,#0          ;秒计数器清零
        MOV     SETVAL,#59         ;预置值在启动程序时默认为59
```

```
        MOV         SCOUNT,SETVAL              ;将预置值送到计数器单元
        MOV         DISPBUF,#HIDDEN
        MOV         DISPBUF+1,#HIDDEN
        MOV         DISPBUF+2,#HIDDEN
        MOV         DISPBUF+3,#HIDDEN
        MOV         DISPBUF+4,#HIDDEN
        MOV         DISPBUF+5,#HIDDEN          ;前 6 位全部消隐
        CLR         STARTRUN                   ;开机时不运行
        CLR         KEYOK                      ;清除有键按下的标志位
        CALL        INIT_T0                    ;初始化 T0
        SETB        EA                         ;开总中断
LOOP：
        CALL        KEY                        ;调用键盘程序
        JB          KEYOK,KEYPROC              ;如果有键按下,转键盘处理
NEXT：
        MOV         A,SCOUNT                   ;获得秒的数值
        MOV         B,#10
        DIV         AB                         ;二进制码转为 BCD 码,十位和个位分送显示缓冲区
NEXT1：
        MOV         DISPBUF+6,A                ;十位数送入显示缓冲区
        MOV         DISPBUF+7,B                ;个位送显示缓冲区
        JMP         LOOP
;以下是键值处理
KEYPROC：
        MOV         A,KEYVAL                   ;取得键值
        JZ          KEYRUN                     ;如果键值是 0
        DEC         A
        JZ          KEYSTOP                    ;如果键值是 1
        DEC         A
        JZ          KEYLEFT                    ;如果键值是 2
        JMP         KEYRIGHT                   ;键值是 3,转
KEYRUN：
        SETB        STARTRUN                   ;开始工作,即开始每秒减 1 的操作
        JMP         LOOP                       ;转去继续循环
KEYSTOP：
        CLR         STARTRUN                   ;停止工作,即停止每秒减 1 的操作
        JMP         LOOP                       ;转去继续循环
KEYLEFT：                                      ;对十位数进行操作的按键
        CLR         STARTRUN                   ;先停止运行
        INC         DISPBUF+4                  ;然后将显示缓冲区中的数加 1
        MOV         A,DISPBUF+4                ;送到 A 累加器中
        CJNE        A,#6,LEFT0                 ;判断是否等于 6
```

	MOV	A,#0	;是等于 6,则让其等于 0,因为十位数最大就是 5
LEFT0:			
	MOV	B,#10	;将数 10 送到 B 中,准备求出新的预置值
	MUL	AB	;将 10 与设置的十位数相乘
	ADD	A,DISPBUF+7	;加上个位数,就是当前的设置值
	MOV	SETVAL,A	;送到设置数储存单元保存起来
	MOV	SCOUNT,SETVAL	
	JMP	LOOP	;转去循环
KEYRIGHT:			;对个位数进行操作的按键
	CLR	STARTRUN	;先停止运行
	INC	DISPBUF+7	;将显示缓冲区个位数中的值加 1
	MOV	A,DISPBUF+7	;将该数送到 A 累加器中
	CJNE	A,#10,REFT0	;判断是否等于 10
	MOV	DISPBUF+7,#0	;如果确实等于 10,则将其清零
REFT0:			
	MOV	A,DISPBUF+6	;取出表示十位数的显示缓冲区中的值
	MOV	B,#10	;将数 10 送入 B 中
	MUL	AB	;两数相乘
	ADD	A,DISPBUF+7	;加上表示个位数的显示缓冲单元的值
	MOV	SETVAL,A	;结果就是设置值,将此值送入 SETVAL 单元存放
	MOV	SCOUNT,SETVAL	;这个值同时作为当前的计数值送给 SCOUN
	JMP	LOOP	;转去循环
;键盘程序			
KEY:			
	MOV	P3,#0FFH	;数 0FFH 送给 P3 口
	CLR	KEYOK	;清"有键按下"的标志
	MOV	A,P3	;读 P3 口的值
	ORL	A,#11000011B	;将与按键无关的 4 位置 1
	CPL	A	;取反 A 中的值
	JZ	KEY_RET	;如果结果是 0 则转 KEY_RET
	CALL	DELAY	;否则说明有键按下,调用延时程序去键抖
	MOV	A,P3	;读 P3 口的值
	ORL	A,#11000011B	;将与按键无关的 4 位置 1
	CPL	A	;取返 A 中的值
	JZ	KEY_RET	;如果结果是 0,说明无键按下,返回
	SETB	KEYOK	;否则置位有键按下的标志
	JNB	ACC.2,KEY_1	;S1 没有按下,转
	MOV	KEYVAL,#0	;否则将值 0 送入 KEYVAL 单元中
	JMP	KEY_RET	;转 KEY_RET,准备返回
KEY_1:			
	JNB	ACC.3,KEY_2	;S2 没有按下,转
	MOV	KEYVAL,#1	;将值 1 送入 KEYVAL 单元中

```
        JMP       KEY_RET                 ;转 KEY_RET,准备返回
KEY_2:
        JNB       ACC.4,KEY_3             ;S3 没有按下,转 KEY_3
        MOV       KEYVAL,#2               ;否则将值 2 送入 KEYVAL 单元中
        JMP       KEY_RET                 ;转 KEY_RET,准备返回
KEY_3:
        MOV       KEYVAL,#3               ;将值 3 送入 KEYVAL 单元中
KEY_RET:
        MOV       A,P3                    ;将 P3 口的值送入 A 中
        ORL       A,#11000011B            ;将不相关的 4 位置 1
        CPL       A                       ;取反
        JNZ       KEY_RET                 ;如果不等于 0,说明键未释放,转 KEY_RET 循环
        RET                               ;否则返回


DELAY:
        PUSH      PSW
        SETB      RS0
        MOV       R7,#50
D1: MOV     R6,#10
D2: DJNZ    R6,D2
        DJNZ      R7,D1
        POP       PSW
        RET


INIT_T0:                                  ;初始化 T0 为 5 ms 的定时器
        MOV       TMOD,#01H
        MOV       TH0,#HIGH(TMRVAR)
        MOV       TL0,#LOW(TMRVAR)
        SETB      ET0                     ;开 T0 中断
        SETB      TR0                     ;定时器 0 开始运行
        RET                               ;返回


;以下是中断程序,实现秒计数和显示
INT_T0:                                   ;定时器 T0 的中断响应程序
        PUSH      ACC                     ;ACC 入栈
        PUSH      PSW                     ;PSW 入栈
        MOV       TH0,#HIGH(TMRVAR)
        MOV       TL0,#LOW(TMRVAR)
        INC       TCOUNT                  ;软件计数器加 1
        MOV       A,TCOUNT
        CJNE      A,#TCOUNTER,INT_N2
```

```
        MOV         tCOUNT,#0               ;计到20,软件计数器清0
    INT_N1:
        JNB         STARTRUN,INT_N2         ;停止运行,转
        DEC         SCOUNT                  ;计数器减1
        MOV         A,SCOUNT
        JNZ         INT_N2                  ;不等于0,转
        MOV         SCOUNT,SETVAL           ;否则,再置初值
    INT_N2:
                                            ;以下是显示部分程序
        ;与例8-5相同
        RETI
        DISPTAB:  DB 0C0H,0F9H,0A4H,0B0H,99H,92H,82H,0F8H,80H,90H,88H,83H,0C6H,0A1H,
86H,8EH,0FFH
        BitTab:   DB 80H,40H,20H,10H,08H,04H,02H,01H
        END
```

程序实现:输入上述源程序,命名为 9-2. ASM,建立名为 9-2 的工程。设置工程,在 Debug 选项卡左侧最下面"Parameter:"下的文本编辑框中输入"-ddpj"。全速运行并调出仿真板后,仿真板的第 1、2 和 7、8 位分别显示 00,单击标有 P3.4 和 P3.5 的按钮,第 1、2 位数字和 5、6 位数字都随之而变化;单击标有 P3.2 的按钮,可观察到第 7、8 位数码管不断减 1,当减到 00 后,又回到与第 1、2 位数码管显示数字相同的值,并再次逐一递减,如图 9-5 所示。

注:配套资料\exam\ch09\9-2 文件夹中的 9-2. avi 记录了使用 dpj 实验仿真板的演示过程。

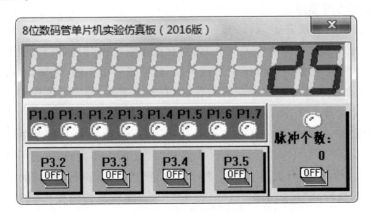

图 9-5 用实验仿真板演示倒计时时钟

程序分析:图 9-6 是有可预置倒计时时钟的程序流程图,从图中可以看到,主程序首先调用键盘程序,判断是否有键按下,如果有键按下,转去键值处理,否则将秒计数值转化为十进制,并分别送显示缓冲区的高位和低位,然后调用显示程序。

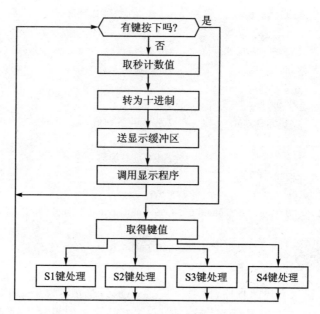

图 9 - 6   可预置的倒计时钟主程序流程

对于初学者而言,单片机键盘处理的难点往往并不在于如何编写程序,而在于如何明确键盘的定义。很多参考资料上有非常好和非常完善的键盘处理程序,可以直接引用,但对如何确定键的定义和功能却少见详细的说明。一个键的功能设置必须有明确的含义,保证程序可以实现,要从字面上去理解一个键的功能最终如何由程序来实现,需要多看有关实例的分析和一定的经验积累。下面分析各键的功能,请着重注意其功能实现的思路。

① S1 的功能实现开始运行,按照一般硬件制作的思路,一台仪器从不动(不运行)到动(运行),就像是电源开关打开,应当有很多事要做,但如果真的把一台仪器运行需要做的所有工作都留给键按下之后再做,往往是不恰当的,比如,在按键之前,应当有显示,那么显示部分的程序应该工作;当有键按下后,程序要能作出判断,因此键盘部分的程序也要工作;所以"开始"按钮不等同于电源开关从开到关,事实上,在这个按键按下之前,所有的部分几乎都已经开始工作,包括秒发生器也在运行,但在这个键还没有按下时,每 1 s 到后不执行秒值减"1"这项工作,所以只要设置一个标志位,每 1 s 到后检测这个标志位,如果该标志位是为"1",就执行减"1"的工作,如果该位是"0",就不执行减"1"的工作,这样,按下"开始"键所进行的操作就是把这一标志位置为"1"。

② S2 的功能是停止,从上面的分析可知,只要在按下这个键之后把这一标志位清"0"就行了。

③ S3 的功能是十位加 1,并使十位在 0～5 之间循环,每按一次该键就把存放十位数的显示缓冲区中的值加 1,然后判断这个值是否大于或等 6,如果是就把它变

为 0。

④ S4 的功能是个位加 1,并使个位在 0～9 之间循环,每按一次按键就把存放个位数的显示缓冲区值加 1,然后判断这个值是否大于等于 10,如果是就让它变为 0。

每次设置完毕把十位数取出,乘以 10,再加上个位数,结果就是预置值。

任务 3　智能仪器键盘的制作

单片机常用于各种智能仪器,智能仪器往往有很多键,如 0～9 共 10 个数字键,加上其他一些功能键,按以上连接方法每一个 I/O 口只能接一个按键,如果每个键都使用一个 I/O 口,会占用大量的单片机 I/O 口资源,造成浪费,此时采用矩阵式接法是比较好的方法。

9.3.1　功能分析

图 9-7 是一种矩阵式键盘的接法,图中 P3.4～P3.7 作为输出使用,而 P3.0～P3.3 则作为输入使用,在它们交叉处由按键连接。在键盘中无任何键按下时,所有的行线和列线被断开,相互独立,行线 P3.0～P3.3 为高电平。当有任意一键闭合时,则该键所对应的行线和列线接通。如图中"1"键按下后,接通 P3.5 和 P3.3,此时作为输入使用的 P3.3 的状态由作为输出的 P3.5 决定。如果把 P3.4～P3.7 全部置为"0",只要有任意一个键闭合,P3.0～P3.3 读到的就不全为"1",说明有键按下,然后再进行键值的判断。

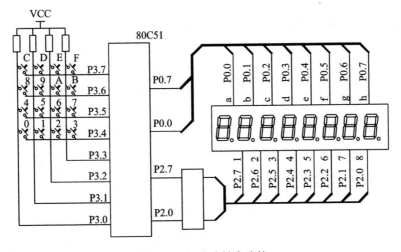

图 9-7　矩阵式键盘连接

进行矩阵式键盘的键值判断一般可以用行扫描法进行,图 9-8 是采用这种方法的流程图。

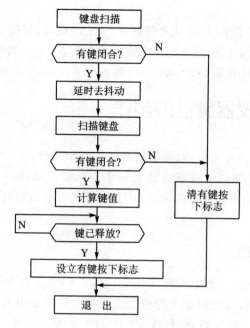

图 9-8 键盘扫描程序流程图

从图 9-8 中可以看出,行扫描法的过程是:

① 判断键盘中有没有键按下 将 P3.4～P3.7 置为低电平,然后检测输入线,如果有任意一根或一根以上为低,则表示键盘中有键按下。若所有行线均为高电平状态,则键盘中无键按下。

② 去除键抖动 延时一段时间再次检测,延迟的时间与键的机械特性有关,一般可以取 10～20 ms 的时间。

③ 判断闭合键所在位置 在确认键盘中有键按下后,依次将 P3.4～P3.7 置为低电平,然后检测输入线的状态,若某行是低电平,则该输入行与列输出线之间的交叉键被按下。

④ 判断键是否释放 如果释放,则返回,否则等待键释放后再返回,以保证每次按键只作一次处理。

9.3.2 任务实现

以图 9-7 为例,编写一个智能仪器中常用到的键盘输入程序。开机后,数码管显示为"00000000",按下键后相应的数值出现在数码管上,按下一个键,则数字出现在下一个数码管上,当所有 8 个数码管全部填充满以后,再次按下键时,显示回到第一个数码管上,以此类推。

【例 9 - 3】　智能仪器键盘输入的程序。

```
;*********************************************************
;功能描述:模拟某智能仪器的输入,按键后数值依次显示在数码管上
;本例可用 dpj8.dll 实验仿真板验证
;*********************************************************
        Counter   EQU    55H        ;计数器,显示程序通过它得知现正显示哪个数码管
        DISPBUF   EQU    56H        ;显示缓冲区为 56H～5DH
        COUNT     EQU    54H        ;计数器
        KEYMARK   BIT    00H        ;有键按下标志
        ORG       0000H
        AJMP      START
        ORG       000BH             ;定时器 T0 的中断程序入口
        AJMP      DISP              ;显示程序
        ORG       30H
START:
        MOV       SP,#5FH           ;设置堆栈
        MOV       P1,#0FFH
        MOV       P0,#0FFH
        MOV       P2,#0FFH          ;初始化,所有显示器不显示,LED 灭
        MOV       TMOD,#00000001B   ;定时器 T0 工作于模式 1(16 位定时/计数模式)
        MOV       TH0,#HIGH(65539 - 3000)
        MOV       TL0,#LOW(65539 - 3000)
        SETB      TR0
        SETB      EA
        SETB      ET0
        MOV       Counter,#0        ;显示器用计数器清零
        MOV       Count,#0          ;送数计数器清零
        MOV       R7,#8             ;R7 = 8,准备将显示缓冲区内全部清零
        MOV       R0,#DispBuf       ;将显示缓冲区的地址值送入 R0 中
        CLR       A                 ;清累加器 A
S_1:
        MOV       @R0,A             ;用寄存器间址寻址的方式将 A 中的值送到显示缓冲区中
        INC       R0                ;指针加 1,指向显示缓冲区的下一位
        DJNZ      R7,S_1            ;R7 减 1 并判是否为 0? 如果未到 0,转 S_1 继续循环
LOOP:
        CALL      KEY               ;调用键盘程序
        JB        KEYMARK,M_1       ;如果有键按下,转到 M_1
        AJMP      LOOP              ;否则转 LOOP 处循环
M_1:
        MOV       A,#DISPBUF        ;取显示缓冲区首地址
        ADD       A,Count           ;加上计数器值
```

```
        MOV        R0,A              ;送入 R0 中,准备寄存器间址寻址
        MOV        A,B               ;取键值
        MOV        @R0,A             ;寄存器间址寻址的方式将键值送入显示缓冲区
        INC        Count             ;计数器加1,指向下一个显示缓冲区单元
        MOV        A,Count           ;将计数器的值送入 A 中
        CJNE       A,#8,LOOP         ;比较一下,是否到了8? 未到直接转 LOOP 处循环
        MOV        Count,#0          ;已到8则令计数器清零,准备下一次循环
        AJMP       LOOP              ;转 LOOP 处循环
;主程序到此结束
KEY:
        MOV        P3,#0FH           ;高4位输出0
        MOV        A,P3              ;读入 P3 的值
        ANL        A,#0FH            ;与 0FH 相与
        CJNE       A,#0FH,KEY1       ;不等于 0FH 转
        JMP        KEY3              ;否则准备返回
KEY1:
        LCALL      DELAY             ;调用延时程序去除键抖
        MOV        A,#0EFH           ;将 0EFH 送入 A 中
KEY2:
        MOV        P3,A              ;将 A 中的值送入 P3
        MOV        R1,A              ;将该数暂存
        MOV        A,P3              ;读入 P3 口的值
        ANL        A,#0FH            ;清高4位
        CJNE       A,#0FH,KVALUE     ;与 0FH 比较,不等时转到 kvalue
        MOV        A,R1              ;读入原暂存的数
        SETB       C                 ;置位
        RLC        A                 ;循环左移  0EFH→0DFH→0BFH→7FH
        JC         KEY2              ;如果进位位是1则转到 KEY2 继续
KEY3:
        CLR        KEYMARK           ;无键按下而返回时,先清零标志
        RET                          ;返回
KVALUE:
        MOV        B,#0FBH           ;将 0FBH(11111011B)送入中寄存器 B 中
KEY4:
        RRC        A                 ;带进位位右移 a
        INC        B                 ;寄存器 B 加1
        JC         KEY4              ;如果进位位是1则转去循环
        MOV        A,R1              ;取出 R1 中的值
        SWAP       A                 ;交换高、低4位
KEY5:
        RRC        A                 ;循环右移 A 中的值
        INC        B                 ;B 中的值加1
```

```
    INC      B
    INC      B
    INC      B                      ;一共加 4 次
    JC       KEY5                   ;如果进位位是 1 则转 KEY5
KEY6：                              ;准备退出
    MOV      P3,#0FH                ;0FH 送入 P3
    MOV      A,P3                   ;读入 P3 的值
    ANL      A,#0FH                 ;清高 4 位
    CJNE     A,#0FH,KEY6            ;与 0FH 相比,不等,说明键未释放
    SETB     KEYMARK                ;置位有键按下标志
    RET                            ;返回


DISP：                             ;定时器 T0 的中断响应程序
    PUSH     ACC                    ;ACC 入栈
    PUSH     PSW                    ;PSW 入栈
    ORL      P2,#0FFH               ;关闭前次点亮的数码管
    MOV      TH0,#HIGH(65539-3000)  ;定时时间为 3000 个周期
    MOV      TL0,#LOW(65539-3000)
    MOV      A,Counter              ;取计数器的值
    MOV      R0,A
    MOV      DPTR,#BitTab
    MOVC     A,@A+DPTR              ;取位码
    ANL      P2,A                   ;驱动位
    MOV      A,#DISPBUF             ;显示缓冲区首地址
    ADD      A,Counter              ;加上计数值,确定本次显示的位
    MOV      R0,A                   ;将结果送到 R0 中
    MOV      A,@R0                  ;根据计数器的值取相应的显示缓冲区的值
    MOV      DPTR,#DISPTAB          ;字形表首地址
    MOVC     A,@A+DPTR              ;取字形码
    MOV      P0,A                   ;将字形码送 P0 位(段口)
    INC      Counter                ;计数器加 1
    MOV      A,Counter              ;将计数器的值送入 A 中
    CJNE     A,#8,DISPEXIT          ;到了 8 吗? 如果没有到,转 DISPEXIT 直接返回
    MOV      Counter,#0             ;否则让计数器回 0
DISPEXIT：
    POP      PSW                    ;弹出 PSW 值
    POP      ACC                    ;弹出 ACC 值
    RETI                           ;返回
BitTab：  DB 7Fh,0BFH,0DFH,0EFH,0F7H,0FBH,0FDH,0FEH
DISPTAB：  DB 0C0H,0F9H,0A4H,0B0H,99H,92H,82H,0F8H,80H,90H,88H,83H,0C6H,0A1H,
86H,8EH
    DELAY：                        ;延时
```

```
        PUSH      PSW
        SETB      RS0
        MOV       R7,#100
D1: MOV           R6,#10
D2: NOP
        DJNZ      R6,D2
        DJNZ      R7,D1
        POP       PSW
        RET
END
```

程序实现: 输入上述源程序,命名为 9-3.ASM。在 Keil 软件中建立名为 9-3 的工程,加入该源程序,编译、链接。设置工程,在 debug 页 Dialog:Parameter 后的文本框内输入"-ddpj8",使用 dpj8.dll 实验仿真板来演示运行效果,如图 9-9 所示。

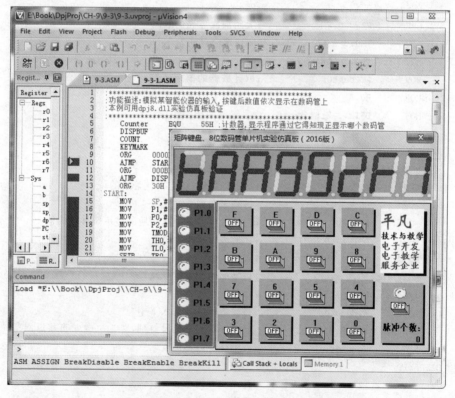

图 9-9 使用矩阵键盘、8 位数码管实验仿真板观察运行结果

程序分析: 本程序开始首先让 4 条输出线全部输出为低电平"0",然后读 4 条输入线,判断读到的值中是否全是"1",如果不是,说明有键被按下,接下来让 4 条输出线轮流变为低电平,每变一次读一次输入值,这样就可以判断出究竟是哪个按键被按

下了,最后对所得的数据进行处理,并置位"有键被按下"的标志位后返回,以便主程序根据这一标志来进行相关处理工作。如果在第 2 步读 4 条输入线均为"1",说明没有键被按下,清除"有键被按下"的标志位并返回。

　　从图 9-6 中可以看到,键号标示于键的旁边,但一定要注意,一个键按下去后,键盘程序将这个按键动作处理并得到一个数值送出,即所谓的键值,这个键值和键面上的数字没有任何特定关系,它们之间的关系必须要由编程者编程来实现。例如图 9-7 上有 0～9 共 10 个数字键,其它 6 个可以作为命令键,如"运行"、"停止"、"复位"、"打印"等等,这些键究竟怎么安排,完全取决于编程者,比如可以把键号是 10 的键上面写上"运行",那么它就代表运行,在后面的键处理程序中,如果取得的键值是 10,那就去执行"运行"所要执行的程序。当然编程者完全可以不这样安排,可以把键号是 15 的键作为"运行",或者把键号是 0 的键作为"运行",只要键处理程序作出相应的处理就行了。

　　图 9-10 是某应用系统主程序流程图。从图中可以看出,该系统在获得键值后,再去进行键值的处理,也就是键值的处理与键面上的内容的相关性完全可以在"取得键值"后的处理程序中加以解决。

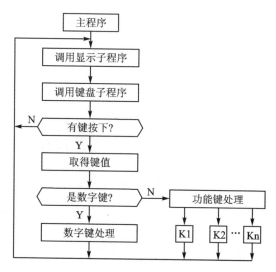

图 9-10　某应用系统主程序流程图

巩固与提高

　　1. 键盘接法如图 9-1 所示,图中 P1 口接 8 个 LED,请编程实现:
　　(1) 开机后,P1.3、P1.4 所接 LED 点亮。
　　(2) S1 键:上移键,按下 S1 键,P1.3 上所接 LED 熄灭,P1.2 所接 LED 点亮,(高 4 位所接 LED 发光情况不变)再按 S1,再次上移,移到 P1.0 所接 LED 点亮后,再次按下 S1,则回到 P1.3 所接 LED 点亮。

（3）S2 键：下移键，按下 S2 键，P1.4 上所接 LED 熄灭，P1.5 所接 LED 点亮……其余情况与上类似，当 P1.7 所接 LED 点亮后，再次按下 S1，则回到 P1.4 所接 LED 点亮。

（4）S3 键：取反键，任何时候，按下 S3 键，则发亮与熄灭的 LED 交换。

（5）S4 键：复位键，任何时候，按下 S4 键，回到初始状态。

2．键盘、LED 的接法如图 9-6 所示，按下键后该位所表示的键值出现在最末位，再次按键后，该位数字前推，末位显示当前按下的键值，不断按键，数字不断前推，到最高位后，再次按键，第一个按下的键值消失，后面递补上来，以此类推。请参考例 9-3 编程实现。

课题 **10**

模拟量接口

在工业控制和智能化仪表中,常由单片机进行实时控制及实时数据处理。单片机所加工的信息总是数字量,而被控制或测量对象的有关参量往往是连续变化的模拟量,如温度、速度、压力等等,与此对应的电信号是模拟电信号。必须将模拟量转化为数字量,单片机才能进行处理;处理完毕后要送达执行机构输出,如电动机、加热器等,这类执行机构只能响应模拟量,因此必须将数字量转化为模拟量。这些就是单片机中常用的模拟量接口。

任务1 数字电压表的制作

单片机要处理连续变化的信号,必须将模拟量转换成数字量,这一转换过程就是模/数(A/D)转换,实现模/数转换的设备称为 A/D 转换器或 ADC。

10.1.1 A/D 转换的基本知识

A/D 转换电路种类很多,根据转换原理可分为逐次逼近型、双积分型、并行比较型、$\Sigma - \Delta$ 型、压频变换型等。并行比较型 A/D 是一种用编码技术实现的高速 A/D 转换器,其速度最快,价格也很高,通常用于视频处理等需要高速的场合;逐次逼近式 A/D 转换器在精度、速度和价格上都适中,是目前最常用的 A/D 转换器;双积分型 A/D 转换器具有精度高、抗干扰性好、价格低廉等优点,但速度较慢,经常用于对速度要求不高的仪器仪表中;$\Sigma - \Delta$ 型工作原理类似于双积分型,但具有更快的速度和更高的精度,常用于音频处理和测量仪器;压频变换型是将待测电压信号转换为频率信号,然后用计数器将其转换为数字量,该型号的特点之一是易于实现电隔离。以下介绍 A/D 转换的主要技术指标,供选择 A/D 转换器时参考。

1. 转换时间和转换频率

A/D 转换器完成一次模拟量变换为数字量所需时间即 A/D 转换时间。转换频率是转换时间的倒数,它反映了采信系统的实时性能,是一个很重要的技术指标。

2. 量化误差与分辨率

A/D 转换器的分辨率是指转换器对输入电压微小变化响应能力的度量,习惯上以输出的二进制位或者 BCD 码位数表示。与一般测量仪表的分辨率表达方式不同，A/D 转换器的分辨率不采用可分辨的输入模拟电压的相对值表示。例如，A/D 转换器 AD574A 的分辨率为 12 位，即该转换器的输出数据可以用 2^{12} 个二进制数据进行量化，其分辨率为 1 LSB。用百分数来表示分辨率为：

$$(1/2^{12}) \times 100\% = (1/4\ 096) \times 100\% \approx 0.024\%$$

输出为 BCD 码的 A/D 转换器一般用位数表示分辨率，例如 MC14433 双积分式 A/D 转换器分辨率为 3(1/2) 位。满度为 1 999，用百分数表示分辨率为

$$(1/1\ 999) \times 100\% = 0.05\%$$

量化误差与分辨率是统一的，量化误差是由于用有限数字对模拟数值进行离散取值而引起的误差，因此，量化误差理论上为一个单位分辨率，即 $\pm 1/2$ LSB。提高分辨率可减少量化误差。

3. 转换精度

A/D 转换器转换精度反映了一个实际 A/D 转换器在量化值上与一个理想 A/D 转换器进行模/数转换的差值，转换精度可表示成绝对误差或相对误差，其定义与一般测试仪表的定义相似。

A/D 转换器的精度所对应的误差指标不包括量化误差在内。

10.1.2 典型 A/D 转换器的使用

A/D 转换器的种类非常多，这里以具有串行接口的 A/D 转换器为例介绍其使用方法。TLC0831 是德州仪器公司出品的 8 位串行 A/D，其特点是：

● 8 位分辨率；

● 单通道；

● 5 V 工作电压下其输入电压可达 5 V；

● 输入/输出电平与 TTL/CMOS 兼容；

● 工作频率为 250 kHz 时，转换时间为 32 μs。

图 10-1 是该器件的引脚图。图中 $\overline{CS}$ 为片选端；IN+ 为正输入端，IN- 是负输入端，TLC0831 可以接入差分信号，如果输入单端信号，IN- 应该接地；REF 是参考电压输入端，使用中应接参考电压或直接与 VCC 接通；DO 是数据输出端，CLK 是时钟信号端，这两个引脚用于和 CPU 通信。图 10-2 是 TLC0831 与单片机的接线图。

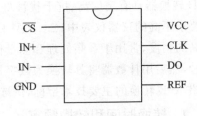

图 10-1 TLC0831 引脚图

置 $\overline{CS}$ 为低开始一次转换，在整个转换过程中 $\overline{CS}$ 必须为低，连续输入 10 个脉冲完成一次转换，数据从第二个脉冲的下降沿开始输出。转换结束后应将 $\overline{CS}$ 置高，当

$\overline{CS}$ 重新拉低时将开始新的一次转换。

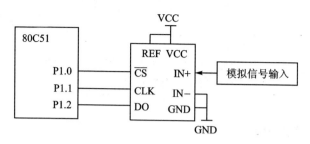

图 10 - 2 80C51 单片机与 TLC0831 接线图

1. TLC0831 的驱动程序

命令: GetADValue
参数: 无
资源占用: R7,ACC
出口: 累加器 A 获得 A/D 转换结果
ADConv:

```
    CLR     ADCS        ;拉低/CS 端
    NOP
    NOP
    SETB    ADCLK       ;拉高 CLK 端
    NOP
    NOP
    CLR     ADCLK       ;拉低 CLK 端,形成下降沿
    NOP
    NOP
    SETB    ADCLK       ;拉高 CLK 端
    NOP
    NOP
    CLR     ADCLK       ;拉低 CLK 端,形成第 2 个脉冲的下降沿
    NOP
    NOP
    MOV     R7,#8       ;准备送下后 8 个时钟脉冲
AD_1:
    MOV     C,ADDO      ;接收数据
    MOV     ACC.0,C
    RL      A           ;左移一次
    SETB    ADCLK
    NOP
    NOP
    CLR     ADCLK       ;形成一次时钟脉冲
```

```
        NOP
        NOP
        DJNZ    R7,AD_1        ;循环 8 次
        SETB    ADCS           ;拉高/CS 端
        CLR     ADCLK          ;拉低 CLK 端
        SETB    ADDO           ;拉高数据端,回到初始状态
        RET
```

2. 驱动程序的使用

该驱动程序中用到了三个标记符号:

- ADCS 与 TLC0831 的 CS 引脚相连的单片机引脚;
- ADCLK 与 TLC0831 的 CLK 引脚相连的单片机引脚;
- ADDO 与 TLC0831 的 DO 引脚相连的单片机引脚。

实际使用时,根据接线的情况定义好 ADCS、ADCLK、ADDO 即可使用。TLC0831 与单片机连接如图 10-2 所示,要求获得 TLC0831 的 IN+端输入值,可编写程序如下:

```
ADCS     bit     P1.0
ADCLK    bit     p1.1
ADDO     bit     P1.2          ;根据硬件连线定义标记符号
Main:……
CALL     ADConv                ;调用驱动程序,转换结果在 A 中
;其他程序
;在这里加入驱动程序,统一汇编即可
```

10.1.3 数字电压表的实现

本节实现一个数字电压表,其功能是将 TLC0831 的输入电压转换为数字量,显示在字符型 LCD 上,如图 10-3 所示。

【例 10-1】 数字电压表程序,将 TLC0831 输入端的电压转换为数字量并显示在 LCD 上。

```
        ORG     0000H          ;从 0000H 开始
        JMP     START          ;跳转到真正的入口
        ORG     30H            ;从 30H 开始
START:
        MOV     SP,#5FH        ;初始化堆栈
        CALL    RSTLCD         ;复位 LCD
        MOV     Cur,#CurFlash  ;设置光标显示且闪烁
        CALL    SETCUR         ;调用设置光标子程序
```

```
M_1:
    CALL    ADConv          ;获得电压值,返回值在 A 中
    MOV     B,#100          ;将值 100 送到 B 中
    DIV     AB              ;A 中的值除以 100
    ADD     A,#30H          ;商在 A 中,加上 30H,将该数值转换为 ASCII 码
    MOV     20H,A           ;送到 20H 单元中,该单元是存放待显示字符串的起始位
    MOV     A,B             ;将余数送入 A 中
    MOV     B,#10           ;将 10 送到 B 中
    DIV     AB              ;A 中的值除以 10
    ADD     A,#30H          ;商在 A 中,加上 30H 将该数值转换为 ASCII 码
    MOV     21H,A           ;送入 21H 中
    MOV     A,B             ;将余数送到 A 中
    ADD     A,#30H          ;转换成为 ASCII 码
    MOV     22H,A           ;送到 22H 中
    MOV     23H,#0          ;给定字符的结束字符
    MOV     R0,#20H         ;设置字符起始地址
    MOV     XPOS,#0         ;字符起始位 x
    MOV     YPOS,#0         ;字符起始位 y
    CALL    WriteString     ;调用显示字符子程序
    JMP     M_1             ;转到 M_1 循环
;主程序到此结束
ADConv:
    ……                     ;A/D 转换程序
WriteString:
    ……                     ;液晶驱动程序
END
```

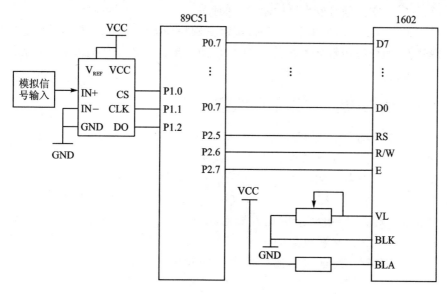

图 10 - 3　数字电压表

程序实现：输入源程序，命名为 10-1. ASM，建立名 10-1 的 keil 工程。将10-1. ASM 加入工程，编译、链接直到没有错误为止。本例子需要读者根据电路图自行搭建电路来完成。

程序分析：程序初始化以后，即调用 A/D 转换程序，将获得的 A/D 值分离出来为百位、十位和个位。由于液晶显示器需要送入字符显示，所以必须将分离出来的数值转换为 ASCII 字符。转换的方法也很简单，查 ASCII 表可知，数值 0 的 ASCII 码是 30H，而数值 1 的 ASCII 值是 31H，以此类推，因此直接将数值加上 30H 即可将数值转换为相应的 ASCII 值。

巩固与提高

1. 查找资料，找出市场上常用的双积分型、并行比较型、$\Sigma - \Delta$ 型、压频变换型 A/D 转换器各一种型号，列出该型号芯片的典型技术指标和价格，并与 TLC0831 作出对比。

2. 查找另一种常用 A/D 转换芯片 TLC1543 资料，这是一种多路输入 10 位 A/D 转换芯片，利用此芯片设计一个多路输入电压表。

任务 2　全数字信号发生器的制作

在控制电路中，执行机构往往需要获得电压等模拟量，这时就要把单片机计算获得的数字量转化为模拟量，这时就需要用到数/模转换器。

以下以"数字式信号发生器的制作"的任务来学习 D/A 转换接口。电子电路中经常需要用到函数信号发生器，采用传统电路制作的波形发生器其波形等技术指标受限制较大，如果采用数字式方案，则所产生的波形几乎不受任何限制，这就是数字式信号发生器。

10.2.1　D/A 转换器的工作原理

D/A 转换是将数字量信号转换成模拟量信号的过程。D/A 转换的方法比较多，这里仅举一种权电阻 D/A 转换法的方法，说明 D/A 转换的过程。

权电阻 D/A 转换电路实质上是一只反相求和放大器，图 10-4 是 4 位二进制 D/A 转换的示意图。电路由权电阻、位切换开关、反馈电阻和运算放大器组成。

权电阻的阻值按 8:4:2:1 的比例配置，按照运算放大器的"虚地"原理，当开关 $D_3 \sim D_0$ 合上时，流经各权电阻的电流分别是 $V_R/8R$、$V_R/4R$、$V_R/2R$ 和 V_R/R。其中 V_R 为基准电压。而这些电流是否存在则取决于开关的闭合状态。输出电压则是：

$$V_O = -(D_3/R + D_2/2R + D_1/4R + D_0/8R) \times V_R \times R_F$$

其中 $D_3 \sim D_0$ 是输入二进制的相应位，其取值根据通断分别为 0 或 1。显然，当

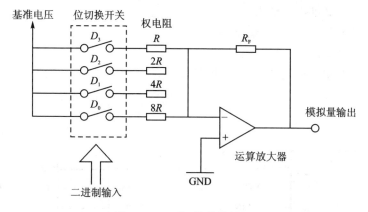

图 10 - 4   D/A 转换的原理

$D_3 \sim D_0$ 在 0000～1111 范围内变化时,输出电压也随着发生变化,这样,数字量的变化就转化成了电压(模拟量)的变化了。这里,由于仅有 4 位开关,所以这种变化是很粗糙的,从输出电压为 0 到输出电压为最高值仅有 16 档。显然,增加开关的个数和权电阻的个数,可以将电压的变化分得更细。一般至少要有 8 个开关才比较实用。8 个开关可以将输出量从最小到最大分成 256 挡。

实际的 D/A 电路与这里所述原理并不完全相同,但从这里的描述可以看到数字量的确可以变为模拟量。

10.2.2   典型 D/A 转换器的使用

D/A 转换器有各种现成的集成电路,对使用者而言,关键是选择好适用的芯片以及掌握芯片与单片机的正确的连接方法。目前越来越多的应用中选用具有串行接口的 D/A 转换器,这里以 TLC5615 为例作介绍。

TLC5615 是带有 3 线串行接口的具有缓冲输入的 10 位 DAC,可输出 2 倍 V_R 的变化范围,其特点如下:

- 5 V 单电源工作;
- 3 线制串行接口;
- 高阻抗基准输入;
- 电压输出可达基准电压的 2 倍;
- 内部复位。

图 10 - 5 是 TLC5615 的引脚图,各引脚的含义如下:

- DIN:串行数据输入端;
- SCLK:串行时钟输入端;
- $\overline{CS}$:片选信号;
- DOUT:串行数据输出端,用于级联;
- AGND:模拟地;

- REFIN:基准电压输入;
- OUT:DAC 模拟电压输出端;
- VDD:电源端。

图 10-6 是单片机与 TLC5615 的接线图。

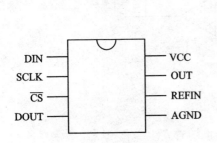

图 10-5   TLC5615 引脚图

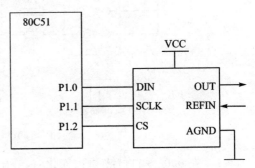

图 10-6   80C51 与 TLC5615 接线图

1. TLC5615 的驱动程序

命令:DAConv
参数:R1,R2 中分别存放待转换数据的高 2 位和低 8 位
资源占用:R1,R2,R3,A
出口:无

```
DAConv:
        SETB    DACS              ;拉高/CS 端
        NOP
        NOP
        CLR     DADIN
        CLR     DASCLK
        CLR     DACS              ;拉低时钟、数据和片选端
        NOP
        NOP
        MOV     A,R1              ;取得待输出数据高 2 位
        MOV     R3,#02H           ;准备循环 2 次
DA_1:
        RLC     A
        MOV     DADIN,C           ;送出数据
        NOP
        NOP
        SETB    DASCLK
        NOP
        NOP
        CLR     DASCLK            ;形成时钟脉冲
```

```
        DJNZ     R3,DA_1
        MOV      R3,#08H
        MOV      A,R2              ;取得待输出数据低 8 位
DA_2:
        RLC      A
        MOV      DADIN,C          ;送出数据
        NOP
        NOP
        SETB     DASCLK           ;形成时钟脉冲
        NOP
        NOP
        CLR      DASCLK
        DJNZ     R3,DA_2
        SETB     DACS
        CLR      DASCLK
        CLR      DADIN            ;拉高片选端,拉低时钟端与数据端,回到初始状态
        RET
```

2. 驱动程序的使用

该驱动程序中用到了三个标记符号:

- DADIN　与 TLC5615 的 DI 引脚相连的单片机引脚;
- DASCLK　与 TLC5615 的 CLK 引脚相连的单片机引脚;
- DACS　与 TLC5615 的 $\overline{\text{CS}}$ 引脚相连的单片机引脚。

实际使用时,根据接线的情况定义好 DAIN、DACLK、ADCS 即可使用。

TLC5615 与单片机连接如图 10 - 6 所示,要求将存放于内存 30H、31H 单元的数值转化为模拟量,其中高 2 位在 30H 单元,低 8 位在 31H 单元,可编程序如下:

```
DADIN    bit     P1.0
DASCLK   bit     P1.1
DACS     bit     P1.2            ;根据硬件连线定义引脚
Main:……
MOV      R1,30H
MOV      R2,31H
CALL     DAConv                  ;调用驱动程序
;其他程序
;在这里加入驱动程序,统一汇编即可
```

10.2.3　全数字信号发生器的实现

制作全数字信号发生器的电路如图 10 - 6 所示,该电路配合软件即可完成各种信号的产生。

1. 三角波的产生

三角波即输出电压线性增加到最高值以后再线性下降,如此循环。实现三角波的源程序如下,这里使用的是 10 位的 D/A,但为简单起见,这里仅用其中的低 8 位。

【例 10 - 2】 三角波的产生。

```
DIN     bit     P2~7            ;数据引脚定义
SCLK    bit     P3~6            ;时钟引脚定义
CS      bit     P3~7            ;片选引脚定义


ORG     0000H                   ;从 0000H 开始
JMP     START                   ;跳转到程序入口
ORG     30H                     ;从 30H 开始存放程序
START:
        MOV     SP,♯5FH         ;初始化堆栈
        MOV     R1,♯00H         ;高 2 位清零
        MOV     R2,♯00H         ;低 8 位清零
S_0:
        MOV     R7,♯0FFH        ;计数器置初值
S_1:
        INC     R2              ;R2 值加 1
        CALL    DACnv           ;调用 D/A 转换程序
        DJNZ    R7,S_1          ;如果 R7 没到 0,则转到 S_1 继续循环
        MOV     R7,♯0FFH        ;重置计数器初值
S_2:
        DEC     R2              ;R2 值减 1
        CALL    DACnv           ;调用 D/A 转换程序
        DJNZ    R7,S_2          ;R7 没有到 0,则转 S_2 继续循环
        JMP     S_0             ;完成一次波形的产生过程,回到 S_0 继续循环
;主程序到此结束
DAConv:
;省略,D/A 转换程序
END
```

程序实现:输入源程序,命名为 10 - 2. ASM,在 Keil 软件中建立名为 10 - 2 的工程文件。将源程序文件加入 10 - 2 工程中,编译、链接获得 HEX 文件。按图 10 - 6 用实验板或面包板搭建电路,将代码写入芯片,上电运行,用示波器观察 TLC5616 的第 7 脚,可以看到如图 10 - 7 所示波形。

程序分析:这段程序使用了 R7 作为计数器,先给计算器置初值 255,用于存放 D/A 转换数据的高 2 位的 R1 和低 8 位的 R2 清零。在每次循环中,R2 加 1,同时用 DJNZ 指令对 R7 进行减 1 判断零,这样一共循环 256 次,R2 值由 0 增加到 255。循环到 R7 等于 0 后,重置 R7 为 255,进入下一个循环,即每个循环将 R2 中的值减 1,

同样也是循环 256 次,这样 R2 的值又由 255 减到 0。循环到 R7 等于 0 后,跳转到第一次循环的起点,重新让 R2 不断增加,这样就使得 R2 中的数据不断增加,然后又减少……如此循环,R2 中的值每次变化都调用 DAConv 子程序进行 D/A 转换,在 D/A 芯片的输出端形成三角波。

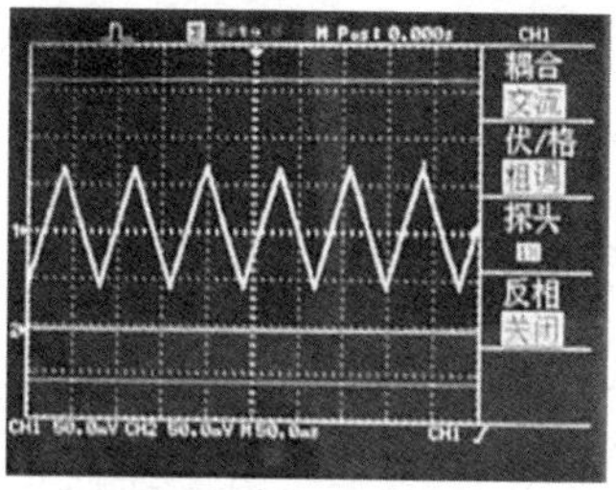

图 10 - 7 三角波

2. 正弦波的产生

将正弦波一个周期划分为 256 等分,算出每一个等分点的电压值,将该值放在一个表中,程序实现时,查表即可。

【例 10 - 3】 正弦波的产生。

```
        ORG     0000H           ;程序入口地址
        JMP     START           ;跳转到真正的起点
        ORG     30H             ;从 30H 开始
START:
        MOV     SP,#5FH         ;初始化堆栈
        MOV     R1,#00H         ;存放 D/A 转换器的高位数据
        MOV     R0,#00H         ;计数器
S_0:
        MOV     DPTR,#SINTAB    ;正弦量变化表
        MOV     A,R0            ;读入当前计数值
        MOVC    A,@A+DPTR       ;查表
        MOV     R2,A            ;这个值送到用于 D/A 低 8 位数据的 R2 中
        CALL    DACnv           ;调用 D/A 转换程序
        INC     R0              ;计数器加 1
        JMP     S_0             ;转 S_0 处继续循环
DACnv:
        ……                     ;D/A 转换程序
SINTAB:
db 128,131,134,137,140,143,146,149,152,156,159,162,165,168,171,174,176,179
;波形表,此处没有写完整,完整的程序可以在本书所附资料中找到
END
```

程序实现:输入源程序,命名为 10 - 3.ASM,在 keil 软件中建立名为 10 - 3 的工程文件。将源程序文件加入 10 - 3 工程中,编译、链接获得 HEX 文件。按图 10 - 6 用实验板或面包板搭建电路,将代码写入芯片,上电运行,用示波器观察 TLC5616 的第 7 引脚,可以看到如图 10 - 8 所示波形。

程序分析:由于单片机的计算能力有限,所以这里查用了查表的方法来获得正弦波各点的数据。这里仍采用 D/A 转换器的低 8 位数据进行转换,这样,每个正弦波

被分成256个不同的点,每个点对应的幅度值可以表示如下:$256\sin\left(\dfrac{360}{256}x\right)$,其中 x 的取值是 $0\sim255$,取自然数。可以简单地在 Excel 中计算以获得这个表格。将这个表格写入源程序,主程序就是一个表格调用程序,不断地查表,然后将对应的数值进行输出,在 D/A 芯片的输出端即可获得正弦波。

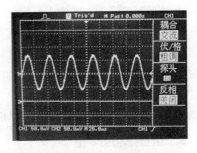

图 10-8　正弦波

3. 阶梯波的产生

阶梯波常用于晶体管特性图示仪等仪器中,其上升沿呈阶梯状逐级增加,增加到最高点后快速降到最低点,然后再逐级增加。要产生这样的阶梯波可以采用查表的方案,也可以直接在程序中进行运算。下面的例子是采用运算方法来获得所需数据。

【例 10-4】　阶梯波的产生。

```
        ORG    0000H            ;从 0000H 开始存放程序
        JMP    START            ;跳转到真正的入口
        ORG    30H              ;从 30H 开始
START:
        MOV    SP,#5FH          ;初始化堆栈
        MOV    R1,#00H          ;R1 清零
        MOV    R2,#00H          ;R2 清零
S_0:
        MOV    R7,#8H           ;计数器置初值
S_1:
        MOV    A,R2             ;将 R2 中的值送到 A 中
        ADD    A,#32            ;R2 中的值加上 32
        MOV    R2,A             ;回送到 R2 中
        CALL   DACnv            ;调用 D/A 转换程序
        CALL   DELAY            ;延时一段时间
        DJNZ   R7,S_1           ;R7 中的值未到 0,转 S_1 循环
        JMP    S_0              ;否则转 S_0 循环
DACnv:                          ;D/A 转换程序
    :
Delay:                          ;延时程序
        PUSH   PSW              ;PSW 入栈
        PUSH   ACC              ;ACC 入栈
        MOV    R7,#200          ;R7 置定时初值
        DJNZ   R7,$             ;R7 未回 0 则原地循环
        POP    ACC              ;R7 回零后弹出 ACC
        POP    PSW              ;弹出 PSW
        RET                     ;中断程序返回
        END                     ;结束
```

程序实现:输入源程序,命名为 10-4.ASM,在 Keil 软件中建立名为 10-4 的工程文件。将源程序文件加入 10-4 工程中,编译、链接获得 HEX 文件。按图 10-6 用实验板或面包板搭建电路,将代码写入芯片,上电运行,用示波器观察 TLC5616 的第 7 引脚,可以看到如图 10-9 所示波形。

程序分析:程序中首先将用于 D/A 转换数的 R1 和 R2 清零,然后给计数器 R7 置初值。本例中的阶梯波由最低到最高一共分成 8 级,因此 R7 置初值 8。随后进入循环,在循环中,将 R2 的值送 A,加上 32,调用 DAConv 程序进行 D/A 转换,转换以后调用一段延时程序,然后使用 DJNZ 指令判断 R7 是否到零,如果 R7 到零,此时 R2 中的值是 224(32×7=224),转回循环,下一次 R2 中的值再加 1 就

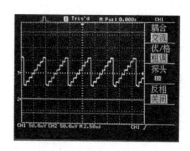

图 10-9   阶梯波

变为 0(因为 224+32=256,相当于二进制 100000000,最高位的 1 丢失),因此输出值降到最低点。调整延时程序的时间可以调节阶梯波输出的频率。

巩固与提高

1. 修改例 10-2,使用 10 位 D/A 来完成三角波。
2. 修改例 10-3,使用 10 位 D/A 来完成正弦波。

课题 **11**

常用串行接口

任务1   AT24C01A 芯片编程器的制作

传统的单片机外围扩展通常使用并行方式,即单片机与外围器件用 8 根数据线进行数据交换,再加上一些地址、控制线,占用了单片机大量的引脚,这往往是难以忍受的。目前,越来越多的新型外围器件采用了串行接口。常用的串行接口方式有 UART、SPI、I^2C 等,其中利用 80C51 内部的串行口扩展并行输入、输出口技术已在课题 6 中学习了,这里通过"AT24C01A 编程器制作"这一任务来学习 I^2C 总线扩展技术。

11.1.1 I^2C 串行接口简介

I^2C 总线是一种用于 IC 器件之间连接的二线制总线,它通过两根线(SDA,串行数据线;SCL,串行时钟线)在连到总线上的器件之间传送信息,根据地址识别每个器件,可以方便地构成多机系统和外围器件扩展系统。

I^2C 总线的传输速率为 100 Kb/s(改进后的规范为 400 Kb/s),总线的驱动能力为 400 pF。I^2C 总线为双向同步串行总线,因此,I^2C 总线接口内部为双向传输电路,总线端口输出为开漏结构,故总线必须要接有上拉电阻,通常该电阻可取 5~10 kΩ。挂接到总线上的所有外围器件、外设接口都是总线上的节点,在任何时刻总线上只有一个主控器件实现总线的控制操作,对总线上的其他节点寻址,分时实现点对点的数据传送,因此,总线上每个节点都有一个固定的节点地址。

I^2C 总线上所有的外围器件都有规范的器件地址,器件地址由 7 位组成,它和 1 位方向位构成了 I^2C 总线器件的寻址字节 SLA,寻址字节格式如表 11-1 所列。

表 11-1 I^2C 总线器件的寻址字节 SLA

位	D7	D6	D5	D4	D3	D2	D1	D0
含　义	DA3	DA2	DA1	DA0	A2	A1	A0	R/$\overline{W}$

● 器件地址(DA3、DA2、DA1、DA0):是 I^2C 总线外围接口器件固有的地址编码,器件出厂时,就已给定,例如 I^2C 总线器件 AT24CXX 的器件地址

为 1010。

- 引脚地址（A2 A1 A0）：是由 I²C 总线外围器件地址端口 A2、A1、A0 在电路中接电源或接地的不同，形成的地址数据。
- 数据方向（R/$\overline{\text{W}}$）：数据方向位规定了总线上主节点对从节点数据方向，该位为 1 是接收，该位为 0 是发送。

80C51 单片机并未提供 I²C 接口，但是，通过对 I²C 协议的分析，可以通过软件模拟的方法来实现 I²C 接口，从而可以应用诸多 I²C 器件。

本书提供的实验板上设计了具有 I²C 接口存储器芯片插座，可以插入 AT24CXX 类的芯片，下面以此类芯片为例介绍 I²C 总线的应用，先介绍 24 系列 EEPROM 的结构及特性。

11.1.2 典型 I²C 总线接口芯片 AT24 系列 EEPROM

在单片机应用中，经常会有一些数据需要长期保存，一般数据保存可以用 RAM，但 RAM 的缺点是掉电之后数据即丢失，因此需要用比较复杂的后备供电电路进行断电保护，增加了成本。近年来，非易失性存储器技术发展很快，EEPROM 就是其中的一种，这种器件在掉电后其中的数据仍可保存。目前应用非常广泛的是串行接口的 EEPROM，AT24CXX 就是这样一类芯片。

1. 特点介绍

24 系列的 EEPROM 有 24C01(A)/02(A)/04(A)/08/16/32/64 等一些型号，它是一种采用 CMOS 工艺制成的内部容量分别是 128/256/512/1 024/2 048/4 096/8 192×8 位的具有串行接口的、可用电擦除的、可编程只读存储器，一般简称为串行 EEPROM。这种器件一般具有两种写入方式，一种是字节写入，即单个字节的写入，另一种是页写入方式，允许在一个周期内同时写入若干个字节（称之为 1 页），页的大小取决于芯片内页寄存器的大小。不同的产品页容量不同，例如 ATMEL 的 AT24C01/01A/02A 的页寄存器为 4 B/8 B/8 B。擦除/写入的次数一般在 10 万次以上。

2. 引脚图

AT24C 系列芯片有多种封装形式，以 8 引脚双列直插式为例，芯片的引脚如图 11-1 所示，引脚定义如下：

- SCL：串行时钟端。这个信号用于对输入和输出数据的同步，写入串行 EEP-ROM 的数据用其上升沿同步，输出数据用其下降沿同步。
- SDA：串行数据输入/输出端。这是串行双向数据输入/输出线，这个引脚是漏极开路驱动，可以与任何数目的其他漏极开路或集电极路的器件构成"线或"连接；
- WP：写保护。这个引脚用于硬件数据保护功能，当其接地时，可以对整个存储器进行正常的读/写操作;当其接高电平时,芯片就具有数据写保护功能,被保护部分因不同型号芯片而异,对 24C01A而言,是整个芯片被保护。被保护部分的读操作不受影响,但不能写入数据。

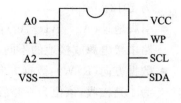

图 11 – 1　AT24C 系列芯片引脚图

- A0、A1、A2:片选或页面选择地址输入。
- VCC:电源端。
- VSS:接地端。

3. 串行 EEPROM 芯片寻址

在一条 I^2C 总线上可以挂接多个具有 I^2C 接口的器件,在一次传送中,单片机所送出的命令或数据只能被其中的某一个器件接收并执行,为此,所有的串行 I^2C 接口芯片都需要一个 8 位的含有芯片地址的控制字,这个控制字可以确定本芯片是否被选通以及将进行读还是写的操作。这个 8 位的控制字节的前 4 位是针对不同类型的器件的特征码,对于串行 EEPROM 而言,这个特征码是 1010;控制字的第 8 位是读/写选择位,以决定微处理器对 EEPROM 进行读还是写操作;该位为 1,表示读操作,该位为 0 是写操作。除这 5 位外,另外的 3 位在不同容量的芯片中有不同的定义。

在 24 系列 EEPROM 的小容量芯片里,使用 1 个字节来表示存储单元的地址,但对于容量大于 256 字节的芯片,用一个字节来表示地址就不够了,为此采用两种方法,第一种方法是针对从 4 Kb(512 B)开始到 16 Kb(2 KB)的芯片,利用了控制字中这 3 位中的某几位来定义,其定义如表 11 – 2 所列。

表 11 – 2　EEPROM 芯片地址安排图

位 芯片容量	D7	D6	D5	D4	D3	D2	D1	D0
1 Kb/2 Kb	1	0	1	0	A2	A1	A0	R/$\overline{W}$
4 Kb	1	0	1	0	A2	A1	P0	R/$\overline{W}$
8 Kb	1	0	1	0	A2	P1	P0	R/$\overline{W}$
16 Kb	1	0	1	0	P2	P1	P0	R/$\overline{W}$
32 Kb	1	0	1	0	A2	A1	A0	R/$\overline{W}$
64 Kb	1	0	1	0	A2	A1	A0	R/$\overline{W}$

从表中可以看出,对 1 Kb/2 Kb 的 EEPROM 芯片,控制字中的这 3 位(即 D3、D2、D1)代表的是芯片地址 A2、A1、A0,与引脚名称 A2、A1、A0 对应。如果引脚 A2、A1、A0 所接的电平与命令字所送来的值相符,代表本芯片被选中。例如,将某芯片的 A2、A1、A0 均接地,那么要选中这块芯片,发送给芯片的命令字中这三位应当均为 0。这样,一共可以有 8 片 1 Kb/2 Kb 的芯片并联,只要它们的 A2、A1、A0 的

接法不同,就能够通过指令来区分这些芯片。

对于 4 Kb 容量的芯片,其容量为 512 字节,需要 9 位地址数据,其中一位就用 D1 位,这样只有 A2 和 A1 两根地址线,所以最多只能接 4 片 4 Kb 芯片,8 Kb 容量的芯片只有一根地址线,所以只能接 2 片 8 Kb 芯片,至于 16 Kb 的芯片,则只能接 1 片。

第二种是针对 32 Kb 以上的 EEPROM 芯片,32 Kb 以上的 EEPROM 芯片要 12 位以上的地址,这里已经没有可以借用的位了,解决的办法是把指令中的存储单元地址由一个字节改为 2 字节。这时候 A2、A1、A0 又恢复成为芯片的地址线使用,所以最多可以接上 8 块这类芯片。

例如,AT24C01A 芯片的 A2、A1、A0 均接地,那么该芯片的读控制字为 10100001B,用十六进制表示,即 A1H。而该芯片的写控制字为 10100000B,用十六进制表示,即 A0H。

4. AT24C 系列 EEPROM 的使用

由于 80C51 单片机没有硬件 I^2C 接口,必须用软件模拟 I^2C 接口的时序,以便对 24 系列芯片进行读、写等编程操作。由于 I^2C 总线接口协议比较复杂,从 I^2C 总线结构原理到 I^2C 总线应用的直接设计难度较大,因此这里不对 I^2C 总线接口原理进行分析,而是学习如何使用成熟的软件包对 24 系列 EEPROM 进行编程操作。

这个软件包即按平台模式设计的虚拟 I^2C 总线软件包 VIIC,由何立民教授设计,关于该软件包的详细情况,请参考文献[2]。

该软件包的出口界面被简化为仅有三条命令,即:

```
MOV    SLA, #SLAR/SLAW    ;总线上节点寻址并确定传送方向
MOV    NUMBYT, #N          ;确定传送字节数 N
LCALL  RDNBYT/WRNBYT       ;读/写操作调用
```

VIIC 使用系统 R0、R1、R2、R3、F0 及 C 等资源。

VIIC 中有许多符号标记,使用者必须了解,这些符号有:

- VSDA　虚拟 I^2C 总线的数据线;
- VSCL　虚拟 I^2C 总线的时钟线;
- SLA　寻址字节存放单元;
- NUMBYT　传送字节数存放单元;
- MTD　发送数据的缓冲区;
- MRD　接收数据的缓冲区。

使用 VIIC 时,使用者根据实际情况,定义这些符号所指的实际单元值。

VIIC 软件包源程序如下:

```
STA：SETB   VSDA       ;启动 I²C 总线
     SETB   VSCL
     NOP
```

```
        NOP
        NOP
        NOP
        CLR     VSDA
        NOP
        NOP
        NOP
        NOP
        CLR     VSCL
        RET

STOP:   CLR     VSDA              ;停止 I²C 总线数据传送
        SETB    VSCL
        NOP
        NOP
        NOP
        NOP
        SETB    VSDA
        NOP
        NOP
        NOP
        NOP
        CLR     VSDA
        CLR     VSCL
        RET
MACK:   CLR     VSDA              ;发送应答位
        SETB    VSCL
        NOP
        NOP
        NOP
        NOP
        CLR     VSCL
        SETB    VSDA
        RET

MNACK:  SETB    VSDA              ;发送非应答位
        SETB    VSCL
        NOP
        NOP
        NOP
        NOP
        CLR     VSCL
        CLR     VSDA
        RET
CACK:   SETB    VSDA              ;应答位检查
        SETB    VSCL
        CLR     F0
```

```
            MOV       C,VSDA
            JNC       CEND
            SETB      F0
CEND:CLR          VSCL
            RET


WRBYT:
            MOV       R0,＃08H            ;向 VSDA 线上发送 1 个数据字节
WLP: RLC          A
            JC        WR1
            AJMP      WR0
WLP1:DJNZ         R0,WLP
            RET
WR1: SETB         VSDA
            SETB      VSCL
            NOP
            NOP
            NOP
            NOP
            CLR       VSCL
            CLR       VSDA
            AJMP      WLP1
WR0: CLR          VSDA
            SETB      VSCL
            NOP
            NOP
            NOP
            NOP
            CLR       VSCL
            AJMP      WLP1


RDBYT:
            MOV       R0,＃08H            ;从 VSDA 线上读取 1 个数据字节
RLP: SETB         VSDA
            SETB      VSCL
            MOV       C,VSDA
            MOV       A,R2
            RLC       A
            MOV       R2,A
            CLR       VSCL
            DJNZ      R0,RLP
            RET


WRNBYT:
            MOV       R3,NUMBYT          ;虚拟 I²C 总线发送 N 个字节数据
            LCALL     STA
            MOV       A,SLA
```

```
        LCALL    WRBYT
        LCALL    CACK
        JB       F0,WRNBYT
        MOV      R1,＃MTD
WRDA:MOV         A,@R1
        LCALL    WRBYT
        LCALL    CACK
        JB       F0,WRNBYT
        INC      R1
        DJNZ     R3,WRDA
        LCALL    STOP
        RET
RDNBYT:
        MOV      R3,NUMBYT      ;模拟 I²C 总线接收 n 个字节数据
        LCALL    STA
        MOV      A,SLA
        LCALL    WRBYT
        LCALL    CACK
        JB       F0,RDNBYT
RDN: MOV         R1,＃MRD
RDN1:LCALL       RDBYT
        MOV      @R1,A
        DJNZ     R3,ACK
        LCALL    MNACK
        LCALL    STOP
        RET
ACK: LCALL       MACK
        INC      R1
        SJMP     RDN1
```

11.1.3 AT24C01A 编程器的实现

下面来实现 AT24C01A 编程器,这一编程器的功能是:单片机从串行口接收命令,对 AT24CXX 芯片进行读、写操作。

1. 编程器功能描述

本编程器一共提供 2 条命令,每条命令由 3 个字节组成,第一条命令中,第一个字节是 0,说明该命令是向 EEPROM 中写入数据,第二个字节表示的是要写入单元的地址,第三个字节表示的是要写入的数据;第二条命令中,第一个字节是 1,说明该命令是要读 EEPROM 中的数据,第二位表示的是要读出的单元地址,第三位无意义,可以取任意值,但一定要有这么一个字节,否则命令不完整,不会被执行。如命令:00,10,22 ,表示将 22 写入 10 单元中;而命令:01,12,10,则表示将 12 单元中的数据读出并送回主机,最后一个数可以是任意值。地址将显示在实验板的第 1,2 位数码管上,而写入或者读出的数据将显示在实验板的第 5,6 位数码管上。

至于命令中的数究竟是什么数制,由 PC 端软件负责解释,写入或读出的数据会同时以十六进制的形式显示在数码管上。

2. 分　析

实验电路板相关部分的电路如图 11 - 2 所示,从图中可以看出,这里使用了 8 位 LED 数码管及驱动电路,串行接口电路、AT24CXX 芯片接口电路。

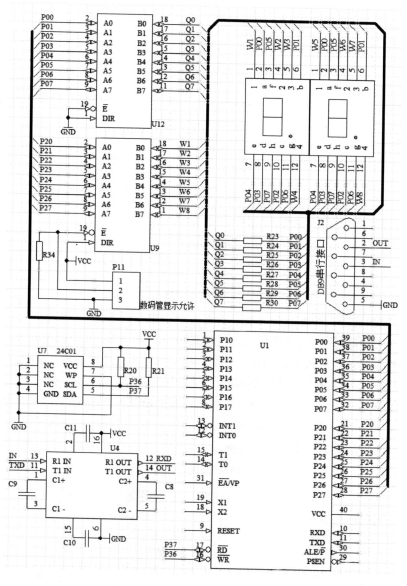

图 11 - 2　AT24C01A 编程器电路图

串行口使用中断方式编程,图 11 - 3 是串口中断服务程序的流程图,从图中可以看出,单片机每收到1个数据就把它依次送到缓冲区中,如果收到了3个字节,则恢复存数的指针(计数器清零),同时置位一个标志(REC),该标志将通知主程序,并作相应的处理。

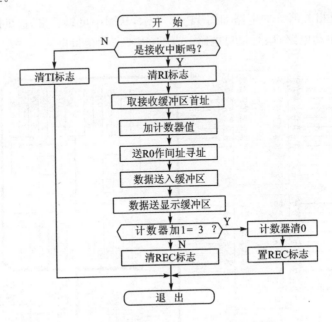

图11-3　串口中断服务程序

将不同的数送入缓冲器相应地址的方法是使用计数器,该计数器在0~2之间反复循环,在接收数据之前,首先取串口接收缓冲区的首地址,然后加上这个计数器的值,其和就是当前要存放数的地址。例如,使用21H~23H作为串口接收缓冲区,其首地址是21H,串口第一次收到数据时,计数器的值为0,所以21H+0=21H,将数送入21H单元中,第二次接收到数据时,计数器的值已为1,所以第二次的数据将会送到21H+1=22H单元中,第三次则会将数据送到21H+2=23H单元中,然后将计数清0,准备接受下一次的3个数据。

【例11-1】　AT24C01A编程器的实现。

Counter	EQU	57H	;计数器,显示程序通过它得知现正显示哪个数码管
DISPBUF	EQU	58H	;58H~5FH是显示缓冲区
REC	BIT	00H	;接收到数据的标志
RECBUF	EQU	21H	;从21H开始的三个字节是接收缓冲区
COUNT	EQU	24H	;接收缓冲计数器
HIDDEN	EQU	10H	
;由硬件连线决定的控制线			
VSCL	BIT	P3.6	;串行时钟

```
    VSDA        BIT     P3.7        ;串行数据
    SLA         EQU     50H         ;寻址字节存放单元
    NUMBYT      EQU     51H         ;传送字节数存放单元
    MTD         EQU     52H         ;发送数据缓冲区
    MRD         EQU     52H         ;接收数据缓冲区
    SLAW        EQU     0A0H        ;写命令字
    SLAR        EQU     0A1H        ;读命令字


    ORG         0
    LJMP        MAIN
    ORG         0BH                 ;定时器 T0 中断入口
    LJMP        DISP                ;转到显示程序
    ORG         23H                 ;
    LJMP        RECIVE
    ORG         30H
MAIN:
    MOV         SP,#5FH
    MOV         TMOD,#00100000B     ;定时器 1 工作于方式 2
    MOV         TH0,#0FDH           ;定时初值
    MOV         TL0,#0FDH
    ORL         PCON,#10000000B     ;SMOD = 1
    SETB        TR0                 ;定时器 0 开始运行
    SETB        EA
    SETB        ET0
    SETB        REN                 ;允许接收
    SETB        ES
    MOV         SCON,#01000000B     ;串口工作方式 1
    MOV         DISPBUF,#0
    MOV         DISPBUF + 1,#0
    MOV         DISPBUF + 2,#HIDDEN
    MOV         DISPBUF + 3,#HIDDEN
    MOV         DISPBUF + 4,#HIDDEN
    MOV         DISPBUF + 5,#HIDDEN
    MOV         DISPBUF + 6,#0
    MOV         DISPBUF + 7,#0
    MOV         COUNT,#0            ;清接收缓冲计数器
    CLR         REC                 ;清接收到数据的标志
MAIN_1:
    CALL        DISP
    JB          REC,PROC_REC
    JMP         MAIN_1
PROC_REC:                           ;接收中断处理程序
```

```
    CLR         REC                     ;清除接收标志
    MOV         R0,#RECBUF              ;将接收缓冲区首地址送入 R0 中
    MOV         A,@R0                   ;取接收缓冲区首地址中的数据
    CJNE        A,#0,PROC_REC_1         ;如果接收到的第一个是 0,是写片命令
    INC         R0                      ;R0 加 1,指向缓冲区下一单元
    MOV         A,@R0                   ;取该单元中的数据
    MOV         R1,#MTD                 ;发送数据缓冲区首地址
    MOV         @R1,A                   ;地址放在发送数据缓冲区的第一位
;将待显示的地址值放在第 1,2 位数码管显示
    MOV         B,#16                   ;将数 16 送入 B 中
    DIV         AB                      ;A 中的值除以 16
    MOV         DISPBUF,A               ;商送入 DISPBUF 单元中
    MOV         DISPBUF+1,B             ;余数送入 DISPBUF+1 单元中
    INC         R0                      ;调整指针
    INC         R1                      ;调整指针
    MOV         A,@R0                   ;接收到的第三个字节是待写入数据
    MOV         B,#16
    DIV         AB
    MOV         DISPBUF+6,A
    MOV         DISPBUF+7,B
    MOV         A,@R0
    MOV         @R1,A
    CLR         EA                      ;关中断
    MOV         NUMBYT,#2               ;准备写入 2 位数据(其中第 1 位是地址)
    MOV         SLA,#SLAW               ;准备写入数据
    CALL        WRNBYT                  ;调用写字节程序
    SETB        EA                      ;开中断
    JMP         MAIN_1

PROC_REC_1:
    CJNE        A,#1,MAIN_1             ;如果接收到到的是 1,是读命令
    INC         R0
    MOV         A,@R0
    MOV         R1,#MRD
    MOV         @R1,A
;将地址显示在第 1,2 位数码管上
    MOV         B,#16
    DIV         AB
    MOV         DISPBUF,A
    MOV         DISPBUF+1,B
;
    MOV         SLA,#SLAW
    MOV         NUMBYT,#1
```

```
      CALL       WRNBYT              ;送出地址信号
      MOV        SLA,♯SLAR
      MOV        NUMBYT,♯1
      CALL       RDNBYT              ;随机读
      MOV        SBUF,A              ;送往串口发送缓冲区
      MOV        B,♯16
      DIV        AB
      MOV        DISPBUF+6,A
      MOV        DISPBUF+7,B
      JMP        MAIN_1
;主程序到此结束
RECIVE:
      PUSH       ACC
      PUSH       PSW
      JB         RI,REC1             ;如果是接收中断,转
      JB         TI,REC3             ;如果是发送中断,直接退出
REC1:
      CLR        RI
      MOV        A,♯RECBUF
      ADD        A,COUNT
      MOV        R0,A
      MOV        A,SBUF
      MOV        @R0,SBUF
      MOV        B,♯16
      DIV        AB
      INC        COUNT
      MOV        A,COUNT
      CJNE       A,♯3,REC2
      MOV        COUNT,♯0
      SETB       REC                 ;已收到 3 个数据
      JMP        REC4
REC2:
      CLR        REC
REC3:
      CLR        TI
REC4:
      POP        PSW
      POP        ACC
      RETI
DISP: ……                            ;显示程序,与例 8-5 显示子程序相同

DELAY: ……                           ;5 ms 延时程序
```

```
        RET
      ;这里加入 VIIC 软件包源程序
```

说明:限于篇幅,这里有关子程序没有写出,只在相应的位置注明了应该在此引用某一子程序,但本书所附光盘上的例子是完整的。

程序分析:这个程序使用了 VIIC 软件包对 AT24CXX 进行读写操作,使用该软件包之前,首先根据硬件连线定义好 VSDA,VSCL:

```
VSCL    BIT    P3.6    ;串行时钟
VSDA    BIT    P3.7    ;串行数据
```

然后根据 11.1.2 小节关于 AT24C01A 的器件说明及硬件连线,确定其读、写控制字 SLAR 和 SLAW 分别为 0A1H 和 0A0H。

最后分配好数据缓冲区,定义好发送缓冲区、接收缓冲区首址 MTD 和 MRD,确定寻址字节 SLA、传送字节数 N 存放单元,至此,调用虚拟软件包所需的符号定义完毕。

如果要将数据写入存储芯片,除了待写的数据外,还要确定将数据写入哪一个单元;如果要读出数据,要确定读哪一个单元的数据,即要先发送一个地址数据,根据该芯片的操作说明,地址数据是紧跟在确定寻址字节 SLA 之后送出的,因此,写数据时,只需要将该地址放在待写数据之前发送即可,当然发送时要多加一个字节,即原为写入一个字节的数据,现改为写入 2 个字节数据。程序中是这样处理的:

```
MOV    R1,#MTD       ;发送数据缓冲区首地址
MOV    @R1,A         ;地址放在发送数据缓冲区的第一位
  ⋮
MOV    NUMBYT,#2     ;实际只需写入一个数据,因首先要写入地址,故送2
MOV    SLA,#SLAW     ;准备写入数据
CALL   WRNBYT
  ⋮
```

读数据时,程序采用了另一种处理方法,即先调用一次写数据程序,将地址写入,然后再调用读数据程序,读出数据,这部分程序如下:

```
MOV    R1,#MTD
MOV    @R1,A         ;将待读单元的地址值送入发送数据缓冲区
MOV    SLA,#SLAW
MOV    NUMBYT,#1     ;准备写一个数据,即刚才送入的地址值
CALL   WRNBYT        ;送出地址信号
MOV    SLA,#SLAR
MOV    NUMBYT,#1
CALL   RDNBYT        ;随机读
```

3. 编程器使用

将该程序汇编得到目标代码,写入芯片,将芯片插入实验电路板,用串口线将实验电路板与 PC 机相连,在 PC 机上运行"串口助手"软件,选中"十六进制发送",然后在其发送数据窗口分别写入 0、10、22,每写一个数字,点击一次发送,待 3 个数据全部送完,实验板数码管上显示 22,表示将 22H 写入 10H 单元中。给实验板断电,然后再通电,实验板应显示"00",然后,再分别发送 1、10、1,表示要读出 10H 单元中的数据,当命令发送完毕后,可以在串口助手的显示窗口看到传回的数据,如果选中了"十六进制显示",那么窗口中显示的就是 22,否则按十进制显示为 34,同时,实验板的数码管上显示 22。

巩固与提高

1. 阅读 24C01A 芯片数据手册,利用"页"功能实现批量数据写入功能。

2. 在本例的基础上自行扩充,将其做成一个功能较为全面的 24CXX 类芯片的编程器。

任务 2 X5045 编程器的制作

SPI(Serial Peripheral Interface)是 MOTOROLA 公司推出的串行扩展接口,由时钟线 SCK、数据线 MOSI(主发从收)和 MISO(主收从发)组成。目前,有很多器件具有这种接口,其中 X5045 是应用比较广泛的芯片[①],该芯片具有以下的一些功能:上电复位、电压跌落检测、看门狗定时器、SPI 接口 EEPROM。本章通过"X5045 编程器的制作"这一任务,学习 SPI 总线接口的工作原理及一般编程方法。

11.2.1 SPI 串行总线简介

单片机与外围扩展器件在时钟线 SCK、数据线 MOSI、MISO 上都是同名端相连,由于外围扩展多个器件时,无法通过数据线译码选择,故带 SPI 接口的外围器件都有片选端 $\overline{CS}$。在扩展单个外围器件时,外围器件的 $\overline{CS}$ 端可接地处理,或通过 I/O 来控制;在扩展多个 SPI 外围器件时,单片机应分别通过 I/O 口线来分时选通外围器件。

SPI 有较高的数据传送速度,主机方式最高速率可达 1.05 Mb/s,在单个器件的外围扩展中,片选线由外部硬件端口选择,软件实现方便。

---

① X5045 芯片的引脚说明符与另一种串行总线—Microwire 相同,有一些资料称其为 Microwire 接口,这里采用 X5045 数据手册中的说法,称其为 SPI 接口。

11.2.2　典型 SPI 接口芯片 X5045 的结构和特性

1. 器件功能及性能特点

● 可选时间的看门狗定时器。

● V_{CC} 的电压跌落检测和复位控制。

● 5 种标准的开始复位电压。

● 使用特定的编程顺序即可对跌落电压检测和复位的开始电压进行编程。

● 在 V_{CC} 为 1 V 时,复位信号仍保持有效。

● 省电特性:

　—在看门狗电路开启时,电流小于 50 μA;

　—在看门狗电路关闭时,电流小于 10 μA;

　—在读操作时,电流小于 2 mA。

● 可提供电压为 1.8～3.6 V,2.7～5.5 V,4.5～5.5 V 的芯片。

● 有 4 Kb EEPROM,1000000 次的擦写周期。

● 具有数据的块保护功能——可以保护 1/4、1/2、全部的 EEPROM,当然也可以置于不保护状态。

● 内建的防误写措施:

　—用指令允许写操作;

　—写保护引脚。

● 时钟可达 3.3 MHz。

● 比较短的编程时间:

　—16 字节的页写模式;

　—写时由器件内部自动完成;

　—典型的器件写周期为 5 ms。

2. 功能描述

本器件将四种功能合于一体:上电复位控制、看门狗定时器、降压管理以及具有块保护功能的串行 EEPROM。它有助于简化应用系统的设计,减少印制板的占用面积,提高可靠性。

(1) 上电复位功能

在通电时产生一个足够长时间的复位信号,以保证微处理正常工作之前,其振荡电路已工作于稳定的状态。

(2) 看门狗功能

该功能被激活后,如果在规定的时间内单片机没有在 $\overline{CS}$/WDI 引脚上产生规定的电平的变化,芯片内的看门狗电路将会动作,产生复位信号。

(3) 电压跌落检测

当电源电压下降到一定的值后,虽然单片机依然能够工作,但工作可能已经不正常,或者极易受到干扰,在这种情况下,让单片机复位是比让其工作更好的选择,X5045 中的电压跌落检测电路将会在供电电压下降到一定程度时产生复位信号,中止单片机的工作。

（4）串行 EEPROM

该芯片内的串行 EEPROM 是具有块写保护功能的 CMOS 串行 EEPROM,被组织成 8 位的结构,由一个由四线构成的 SPI 总线方式进行操作,其擦写周期至少有 1 000 000 次,写好的数据能够保存 100 年。

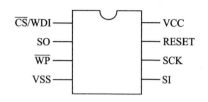

图 11 - 4　X5045 的引脚图

图 11 - 4 是该芯片的 8 脚 PDIP/SOIP/MSOP 封装形式的引脚图。

表 11 - 3 是 X5045 芯片引脚功能的说明。

表 11 - 3　X5045 的引脚功能说明

引　脚	名　称	功能描述
1	$\overline{CS}$/WDI	**芯片选择输入**:当 $\overline{CS}$ 是高电平时,芯片未被选中,SO 呈高阻态。在 $\overline{CS}$ 是高电平时,将 $\overline{CS}$ 拉低将会使器件处于被选择状态。 **看门狗输入**:在看门狗定时器超时并产生复位之前,一个加在 WDI 引脚上的由高到低的电平变化将复位看门狗定时器
2	SO	**串行输出**:SO 是一个推/拉串行数据输出引脚,在读数据时,数据在 SCK 脉冲的下降沿由这个引脚送出
3	$\overline{WP}$	**写保护**:当 $\overline{WP}$ 引脚是低电平时,向 X5045 中写的操作被禁止,但是其他的功能可以正常执行。如果在 $\overline{CS}$ 是低的时候,$\overline{WP}$ 变为低电平,则会中断向 X5045 中正在进行的写的操作,但是,如果此时内部的非易失性写周期已经初始化了,$\overline{WP}$ 变为低电平不起作用
4	VSS	地
5	SI	**串行输入**:SI 是串行数据输入端,指令码、地址、数据都通过这个引脚进行输入。在 SCK 的上升沿进行数据的输入,并且高位(MSB)在前
6	SCK	**串行时钟**:串行时钟的上升沿通过 SI 引脚进行数据的输入,下降沿通过 SO 引脚进行数据的输出
7	RESET	**复位输出**:RESET 是一个开漏型输出引脚。只要 VCC 跌落到最小允许值,这个引脚就会输出高电平,一直到 VCC 上升超过最小允许值之后 200 ms。同时它也受看门狗定时器控制,只要看门狗处于激活状态,并且 WDI 引脚上电平保持为高或者为低超过了定时的时间,就会产生复位信号。$\overline{CS}$ 引脚上的一个下降沿会复位看门狗定时器。由于这是一个开漏型的输出引脚,所以在使用时必须接上拉电阻
8	VCC	正电源

3. 使用方法

(1) 上电复位

当器件通电并超过内部预定的电压 V_{trip} 时, X5045 的复位电路将会提供一个约为 200 ms 的复位脉冲, 让微处理器能够正常复位。

(2) 电压跌落检测

工作过程中, X5045 监测 VCC 端的电压下降, 并且在 VCC 电压跌落到 V_{trip} 以下时会产生一个复位脉冲。这个复位脉冲一直有效, 直到 VCC 降到 1V 以下。如果 VCC 在降落到 V_{trip} 后上升, 则在 VCC 超过 V_{trip} 后延时约 200 ms, 复位信号消失, 使得微处理器可以继续工作。

(3) 看门狗定时器

看门狗定时器电路监测 WDI 的输入来判断微处理器是否工作正常。在设定的定时时间以内, 微处理器必须在 WDI 引脚上产生一个由高到低的电平的变化, 否则 X5045 将产生一个复位信号。在 X5045 内部的一个控制寄存器中有 2 位可编程位决定了定时周期的长短, 微处理器可以通过指令来改变这两个位从而改变看门狗定时时间的长短。

(4) SPI 串行编程 EEPROM

X5045 内的 EEPROM 被组织成 8 位的形式, 通过 4 线制 SPI 接口与微处理器相连。片内的 4 Kb EEPROM 除可以由 WP 引脚置高保护以外, 还可以被软件保护, 通过指令可以设置保护这 4 Kb 存储器中的某一部分或者全部。

在实际使用时, SO 和 SI 不会被同时用到, 可以将 SO 和 SI 接在一起, 因此, 也称这种接口为三线制 SPI 接口。

X5045 中有一个状态寄存器, 其值决定了看门狗定时器的定时时间和被保护块的大小。状态寄存器(缺省值是 00H)的定义如下:

位	7	6	5	4	3	2	1	0
状态寄存器	0	0	WD1	WD0	BL1	BL0	WEL	WIP

X5045 看门狗定时时间的长短及被保护区域如表 11 - 4 和表 11 - 5 所列。

表 11 - 4 看门狗定时器溢出时间设定

状态寄存器位		看门狗定时溢出时间
WD1	WD0	
0	0	1.4 s
0	1	600 ms
1	0	200 ms
1	1	禁止

表 11 - 5 EEPROM 数据保护设置

状态寄存器位		保护的地址空间
BL1	BL0	
0	0	不保护
0	1	$180H~$1FFH
1	0	$100H~$1FFH
1	1	$000H~$1FFH

11.2.3　X5045 的使用

为了读者使用方便,作者设计了一个 X5045 的驱动程序,驱动程序的出口界面由这样几条命令组成:

- 写数据(write_data):将指定个数的字节写入 EEPROM 指定单片机单元中;
- 读数据(read_data):读出 EEPROM 中指定单片单元中的指定数据;
- 设置芯片的工作状态(set_state):通过预设的常数设置芯片的工作状态。

这 8 个预设的常数是:

- WDT200　　　设置 200 ms 看门狗;
- WDT600　　　设置 600 ms 看门狗;
- WDT1400　　设置 1.4 s 看门狗;
- NOWDT　　　看门狗禁止;
- PROQTR　　　写保护区域为高 128 字节;
- PROHALF　　写保护区域为高 256 字节;
- PROALL　　　写保护区域为整个存储器;
- NOPRO　　　不对存储进行写保护。

程序中定义了一些符号:

- CS　　　　　接 X5045 的 $\overline{\text{CS}}$ 引脚的单片机引脚;
- SI　　　　　接 X5045 的 SI 引脚的单片机引脚;
- SCK　　　　接 X5045 的 SCK 引脚的单片机引脚;
- SO　　　　　接 X5045 的 SO 引脚的单片机引脚;
- WP　　　　　接 X5045 的 WP 引脚的单片机引脚;
- MTD　　　　发送数据缓冲区;
- MRD　　　　接收数据缓冲区;
- NUMBYT　　传送字节数存放单元;
- STATBYT　　状态字节存放单元;
- DataAddr　　该单元及 DataAddr+1 是待操作的 EEPROM 的地址单元,该位存入高 1 位地址,AddrData+1 单元存入低 8 位地址。

在使用该驱动程序之前,先用 bit 伪指令定义好引脚,用 EQU 伪指令定义好发送、接收数据缓冲区首地址、发送字节数存放单元、状态字节存放单元、地址单元,直接调用有关命令即可使用。

X5045 的完整的驱动程序如下:

```
;写数据,将数据缓冲区的数据写入指定的地址
;MTD指定数据缓冲区首地址,NUMBYT指定字节数,DataAddr 及 DataAddr＋1 指定
;被写器件地址
;不允许跨页
```

;数据写完,全部存储单元处于保护状态

```
Write_data:
    MOV     R0,#DataAddr            ;地址单元的高 8 位
    MOV     A,@R0
    MOV     DPH,A
    INC     R0
    MOV     A,@R0
    MOV     DPL,A
    MOV     R1,NUMBYT               ;从传送字节数存元中获取待写字节数
    MOV     R0,#MTD                 ;待写数据缓冲区
W_1:
    SETB    SP
    CALL    WREN_CMD                ;写允许
    CLR     SCK                     ;将 SCK 拉低
    CLR     CS                      ;将/CS 拉低
    MOV     A,#WRITE_INST
    MOV     B,DPH
    MOV     C,B.0
    MOV     ACC.3,C
    LCALL   OUTBYT                  ;送出含有地址最高位的写指令
    MOV     A,DPL
    LCALL   OUTBYT                  ;送出地址的低 8 位
    MOV     A,@R0
    LCALL   OUTBYT                  ;送出数据
    CLR     SCK                     ;将 SCK 拉低
    SETB    CS                      ;升高/CS
    LCALL   WIP_POLL                ;测试是否已器件内部是否写完
    INC     DPL
    INC     R0
    DJNZ    R1,W_1
    MOV     STATBYT,#PROALL1        ;状态存放单元
    CALL    SET_STATUS              ;整个存储器均被保护
    RET
;******************************************************
;将指定地址单元中的数据读入数据缓冲区
;MRD 指定数据缓冲区首地址,NUMBYT 指定字节数
;DataAddr 及 DataAddr+1 指定被写器件地址
;不允许跨页
;******************************************************
READ_DATA:
    MOV     R0,#DataAddr            ;地址单元的高 8 位
    MOV     A,@R0
```

```
        MOV     DPH,A
        INC     R0
        MOV     A,@R0
        MOV     DPL,A
        MOV     R1,NUMBYT           ;从传送字节数存元中获取待写字节数
        MOV     R0,#MRD             ;待读数据缓冲区
R_1:
        CLR     SCK                 ;将 SCK 拉低
        CLR     CS                  ;将/CS 拉低
        MOV     A, #READ_INST
        MOV     B, DPH
        MOV     C, B.0
        MOV     ACC.3, C
        LCALL   OUTBYT              ;送出含有地址最高位的读指令
        MOV     A, DPL
        LCALL   OUTBYT              ;送出低 8 位地址
        LCALL   INBYT               ;读数据
        CLR     SCK                 ;将 SCK 拉低
        SETB    CS                  ;升高/CS
        MOV     @R0,A
        INC     R0
        INC     DPL
        DJNZ    R1,R_1
        RET
; **********************************************************
;名称:set_status
;7      6      5      4      3      2      1      0
;0      0      WD1    WD0    BL1    BL0    WEL    WIP
;如果需要设置保护和看门狗,需分两次进行,statbyt 传递参数,共 8 个预定义常量
;资源使用:R0,r1,a,b
; **********************************************************
SET_STATUS:
        CALL    RDSR_CMD            ;读当前寄存器的状态,在 A 中
        MOV     B,A                 ;存入 B
        MOV     A,STATBYT           ;读入参数
        JB      ACC.7,SET_WDT       ;如果最高位是 1 则转设置看门狗
        MOV     C,ACC.2             ;否则是设置保护区域
        MOV     B.2,C
        MOV     C,ACC.3
        MOV     B.3,C
        JMP     WRITE_STATUS
SET_WDT:
```

```
        MOV     C,ACC.4
        MOV     B.4,C
        MOV     C,ACC.5
        MOV     B.5,C
WRITE_STATUS：
        CLR     SCK                     ;将 SCK 拉低
        CLR     CS                      ;将/CS 拉低
        MOV     A，#WRSR_INST
        LCALL   OUTBYT                  ;送出 WRSR 指令
        MOV     A,B
        LCALL   OUTBYT                  ;送出状态寄存器的状态
        CLR     SCK                     ;将 SCK 拉低
        SETB    CS                      ;升高/CS
        LCALL   WIP_POLL                ;测试是否已器件内部是否写完
        RET
;允许写存储器单元和状态寄存器
WREN_CMD：
        CLR     SCK                     ;将 SCK 拉低
        CLR     CS                      ;将 /CS 拉低
        MOV     A，#WREN_INST
        LCALL   OUTBYT                  ;送出 WREN_INST 指令
        CLR     SCK                     ;将 SCK 拉低
        SETB    CS                      ;将 /CS 升高
        RET
;禁止对存储单元和状态寄存器写
WRDI_CMD：
        CLR     SCK                     ;将 SCK 拉低
        CLR     CS                      ;将/CS 拉低
        MOV     A，#WRDI_INST
        LCALL   OUTBYT                  ;送出 WRDI 指令
        CLR     SCK                     ;将 SCK 拉低
        SETB    CS                      ;升高/CS
        RET
;读状态寄存器
RDSR_CMD：
        CLR     SCK                     ;将 SCK 拉低
        CLR     CS                      ;将/CS 拉低
        MOV     A，#RDSR_INST
        LCALL   OUTBYT                  ;发送 RDSR 指令
        LCALL   INBYT                   ;读状态寄存器
        CLR     SCK                     ;将 SCK 拉低
        SETB    CS                      ;升高/CS
```

```
        RET
;复位看门狗定时器
RST_WDOG:
    CLR     CS                      ;将 /CS 拉低
    SETB    CS                      ;将 /CS 升高
RET
;器件内部编程检查
WIP_POLL:
    MOV     R3,♯MAX_POLL            ;设置用于偿试的最大次数
WIP_POLL1:
    LCALL   RDSR_CMD                ;读状态寄存器
    JNB     ACC.0,WIP_POLL2         ;如果 WIP 位是 0 说明内部的写周期完成了
    DJNZ    R3,WIP_POLL1            ;如果 WIP 位是 1 说明内部写周期还没有完成
WIP_POLL2:
    RET
;将一个字节送到 EEPROM
OUTBYT:
    MOV     R2,♯08                  ;设置位计数(共8位)
OUTBYT1:
    CLR     SCK                     ;将 SCK 拉低
    RLC     A                       ;带进位位的左移位
    MOV     SI,C                    ;送出进位位
    SETB    SCK                     ;将 SCK 升高
    DJNZ    R2,OUTBYT1              ;循环8次
    CLR     SI                      ;将 SI 置于已知的状态
    RET
;从 EEPROM 中接收数据
INBYT:
    MOV     R2,♯08                  ;设置计数(共8位)
INBYT1:
    SETB    SCK                     ;将 SCK 升高
    CLR     SCK                     ;将 SCK 拉低
    MOV     C,SO                    ;将输出线的状态读到进位位
    RLC     A                       ;带进位位的循环左移
    DJNZ    R2,INBYT1               ;循环8次
    RET
END
```

11.2.4 X5045 手动编程器的实现

这个编程演示了对 X5045 芯片的读写操作,还提供了一种常用键盘程序设计的方法。实验电路板相关部分的电路如图 11-5 所示。

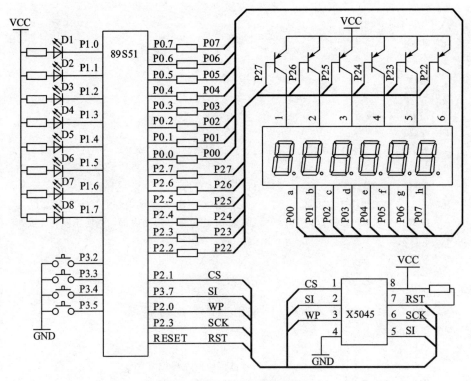

图 11 - 5　X5045 手动编程器电路图

1. 编程器功能描述

开机后,LED 数码管的第 1,2 位和第 5,6 位显示 00,分别表示地址和数据,而第 3,4 位消隐,P1.0 所接 LED 点亮。

① 读指定地址的内容:按下 S1 键或 S2 键,第 1,2 位显示的地址值加 1 或减 1,按下 S4 键,读出该单元的内容,并且以十六进制的形式显示在 LED 数码管的 5,6 位上。

② 将数据写入指定单元:按下 S1 键或 S2 键,第 1,2 位显示的地址值加 1 或减 1,按下 S3 键,该地址值被记录,P1.1 所接 LED 亮,按 S1 或 S2,第 5,6 位显示的数据将随之变化,按下 S4 键,该数据被写入指定的 EEPROM 单元中。

为使表达更加明确,现将各键功能单独列出并描述如下:

- S1:加 1 键,具有连加功能,按下该键,显示器显示值加 1,如果按着不放,过一段时间后,快速连加;
- S2:减 1 键,功能同 S1 类似;
- S3:切换键,按此键,将使 P1.0 和 P1.1 所接 LED 轮流点亮;
- S4:执行键,根据 P1.0 和 P1.1 所接 LED 点亮的情况分别执行读指定地址 EEPROM 内容和将设定内容写入指定的 EEPROM 单元中的功能。

2．分　析

由于实验板上键数较少，为执行较复杂的操作，需要一键多用，即同一按键在不同状态时用途不同。这里使用了 P1.0 和 P1.1 所接 LED 作为指示灯，如果 P1.0 所接的 LED 亮，按下 S4 键，表示读，如果 P1.1 所接 LED 亮，按下 S4 键，表示写。

该程序的特点在于键盘能够实现连加和连减功能，并且有双功能键，这些都是在工业生产、仪器、仪表开发中非常实用的功能，下面简单介绍实现的方法。

（1）连加、连减的实现

图 11-6 是实现连加和连减功能的流程图。这里使用定时器作为键盘扫描，每隔 5 ms 即对键盘扫描一次，检测是否有键按下，从图中可以看出，如果有键按下则检测 KMARK 标志，如果该标志为 0，将 KMARK 置 1，将键计数器（KCOUNT）置 2 后即退出；定时时间再次到后，又对键盘扫描，如果有键被按下，检测标志 KMARK，如果 KMARK 是 1，说明在本次检测之前键就已经被按下了，将键计数器（KCOUNT）减 1，然后判断是否到 0，如果 KCOUNT＝0，进行键值处理，否则退出；键值处理完毕后，检测标志 KFIRST 是否是 1，如果是 1，说明处于连加状态，将键计数器减去 20，否则是第一次按键处理，将键计数器减去 200 并退出；如果检测到没有键按下，清所有标志，退出。这里的键计数器（KCOUNT）代表了响应的时间，第一次置入 2，是设置去键抖的时间，该时间是 10 ms（5 ms×2＝10 ms），第二次置入 200，是设置连续按的时间超过 1 s（5 ms×200＝1 000 ms）后进行连加的操作，第三次置入 20，是设置连加的速度是 0.1 s/次（5 ms×20＝100 ms），这些参数是完全分离的，可以根据实际要求加以调整。

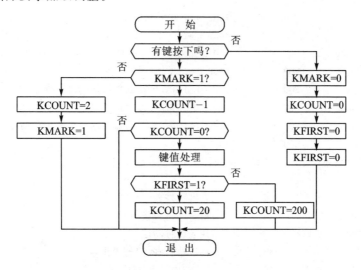

图 11-6　实现连加功能的键盘处理流程图

（2）按键双功能的实现

由于这一按键有两个功能，所以设置一个标志位（KFUNC），按下一次键，取反一次该位,然后在主程序中根据这一位是"1"还"0"作相应的处理。需要说明的是,由于键盘设计为具有连加、连减功能,人们可能习惯于长时间按住键盘的某一键,因此,这个键也可能会被连续按着,这样会出现反复切换的现象,为此,再用一个变量KFUNC1,在该键被处理后,将这一位变量置1,而在处理该键时,首先判断这一位是否是1,如果是1,就不再处理,而这一位变量只有在键盘释放后才会被清0,这样就保证了即使连续按着 S3 键,也不会出现反复振荡的现象。

这个程序中的键盘程序有一定的通用性,读者可以直接应用于自己的项目中。

【例 11 – 2】 X5045 手动编程器的实现。

```
CS        BIT     P2.1            ;
SI        BIT     P3.7            ;
SCK       BIT     P3.6            ;
SO        BIT     P3.7            ;
WP        BIT     P2.0            ;


WREN_INST    EQU     06H  ;写允许命令字(WREN)
WRDI_INST    EQU     04H  ;写禁止命令字(WRDI)
WRSR_INST    EQU     01H  ;写状态寄存器命令字(WRSR)
RDSR_INST    EQU     05H  ;读状态寄存器命令字(RDSR)
WRITE_INST   EQU     02H  ;写存储器命令字（WRITE）
READ_INST    EQU     03H  ;读存储器命令字（READ）
MAX_POLL     EQU     99H  ;测试的最大次数


WDT200       EQU     90H  ;WD1 WD0 = 01
WDT600       EQU     0A0H ;WD1 WD0 = 10
WDT1400      EQU     80H  ;如果最高位是 1 代表设置看门狗 WD1 WD0 = 00
NOWDT        EQU     0B0H ;WD1 WD0 = 11
PROQTR       EQU     04H  ;BL1 BL0 = 01 保护区域为高 128 字节
PROHALF      EQU     08H  ;BL1 BL0 = 10 写保护区域为高 256 字节
PROALL       EQU     0CH  ;BL1 BL0 = 11 写保护区域为整个存储器
NOPRO        EQU     00H
;如果最高位是 0,代表设置保护区域 BL1 BL0 = 00,不写保护


KMARK     BIT     00H            ;有键被按着
KFIRST    BIT     01H            ;第一次键被按下
KFUNC     BIT     02H            ;代表两种功能
KENTER    BIT     03H            ;代表执行 S4 键的操作
KS12      BIT     04H            ;S1、S2 两个键被按下
KFUNC1    BIT     05H
KCOUNT    EQU     21H            ;统计次数
DAT       EQU     22H            ;用于存放待写入的数据
```

```
        ADDR        EQU      23H           ;用于存放待写入 EEPROM 的单元地址

        COUNTER     EQU      24H           ;用于显示的计数器
        MTD         EQU      30H           ;写 EEPROM 的数据缓冲区
        MRD         EQU      30H           ;读 EEPROM 的数据缓冲区
        NUMBYT      EQU      2FH           ;传送字节数存放单元
        STATBYT     EQU      2FH           ;状态字节存放单元
        DATAADDR    EQU      2DH
;该单元及 DATAADDR + 1 是待操作的 EEPROM 的地址单元,该位存入高 1 位地址,
;ADDRDATA + 1 单元存入低 8 位地址
        DISPBUF     EQU      58H           ;58～5dH 是显示缓冲区
        TMRVAR      EQU      61195         ;65536 - 4000 * 12/11.0592 定时器初值 5 ms
        HIDDEN      EQU      10H


        ORG      0
        JMP      START
        ORG      0BH
        JMP      INT_T0
        ORG      30H
START:
        MOV      SP,#5FH
        CALL     INIT_T0
        SETB     P2.0
        SETB     CS
        SETB     SO
        CLR      SCK
        CLR      SI              ;初始化
        MOV      20H,#0          ;将所有标志清零
        CLR      A
        MOV      KCOUNT,A
        MOV      COUNTER,A
        MOV      DAT,A
        MOV      ADDR,A
        MOV      DISPBUF,A
        MOV      DISPBUF + 1,A
        MOV      DISPBUF + 2,#HIDDEN
        MOV      DISPBUF + 3,#HIDDEN
        MOV      DISPBUF + 4,A
        MOV      DISPBUF + 5,A
        MOV      P1,#11111110B   ;点亮"读"控制灯
        SETB     CS
        SETB     SO
```

```
        CLR     SCK
        CLR     SI                  ;初始化
        SETB    EA
LOOP:
        JB      KS12,MAIN_0
        JMP     MAIN_1
MAIN_0:
        CALL    CALC
MAIN_1:
        JB      KFUNC,MAIN_2        ;如果是第二功能(写)转
        MOV     P1,#11111110B       ;否则点亮 D1
        MOV     DATAADDR,#0         ;在本应用中,高位地址始终为 0
        MOV     DATAADDR+1,ADDR     ;将地址值送到地址寄存器中
        JMP     MAIN_3
MAIN_2:
        MOV     P1,#11111101B       ;点亮 D2
        MOV     R0,#MTD
        MOV     A,DAT
        MOV     @R0,A               ;将计数值送入数值寄存器中
MAIN_3:
        JB      KENTER,MAIN_4       ;如果有回车键,转
        JMP     LOOP                ;否则回去继续循环
MAIN_4:
        JB      KFUNC,MAIN_5        ;如果是第二功能,转
        CLR     P1.7                ;点亮 D8,显示命令被正确执行
        MOV     NUMBYT,#1           ;读出 1 个字节
        CALL    READ_DATA           ;读到的数据存于 MRD 开始的缓冲区
        MOV     R0,#MRD
        MOV     A,@R0
        MOV     DAT,A               ;送到计数器中
        CALL    CALC                ;调用计算、显示程序
        CLR     KENTER              ;清回车标记
        CALL    DELAY
        SETB    P1.7
        JMP     LOOP                ;继续循环
MAIN_5:
        SETB    WP                  ;
        CLR     P1.7                ;点亮 D8,显示命令被正确执行
        MOV     NUMBYT,#1           ;写入 1 个字节
        CALL    WRITE_DATA          ;将数据写入 EEPROM
        CLR     KENTER              ;清回车标记
        CLR     WP
```

```
        CALL     DELAY              ;调用延时程序
        SETB     P1.7
        JMP      LOOP
;主程序到此结束


DELAY：                              ;延时程序
        MOV      R7,#0FFH
D1：MOV      R6,#0FFH
        DJNZ     R6,$
        DJNZ     R7,D1
        RET
CALC：                               ;计算、显示程序
        MOV      A,DAT              ;取出待计算数据
        MOV      B,#16              ;将 16 送入 B 中
        DIV      AB                 ;A 中的值除以 B 中的值
        MOV      DISPBUF+4,A        ;A 中是高 4 位的值,送入 DISPBUF+4 单元
        MOV      DISPBUF+5,B        ;B 中是低 4 位的值,送入 DISPBUF+5 单元
        MOV      A,ADDR             ;取地址值
        MOV      B,#16              ;将数 16 送到 B 中
        DIV      AB                 ;A 中的值除以 B 中的值
        MOV      DISPBUF,A          ;A 中是高 4 位的值,送入 DISPBUF 单元
        MOV      DISPBUF+1,B        ;B 中是低 4 位的值,送入 DISPBUF+1 单元
        RET                         ;返回


INIT_TO：                            ;初始化 T0
        MOV      TMOD,#01H          ;工作模式为定时方式,工作方式 1
        MOV      TH0,#HIGH(TMRVAR)
        MOV      TL0,#LOW(TMRVAR)
        SETB     ET0                ;开 T0 中断
        SETB     TR0                ;定时器 0 开始运行
        RET                         ;返回


;以下是中断程序,实现显示及键盘处理
INT_TO：                             ;定时器 T0 的中断响应程序
        PUSH     ACC                ;ACC 入栈
        PUSH     PSW                ;PSW 入栈
        SETB     RS0                ;用第二组工作寄存器
        MOV      TH0,#HIGH(TMRVAR)  ;
        MOV      TL0,#LOW(TMRVAR)
;显示程序,参考例……
        MOV      Counter,#0         ;如果计数器计到 6,则让它回 0
;以下是键盘处理程序
```

```
KEY：
    ORL     P3，#00111100B      ;将 P3 口中间 4 位置 1
    MOV     A，P3               ;读入 P3 口的值
    ORL     A，#11000011B       ;将与按键无关的 4 位置 1
    CPL     A                  ;取反 A 中的值
    JZ      NO_KEY             ;无键按下,返回
    JNB     KMARK，K_1          ;键按下标志有效吗(无效转)?
    DEC     KCOUNT             ;键值计数器减 1
    MOV     A，KCOUNT           ;将键值计数器的值送入 A 中
    JNZ     INT_EXIT           ;如果是 0,退出中断
    JNB     P3.2，KS1           ;S1 键按下
    JNB     P3.3，KS2           ;S2 键按下
    JNB     P3.4，KS3           ;S3 键按下
    JNB     P3.5，KS4           ;S4 键搂下
    JMP     NO_KEY             ;无键按下
K_1：
    MOV     KCOUNT，#4
    SETB    KMARK
    JMP     INT_EXIT
KS1：
    JB      KFUNC，KS1_1        ;如果 KFUNC=1,则是对数据操作
    INC     ADDR               ;否则是对地址操作
    JMP     KS1_2
KS1_1：
    INC     DAT
KS1_2：
    SETB    KS12
    JMP     K_2
KS2：
    JB      KFUNC，KS2_1
    DEC     ADDR
    JMP     KS2_2
KS2_1：
    DEC     DAT
KS2_2：
    SETB    KS12
    JMP     K_2
KS3：
    JB      KFUNC1，KS3_1
CPL KFUNC                      ;如果 KFUNC=0,代表第一种功能,KFUNC=1,第二种功能
    SETB    KFUNC1
KS3_1：
```

```
        CLR      KS12
        JMP      K_2
KS4:
        SETB     KENTER           ;如果该位是1,则根据KFUNC分别执行读或写的操作
        CLR      KS12
K_2:
        JNB      KFIRST,K_3       ;如果无效,转
        MOV      KCOUNT,#20
        JMP      INT_EXIT
K_3:
        MOV      KCOUNT,#200
        SETB     KFIRST
        JMP      INT_EXIT
NO_KEY:
        CLR      KMARK
        CLR      KFIRST
        CLR      KFUNC1
        MOV      KCOUNT,#0
INT_EXIT:
        POP      PSW
        POP      ACC
        RETI


DISPTAB:DB 0C0H,0F9H,0A4H,0B0H,99H,92H,82H,0F8H,80H,90H,88H,83H,0C6H,0A1H,86H,
8EH,0FFH
    BitTab:DB 7Fh,0BFH,0DFH,0EFH,0F7H,0FBH
    ;这里写上 X5045 的驱动程序
```

说明: 限于篇幅,这里有关子程序没有写出,只在相应的位置注意了在此引用某一子程序,但附带资料上的例子是完整的。

程序分析: 这个例子演示了使用 X5045 的驱动程序,首先根据硬件连线确定 CS、SI、SCK、SO、WP 的定义:

```
CS    BIT    P2.4
SI    BIT    P2.2
SCK   BIT    P2.3
SO    BIT    P2.0
WP    BIT    P2.1           ;根据硬件确定的引脚定义
```

然后将驱动程序中定义的几个常量放在程序的最前面,即程序中下面这部分:

```
WREN_INST    EQU    06H    ;写允许命令字(WREN)
   ⋮
NOPRO        EQU    00H    ;BL1 BL0 = 00,不写保护
```

最后将 X5045 驱动程序源程序加入应用程序,统一编译即可。

3. 编程器使用

将汇编后的目标代码写入芯片,插入实验板中,通电,数码管第 1,2 位和第 5,6 位显示"00",第 3,4 位消隐,同时 P1.0 所接 LED 点亮,表示目前处于待读状态,按 S1 键,使第 1,2 位数码管的显示值变为 10,按下 S4 键,即读 10H 单元的内容,此时 数码管将显示一个数据(如 00),就是目前 10H 单元中的内容。

重新按下 S1 或 S2 键,将数码管显示的显示值调至 10,然后按下 S3 键,P1.1 所 接 LED 点亮,按下 S1、S2 键,直到显示值变为 2F,按下 S4 键,则 2FH 被写入 X5045 中 EEPROM 的 10H 单元中。

给实验板断电,然后接通电源,重复刚才的读操作,读取 10H 单元中的数据,看 一看显示出来的是否是 2FH。

巩固与提高

1. 根据电路图制作实物电路。

2. 为该编程器加上串口通信功能,使之能与 PC 机通信,并使用 PC 端的串口通 信软件对板上的 X5045 进行编程。

参 考 文 献

[1] 张迎新,等.单片机初级教程——单片机基础.3版.北京:北京航空航天大学出版社,2015.

[2] 何立民.单片机高级教程——应用与设计.2版.北京:北京航空航天大学出版社,2007.

[3] 肖洪兵,等.跟我学用单片机.北京:北京航空航天大学出版社,2002.